# 크리스천을 위한
# 임신 태교

태교, 주님과 함께하는 280일

I 280일 묵상 수록 I

## 크리스천을 위한

# 임신 태교

몽당연필

• 추천사

# 어머니, 그 사랑의 시작

옛날부터 우리 조상들은 임신을 하면 산모뿐만 아니라 온 가족이 예전보다 더욱 말이나 몸가짐을 조심하도록 하였습니다. 자연스러운 태교였던 것이지요. 우리는 지금도 아이가 태어나는 순간 이미 한 살을 먹은 것으로 계산합니다. 인생의 출발은 엄마의 뱃속에서부터 시작된다는 것을 우리는 삶으로 체득하고 있는 것입니다.

크리스천의 교육은 어머니의 복중(腹中)에서부터 시작됩니다. 기도하는 어머니 한나에게서 사무엘이 태어났고, 찬송하는 어머니 엘리사벳에게서 세례 요한이 태어났습니다. 심지어 평생을 갈등하며 살았던 에서와 야곱의 대결도 어머니 리브가의 태 속에서부터 시작되었습니다.

지금까지 많은 크리스천들이 임신 출산에 관한 정보와 묵상을 일반서적과 기독서적에서 각각 이원화시켜 찾아야만 하던 것에 안타까움을 느끼고 있었는데, 이번에 크리스천을 위한 임신 출산 태교 가이드북이 나오게 되어 너무나 반갑습니다. 임신과 출산에 관련하여 꼭 필요한 정보들을 알차게 담아내고, 임신부의 신체적 심리적 상황에 맞추어 인도하는 말씀 묵상 등은 첫 아이를 가진 새내기 엄마들에게 아주 귀한 도움이 될 것입니다.

가정은 하나님이 세우신 최초의 공동체입니다. 가정은 하나님이 세우신, 지상에서 가장 작은 교회입니다. 그리스도인의 교육은 학교에서가 아니라 엄마 아빠의 무릎에서 시작됩니다. 아이들은 말이 아니라 엄마 아빠의 삶을 보고 배웁니다. 아이들을 자라게 하는 것은 지식이 아니라 사랑입니다.

어느 때보다도 삶으로 보여주는 가르침과 실천하는 사랑이 필요한 이때에, 큰 기쁨과 감사함으로 『크리스천을 위한 임신 태교』를 추천합니다.

이동원 목사

지구촌교회 원로 목사

# 생명의 소중함을 일깨워준 책

『크리스천을 위한 임신 태교』 원고를 받아서 살펴보는 동안, 책갈피마다 구석 구석에 기도와 정성, 수고가 쌓여 있음을 느낄 수 있었습니다. 그 무엇보다도 생명의 소중함이 다루어진 책이어서 감사한 마음이 들었습니다. 임신과 출산에 관해서는 많은 정보들이 넘쳐나지만, 한 생명의 잉태에 깃든 놀라운 하나님의 은혜와 그 부모를 향한 축복의 말씀이 함께 있는 책은 찾기 어렵습니다.

임신은, 어떠한 임신이라 할지라도, 우연한 사건이 아니라 하나님이 예정하시고 준비하신 생명의 시작입니다. '태어나기 이전부터 이미 소중한' 생명입니다. 하나님의 자녀를 태아 때부터 소중하게 돌보며 축복하는 '하나님의 자녀교육'을 시작할 수 있도록 이 책이 소중한 가이드가 되어주리라 믿습니다.

『크리스천을 위한 임신 태교』에는 임신과 출산에 관한 의학 정보들뿐만 아니라 열 달 동안 태아를 어떻게 보호하고 돌볼 것인가에 대한 지침과 마음가짐이 실려 있습니다. 임신, 출산, 태교에 꼭 필요한 것들이 개월 수에 따라 분류, 종합되어 있어서 활용하기 편하게 만들어져 있습니다.

세상의 이론들은 바뀌지만 우리를 창조하신 하나님, 우리의 체질을 아시는 하나님의 사랑과 은혜는 한결같습니다. 오히려 세상이 혼잡할수록 하나님의 사랑과 은혜의 법은 더욱 절실하고 귀하기만 합니다. 한 생명을 천하보다 귀히 여기시는 하나님의 마음을 가지고 자녀들을 양육하십시오.

이 책이 사랑하는 사람을 위한 축복의 선물이 되었으면 좋겠습니다. 하나님이 계획하신 생명이 태어나기 전부터 축복받는 삶이 될 수 있도록 임신한 가족들과 친구들에게 이 책을 선물하면 좋겠습니다. 이 책을 오랜 동안 기도하며 준비한 '몽당연필'의 사역 위에 하나님의 기름 부으심이 있기를 기도합니다.

이기복 교수

전 두란노 가정상담연구원 원장

## 차례

NO!

## 산후조리 건강한 일상의 회복을 위하여

## 신생아 우리 집에 내려온 천사

주께서 내 내장을 지으시며 나의 모태에서 나를 만드셨나이다 내가 주께 감사하옴은 나를 지으심이 심히 기묘하심이라 주께서 하시는 일이 기이함을 내 영혼이 잘 아나이다 내가 은밀한 데서 지음을 받고 땅의 깊은 곳에서 기이하게 지음을 받은 때에 나의 형체가 주의 앞에 숨겨지지 못하였나이다 내 형질이 이루어지기 전에 주의 눈이 보셨으며 나를 위하여 정한 날이 하루도 되기 전에 주의 책에 다 기록이 되었나이다 시 139:13-16

# 임신

기쁜 소식이 왔어요!

건강한 임신 준비

# 아기를 맞을 준비 되셨나요?

## 마음의 준비

**아기와 자신들을 위해 기도한다**

생명의 주인이신 하나님께 아기의 잉태와 출산에 관한 모든 것을 전적으로 의뢰하고 기도하십시오. 그리고 만일 자연스럽게 임신이 되지 않는다면 임신을 위해 발달된 의술을 이용하는 것 역시 하나님의 섭리라는 것을 받아들이십시오. 현대 의술 역시 하나님의 영역을 벗어나 있지 않기 때문입니다.

**아기를 축복으로 받아들일 마음을 갖는다**

아기를 갖는 것에는 기본적인 생활의 변화와 책임이 따르게 되므로 불안감이 생기는 것이 자연스러울 수 있습니다. 그러나 아기는 인간의 미래에 대한 하나님의 소망의 표현이며 궁극적으로는 그분의 선한 의지를 드러내기 위해 태어나는 것입니다. 미래에 대해 지나치게 불안해하지 말고, 하나님께서 생명을 주관하시며 귀한 자로 축복하실 것이라는 믿음을 가지고 편안한 마음을 갖도록 하십시오.

**남편은 아내에게, 아내는 남편에게 적극적으로 사랑의 표현을 한다**

아기는 하나님의 은총이자 두 사람의 사랑으로 맺어지는 생명의 열매입니다. 따라서 부부간의 사랑과 신뢰 가운데서 태어나야 합니다. 평소에 좋은 부부 관계를 유지하면서 서로에 대한 사랑과 애틋한 마음을 표현하십시오. 그래야만 뜻하지 않게 좋지 않은 일이 생기는 경우에도 믿음과 사랑으로 극복할 수 있습니다.

**부부간의 언쟁을 피하고 깊이 대화한다**

마음의 준비를 했다 하더라도 부부 사이에 문제가 전혀 없을 수는 없습니다. 이때 중요한 것이 대화를 통한 문제 해결입니다. 즉각적이고 감정적인 반응을 자제하고 대화를 통해 서로의 생각을 충분히 전달함으로써 이해를 넓히도록 하십시오.

**갈등 관계를 해소하고 이해하고 포용하려는 마음을 갖는다**

시부모를 비롯해 가까운 사람들과의 갈등 관계를 해소하기 위해 노력해야 합니다. 마음에 미움이나 응어리가 있는 상태는 태아의 심리 발달에 좋지 않은 영향을 미치기 때문입니다. 꾸준한 기도와 묵상을 통해 마음을 부드럽게 하고 갈등 관계를 풀려는 시도를 해 보십시오. 갈등 해소가 마음처럼 되지 않을 때는 잠시 그 자리에서 물러나 기분을 전환하는 방법을 찾는 것도 중요합니다.

## 환경의 준비

### 건강 상태를 체크한다

두 사람의 건강 상태를 반드시 체크해 보아야 합니다. 가능한 한 두 사람의 몸 상태가 최상일 때가 좋으므로, 혹시 몸이 약해져 있거나 약을 복용하고 있는 중이라면 임신 계획을 뒤로 미루고 건강 상태를 완전히 회복한 다음에 수태 시기를 잡도록 하십시오.

### 잘못된 생활 방식을 고친다

부부가 서로 생활 방식을 되돌아보고 고쳐야 할 것들이 있는지 살펴보십시오. 먹고 자는 아주 기본적인 생활 습관에서부터 시간 사용이나 건강 관리 등 모든 조건들이 아기를 갖기에 적합한 상태인지를 체크하고 최선의 상태가 되도록 개선하려는 의지를 가져야 합니다.

### 만성 질환을 앓고 있다면 임신 전에 의사와 먼저 상담한다

당뇨병, 심장병, 고혈압, 신장염, 결핵, 뇌전증과 같은 만성 질환을 앓고 있는 여성이라도 아기를 가질 수 있습니다. 그러나 임신 전에 의사와 충분히 상의해야 합니다. 그래야 임신 중에 생길 수 있는 위험을 예방하고 심리적인 두려움도 효과적으로 극복할 수 있습니다.

### 피임을 하고 있었다면 여유를 두는 것이 좋다

콘돔 같은 기구를 사용한 피임 방법은 임신 계획을 세운 후 즉시 그만두면 되지만, 경구용 피임약이나 자궁내 피임기구를 사용하고 있다면 임신 전 사전 준비가 필요합니다. 피임약 복용을 중지한 후 임신 전 최소한 한 번은 정상적인 월경 주기를 관찰하는 것이 좋습니다.

### 식사와 운동에 신경을 쓴다

균형 잡힌 식사와 규칙적인 운동은 임산부와 아기에게 매우 중요합니다. 동물성 지방과 염분은 제한하고 생야채와 과일 등을 위주로 섭취하십시오. 건강한 식단과 규칙적인 운동을 병행하면 임신 기간을 건강하게 보낼 수 있습니다.

### 술, 담배 그리고 약을 먹지 않는다

술은 임신 전에도 난자와 정자를 손상시킬 뿐 아니라 태아에게 정신 지체, 발육 부진, 뇌와 신경계 등에 손상을 줄 수 있습니다. 담배는 유산, 사산, 태반의 손상, 저체중아 출산 등, 그 해악이 술보다 확실하게 밝혀져 있습니다. 간접 흡연도 직접 흡연과 마찬가지로 위험하므로 피해야 합니다. 약 역시 임신을 계획한 순간부터 금해야 할 것 중 하나입니다. 더구나 정확한 임신 날짜를 알기 어렵기 때문에 일단 임신을 계획한 경우라면 약을 복용하지 않도록 하고, 부득이한 경우는 의사와 상의한 후에 복용하도록 하십시오.

건강한 임신 준비

# 엄마가 되기 전에 받아야 할 건강 검진

### 풍진 항체 검사

풍진은 피부발진과 열을 동반하는 바이러스 감염에 의한 질환입니다. 임신 초기에 발병할 경우 청력 장애, 심장 질환 등 선천성 기형을 유발할 가능성이 큽니다. 따라서 과거에 풍진 항체 검사를 받은 적이 있더라도 다시 검사를 받아야 합니다. 검사 후 면역이 되어 있지 않으면 예방 주사를 맞고, 항체 형성을 확인하기 전까지는 피임을 하는 것이 안전합니다. 임신 중에는 풍진 예방 주사를 피해야 합니다.

### 매독 혈청 반응 검사

매독 검사는 모자보건법에 의해 의무적으로 받도록 되어 있습니다. 매독에 걸린 여성이 임신을 하면 유산이나 사산을 하거나, 장애아나 발육 부진아를 낳을 위험이 있습니다. 임산부 또한 위험에 처할 수 있습니다. 만일 검사 결과 양성이면 남편도 함께 치료를 받아야 합니다.

### 간염 검사

간염은 본인도 모르게 앓고 있는 경우가 많으므로, 앓은 경험이나 증상이 없었다 할지라도 검사를 받아야 합니다. 임산부가 간염에 걸려 있다면 아기가 산도를 통해 나오면서 엄마의 혈액이나 분비물을 통해 감염될 위험이 있습니다. 임신을 계획하고 있다면 미리 간염 예방 접종을 받아 항체가 만들어진 후 임신을 하는 것이 안전합니다.

### 빈혈 검사

임신을 하면 빈혈이 되기 쉽습니다. 혈액양은 늘어나지만 적혈구 수는 늘어나지 않는데다 태아가 많은 양의 철분을 흡수해 가기 때문입니다. 따라서 빈혈 증상이 없던 여성이라도 임신 전에는 빈혈 검사를 받아 보는 것이 좋습니다.

### 당뇨병

당뇨병은 유전되기 쉬운 병증이므로 조금이라도 가능성이 의심된다면 검사를 받아 보아야 합니다. 당뇨병을 앓고 있다면 일단 혈당치를 조절하는 적절한 치료를 한 후에 임신을 계획해야 합니다. 당뇨가 있는 경우 임신중독증 등 임신 합병증이 나타날 가능성이 높고 거대아를 낳거나 사산을 할 가능성이 커집니다. 현재 약물로 당뇨병 치료를 하고 있는 산모는 임신이 되면 약물을 끊고 인슐린 치료를 해야 합니다.

### 자궁 근종, 난소 종양

자궁의 외부나 근육층에 나타나는 자궁 근종은 일상 생활이나 임신 출산 등에 별다른 영향을 미치지 않습니다. 그러나 자궁 내강에 자리잡은 근종은 태아의 발육을 방해하여 유산을 할 가능성이 있습니다. 난소종양이 악성일 경우 발견 즉시 적절한 치료를 받지 않으면 목숨이 위험할 수도 있으므로 특히 주의해야 합니다. 양성 난소 종양이 임신 3개월에 동반하여 나타났다가 없어지기도 하므로 주기적인 초음파 검사로 상태를 확인해야 합니다.

# 출산 예정일을 알아봅시다

### 날짜 계산법

출산 예정일은 월경 주기가 28일로 거의 정확한 경우에 계산할 수 있습니다. 따라서 월경 주기가 불규칙하거나 28일 이상이면 예정일이 계산과 잘 들어맞지 않습니다. 배란과 수정이 된 날을 정확하게 알기 어렵기 때문에 마지막 월경이 시작된 날에 280일을 더한 날을 예정일로 잡습니다. 이것은 곧 9개월 7일을 더하는 것이므로 좀더 쉽게 계산하려면 달에는 9를, 일에는 7을 더하면 됩니다.

의사는 이 예정일을 기초로 태아의 발육 상태를 체크합니다. 그러나 예정일은 말 그대로 '예정'일일 뿐 확정된 날이 아니므로 너무 집착할 필요는 없습니다. 초산의 경우 대부분 예정일보다 조금씩 빠르거나 늦게 태어나기 때문입니다.

**출산 예정일표 보는 법**

마지막 월경이 있었던 달을 흰줄 왼쪽 칸에서 찾고, 월경이 시작된 첫날은 오른쪽 흰줄 날짜란에서 찾는다. 바로 그 날짜 아래 쓰인 파란색 날짜와 달이 바로 아기가 태어날 예정일이다.

**출산 예정일표**

| 1월 | 1 | 2 | 3 | 4 | 5 | 6 | 7 | 8 | 9 | 10 | 11 | 12 | 13 | 14 | 15 | 16 | 17 | 18 | 19 | 20 | 21 | 22 | 23 | 24 | 25 | 26 | 27 | 28 | 29 | 30 | 31 | 1월 |
|---|---|---|---|---|---|---|---|---|---|---|---|---|---|---|---|---|---|---|---|---|---|---|---|---|---|---|---|---|---|---|---|---|
| 10월 | 8 | 9 | 10 | 11 | 12 | 13 | 14 | 15 | 16 | 17 | 18 | 19 | 20 | 21 | 22 | 23 | 24 | 25 | 26 | 27 | 28 | 29 | 30 | 31 | 1 | 2 | 3 | 4 | 5 | 6 | 7 | 11월 |
| 2월 | 1 | 2 | 3 | 4 | 5 | 6 | 7 | 8 | 9 | 10 | 11 | 12 | 13 | 14 | 15 | 16 | 17 | 18 | 19 | 20 | 21 | 22 | 23 | 24 | 25 | 26 | 27 | 28 | 29 |  |  | 2월 |
| 11월 | 8 | 9 | 10 | 11 | 12 | 13 | 14 | 15 | 16 | 17 | 18 | 19 | 20 | 21 | 22 | 23 | 24 | 25 | 26 | 27 | 28 | 29 | 30 | 31 | 1 | 2 | 3 | 4 | 5 |  |  | 12월 |
| 3월 | 1 | 2 | 3 | 4 | 5 | 6 | 7 | 8 | 9 | 10 | 11 | 12 | 13 | 14 | 15 | 16 | 17 | 18 | 19 | 20 | 21 | 22 | 23 | 24 | 25 | 26 | 27 | 28 | 29 | 30 | 31 | 3월 |
| 12월 | 6 | 7 | 8 | 9 | 10 | 11 | 12 | 13 | 14 | 15 | 16 | 17 | 18 | 19 | 20 | 21 | 22 | 23 | 24 | 25 | 26 | 27 | 28 | 29 | 30 | 31 | 1 | 2 | 3 | 4 | 5 | 1월 |
| 4월 | 1 | 2 | 3 | 4 | 5 | 6 | 7 | 8 | 9 | 10 | 11 | 12 | 13 | 14 | 15 | 16 | 17 | 18 | 19 | 20 | 21 | 22 | 23 | 24 | 25 | 26 | 27 | 28 | 29 | 30 |  | 4월 |
| 1월 | 6 | 7 | 8 | 9 | 10 | 11 | 12 | 13 | 14 | 15 | 16 | 17 | 18 | 19 | 20 | 21 | 22 | 23 | 24 | 25 | 26 | 27 | 28 | 29 | 30 | 31 | 1 | 2 | 3 | 4 |  | 2월 |
| 5월 | 1 | 2 | 3 | 4 | 5 | 6 | 7 | 8 | 9 | 10 | 11 | 12 | 13 | 14 | 15 | 16 | 17 | 18 | 19 | 20 | 21 | 22 | 23 | 24 | 25 | 26 | 27 | 28 | 29 | 30 | 31 | 5월 |
| 2월 | 5 | 6 | 7 | 8 | 9 | 10 | 11 | 12 | 13 | 14 | 15 | 16 | 17 | 18 | 19 | 20 | 21 | 22 | 23 | 24 | 25 | 26 | 27 | 28 | 1 | 2 | 3 | 4 |  |  |  | 2월 |
| 6월 | 1 | 2 | 3 | 4 | 5 | 6 | 7 | 8 | 9 | 10 | 11 | 12 | 13 | 14 | 15 | 16 | 17 | 18 | 19 | 20 | 21 | 22 | 23 | 24 | 25 | 26 | 27 | 28 | 29 | 30 |  | 6월 |
| 3월 | 8 | 9 | 10 | 11 | 12 | 13 | 14 | 15 | 16 | 17 | 18 | 19 | 20 | 21 | 22 | 23 | 24 | 25 | 26 | 27 | 28 | 29 | 30 | 31 | 1 | 2 | 3 | 4 | 5 | 6 |  | 4월 |
| 7월 | 1 | 2 | 3 | 4 | 5 | 6 | 7 | 8 | 9 | 10 | 11 | 12 | 13 | 14 | 15 | 16 | 17 | 18 | 19 | 20 | 21 | 22 | 23 | 24 | 25 | 26 | 27 | 28 | 29 | 30 | 31 | 7월 |
| 4월 | 7 | 8 | 9 | 10 | 11 | 12 | 13 | 14 | 15 | 16 | 17 | 18 | 19 | 20 | 21 | 22 | 23 | 24 | 25 | 26 | 27 | 28 | 29 | 30 | 1 | 2 | 3 | 4 | 5 | 6 | 7 | 5월 |
| 8월 | 1 | 2 | 3 | 4 | 5 | 6 | 7 | 8 | 9 | 10 | 11 | 12 | 13 | 14 | 15 | 16 | 17 | 18 | 19 | 20 | 21 | 22 | 23 | 24 | 25 | 26 | 27 | 28 | 29 | 30 | 31 | 8월 |
| 5월 | 8 | 9 | 10 | 11 | 12 | 13 | 14 | 15 | 16 | 17 | 18 | 19 | 20 | 21 | 22 | 23 | 24 | 25 | 26 | 27 | 28 | 29 | 30 | 31 | 1 | 2 | 3 | 4 | 5 | 6 | 7 | 6월 |
| 9월 | 1 | 2 | 3 | 4 | 5 | 6 | 7 | 8 | 9 | 10 | 11 | 12 | 13 | 14 | 15 | 16 | 17 | 18 | 19 | 20 | 21 | 22 | 23 | 24 | 25 | 26 | 27 | 28 | 29 | 30 |  | 9월 |
| 6월 | 8 | 9 | 10 | 11 | 12 | 13 | 14 | 15 | 16 | 17 | 18 | 19 | 20 | 21 | 22 | 23 | 24 | 25 | 26 | 27 | 28 | 29 | 30 | 1 | 2 | 3 | 4 | 5 | 6 | 7 |  | 7월 |
| 10월 | 1 | 2 | 3 | 4 | 5 | 6 | 7 | 8 | 9 | 10 | 11 | 12 | 13 | 14 | 15 | 16 | 17 | 18 | 19 | 20 | 21 | 22 | 23 | 24 | 25 | 26 | 27 | 28 | 29 | 30 | 31 | 10월 |
| 7월 | 8 | 9 | 10 | 11 | 12 | 13 | 14 | 15 | 16 | 17 | 18 | 19 | 20 | 21 | 22 | 23 | 24 | 25 | 26 | 27 | 28 | 29 | 30 | 31 | 1 | 2 | 3 | 4 | 5 | 6 | 7 | 8월 |
| 11월 | 1 | 2 | 3 | 4 | 5 | 6 | 7 | 8 | 9 | 10 | 11 | 12 | 13 | 14 | 15 | 16 | 17 | 18 | 19 | 20 | 21 | 22 | 23 | 24 | 25 | 26 | 27 | 28 | 29 | 30 |  | 11월 |
| 8월 | 8 | 9 | 10 | 11 | 12 | 13 | 14 | 15 | 16 | 17 | 18 | 19 | 20 | 21 | 22 | 23 | 24 | 25 | 26 | 27 | 28 | 29 | 30 | 31 | 1 | 2 | 3 | 4 | 5 | 6 |  | 9월 |
| 12월 | 1 | 2 | 3 | 4 | 5 | 6 | 7 | 8 | 9 | 10 | 11 | 12 | 13 | 14 | 15 | 16 | 17 | 18 | 19 | 20 | 21 | 22 | 23 | 24 | 25 | 26 | 27 | 28 | 29 | 30 | 31 | 12월 |
| 9월 | 7 | 8 | 9 | 10 | 11 | 12 | 13 | 14 | 15 | 16 | 17 | 18 | 19 | 20 | 21 | 22 | 23 | 24 | 25 | 26 | 27 | 28 | 29 | 30 | 1 | 2 | 3 | 4 | 5 | 6 | 7 | 10월 |

# 하나님은 아기를 이렇게 태어나게 하셨어요

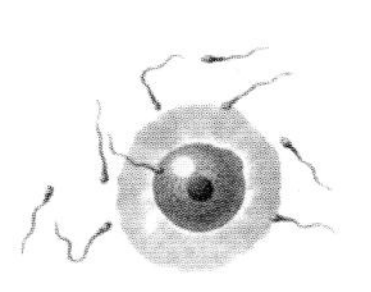

0시간 수정,

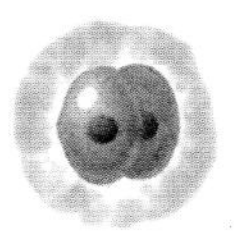

30시간, 2세포

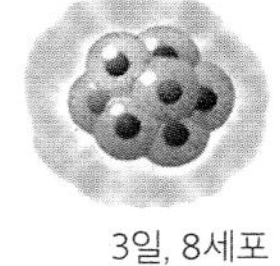

3일, 8세포

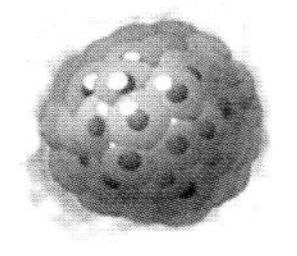

4일, 64세포

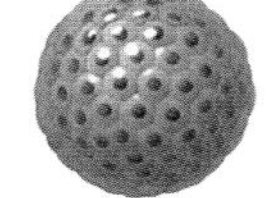

5~6일, 배아낭포 (Blastocyst)

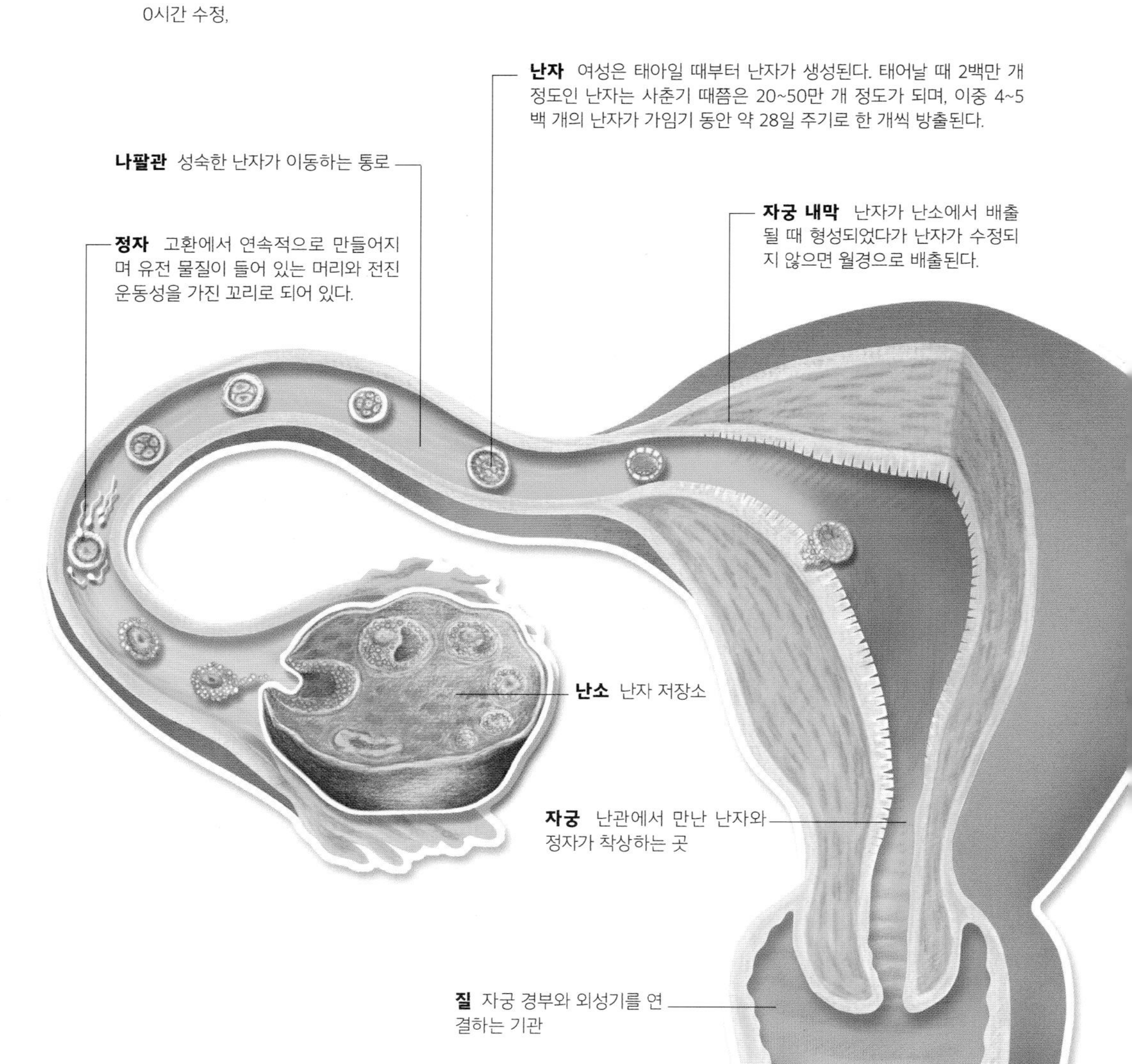

## 수정 정자, 난자를 만나다

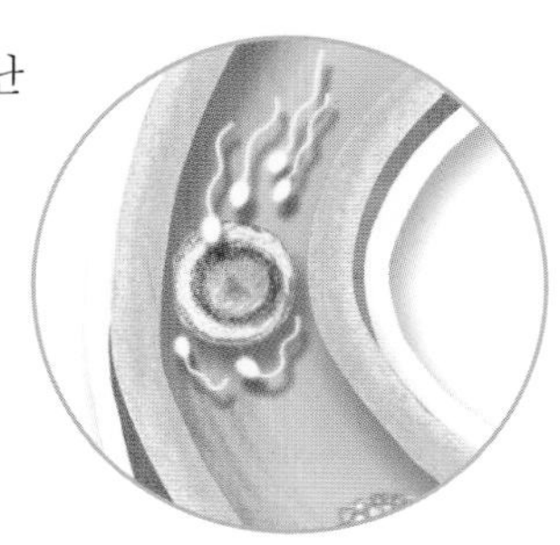

한 번의 사정으로 배출되는 정자는 약 2~3억 마리 정도입니다. 난자의 생명력이 18~24시간 정도인데 반해, 정자는 사정 후 48~72시간 정도 살아 있습니다. 정자들은 자기 힘으로 난자를 향해 달려갑니다. 그리고 2~3시간 정도 걸려 난관에 도달하게 되는데, 이때 가장 먼저 난자를 만난 정자 한 마리만이 난자 안으로 들어갈 수 있습니다. 기운차게 난자의 바깥층을 뚫고 들어간 정자의 머리가 난자의 핵과 만나는 것이 바로 '수정'입니다.

## 착상 보금자리로의 안전한 착륙

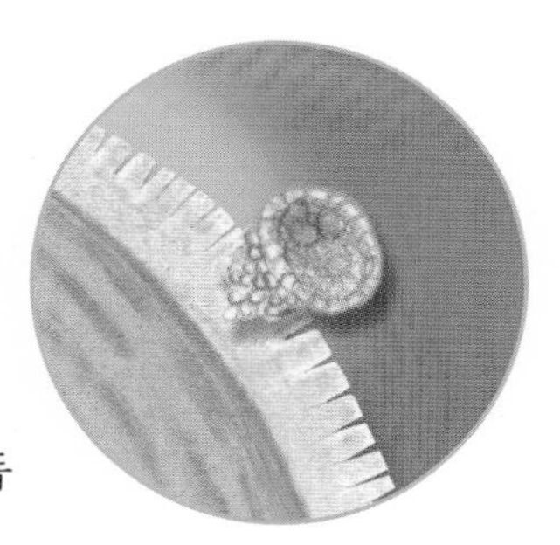

수정란이 자궁 내막 표면에 자리를 잡아 처음으로 엄마의 몸에 안착하는 것이 착상입니다. 보통 수정 후부터 착상까지는 5~7일 정도가 걸리는데, 그동안 수정란은 상실기와 포배기를 거치면서 세포 분열을 계속합니다. 마지막 단계인 포배기에는 태아로 성장하는 부분과 태반이나 탯줄, 양수, 양막 등 태아의 성장을 돕는 부분으로 나뉘게 됩니다.

## 성별 빠르고 건강한 정자가 결정

사람 몸의 모든 세포는 유전자 정보를 가지고 있으며 46개의 염색체를 가지고 있습니다. 그런데 정자와 난자만은 예외적으로 각각 23개의 염색체만을 가지고 있어서 수정이 되어야만 46개의 염색체가 완성됩니다. 그리고 이 정자와 난자가 가진 23개의 염색체에는 성별을 결정짓는 성염색체가 포함되어 있습니다. 난자는 X염색체 하나만 가지고 있는데 반해, 정자는 X염색체가 들어 있는 것도 있고 Y염색체가 들어 있는 것도 있습니다. 난자가 X염색체와 결합이 되면 딸(XX), Y염색체와 결합되면 아들(XY)이 태어납니다. 빠르고 건강한 정자가 성별을 결정하는 것입니다.

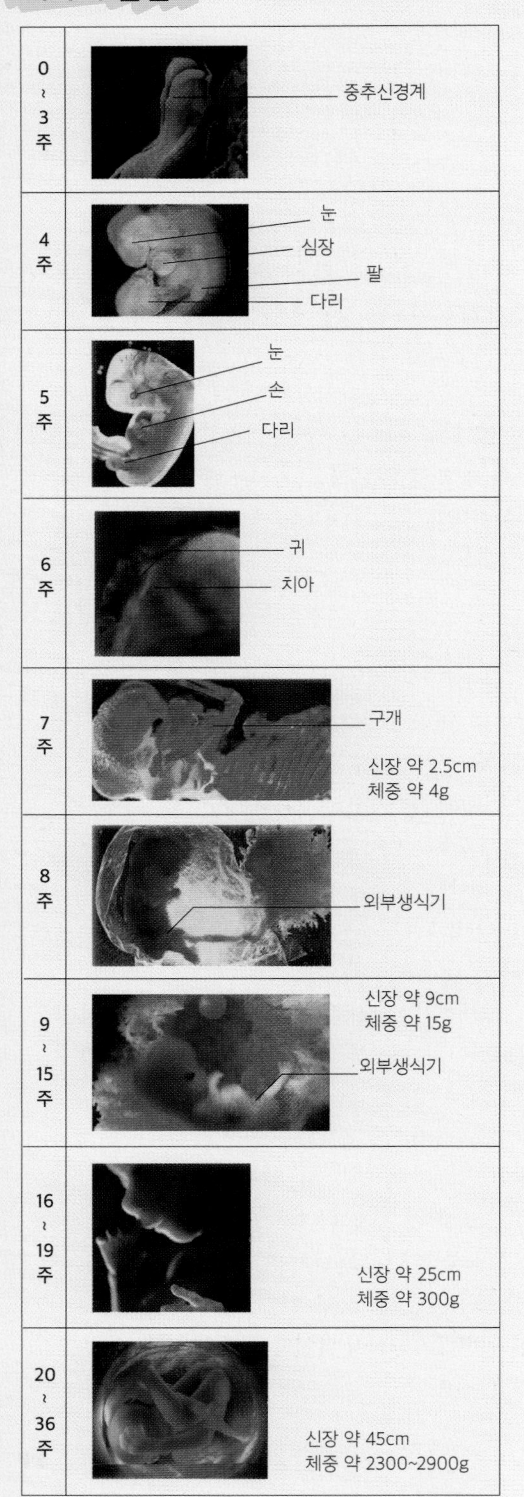


# 임신, 이런 징후가 보여요

### 월경이 멎는다

매달 규칙적으로 월경을 한 사람의 경우, 가장 확실하게 임신 사실을 알 수 있는 징후가 월경이 멎는 것입니다. 평소에 월경 주기가 불규칙한 사람들은 뒤늦게 임신을 확인하게 되는 경우가 많습니다. 또 임신을 한 경우에도 약간의 출혈이 생기는 경우가 있으므로 평소의 월경과 잘 구분할 수 있어야 합니다. 그러나 월경은 신체적·정신적인 문제로도 늦어지는 경우가 있으므로 월경이 늦어진다고 반드시 임신과 연결되는 것은 아닙니다.

### 소변을 자주 본다

평소보다 소변을 자주 보게 되고, 소변을 본 후에도 잔뇨감이 남는데, 이는 임신 호르몬이 분비되면서 방광에 자극을 주어 생기는 현상입니다.

### 변비가 생긴다

임신을 하게 되면 황체 호르몬의 활동이 활발해지면서 장의 움직임을 방해하고, 커진 자궁이 장을 압박하기 때문에 변비가 생깁니다. 이때 생기는 변비는 임신 기간 내내 임산부를 괴롭히고 치질로 발전할 가능성이 큽니다. 따라서 임신 기간 내내 물을 많이 마시고 채식 위주의 식생활과 규칙적인 배변 습관으로 변비에서 벗어나도록 노력해야 합니다.

### 질 분비물이 많아진다

임신을 하면 질 분비물이 평소보다 많이 늘어납니다. 수정란이 착상을 하면 자궁의 활동이 많아지고 그에 따라 분비물도 늘어나는 것입니다. 그러나 질 분비물은 질염으로 인한 것과 구분해야 합니다. 유백색으로 냄새가 나지 않는 것은 정상적이지만, 색깔이 짙고 냄새가 나며 끈적거림이 심하면 진찰을 받아보는 것이 좋습니다.

### 기초 체온이 높아진다

체온이 평소보다 높은 상태가 지속되고 감기에 걸린 것 같은 나른함이 계속되는 것도 임신의 한 징후입니다. 기초 체온을 체크하는 것이 중요한 이유는 열이 나는 이유가 감기 때문인 것으로 오인하고 약을 먹을 수 있기 때문입니다. 임신을 계획한 경우는 자신의 체온 변화에 신중하게 대처해야 합니다.

### 유방이 커지고 단단해진다

유방은 신체 중 어떤 부분보다 임신에 민감하게 반응합니다. 황체 호르몬이 자궁뿐만 아니라 유선에도 작용하기 때문입니다. 임신을 하면 마치 월경 전처럼 유방이 커지고 단단해지며, 약간의 자극에도 아픔을 느끼게 됩니다. 유두는 색깔이 짙어지면서 부드럽게 변합니다.

### 입맛이 변하고 입덧을 한다

호르몬의 영향으로 입맛이 변해 평소에 좋아하던 음식이 냄새도 맡기 싫어지는가 하면, 입에 대지도 않던 음식이 당기기도 합니다. 어떤 경우는 먹는 것에 별로 관심이 없던 사람이 갑자기 식탐을 하기도 합니다.

### 초조함 혹은 권태로움

별다르게 피곤한 일이 없었는데도 온몸이 나른하면서 졸립고, 특별한 이유 없이 생활이 권태롭게 느껴지고, 공연히 짜증이 나거나 불안한 것 등도 임신의 한 증세입니다. 호르몬의 변화로 일어나는 현상이므로 임신이 확인되면 마음을 편히 갖고 안정을 취해야 합니다.

# 임신과 영양

## 식단 십계명을 지키세요

**하나, 자연식 위주의 싱싱한 음식을 섭취한다**

콩 심은 데 콩 나고 팥 심은 데 팥 나는 것처럼, 태아는 엄마가 무엇을 먹는가에 따라 건강이 결정된다. 각종 식품 첨가물, 색소, 인공조미료 등으로 범벅이 된 인스턴트 식품을 자주 섭취하게 되면 태아의 뇌신경장애를 유발하거나 알레르기 체질을 만들 수 있다. 따라서 엄마가 자연의 생생한 기운이 살아 있는 자연식을 섭취함으로써 태아에게 자연의 건강함을 그대로 전달하는 것이야말로 태교의 근본이다.

**둘, 현미를 비롯한 잡곡밥을 주식으로 한다**

도정한 흰 쌀밥보다는 현미에 콩, 수수, 차조 등을 섞어 잡곡밥으로 섭취한다. 현미와 잡곡은 흰 쌀밥에 비해 태아의 성장과 신체 발달에 도움이 되는 각종 비타민과 미네랄이 훨씬 풍부하여 건강한 엄마, 건강한 태아를 만드는 식사의 기본이 된다. 섬유질도 풍부하여 임신기에 생기기 쉬운 변비나 치질을 예방하는 효과도 만점이다.

**셋, 반찬은 골고루, 단백질 식품과 신선한 채소류, 해조류, 버섯류 등을 포함시킨다**

끼니마다 잡곡밥을 기본으로 하여 두부, 생선, 육류 등의 단백질 중 한 가지, 김, 미역, 다시마 등의 해조류 중 한 가지, 녹색, 황색, 담색 채소 등이 모두 포함된 채소류, 각종 버섯류 중 한 가지로 구성하여 식탁을 차리자.

**넷, 양질의 단백질을 충분히 섭취한다**

태반을 튼튼하게 형성하고 태아의 두뇌 발달과 근육을 형성하는 데 가장 많이 사용되는 영양소가 바로 단백질이다. 그런 만큼 단백질을 얼마나 섭취하느냐 못지않게 어떤 단백질을 섭취하는가가 중요하다. 육류 단백질을 섭취할 때는 기름기를 제거한 담백한 살코기 형태로 섭취하는 것이 바람직하며, 식물성 단백질은 DHA와 EPA가 풍부한 생선류, 콩, 두부, 된장, 효모 등으로 섭취하는 것이 좋다.

**다섯, 싱싱한 과일과 채소를 듬뿍 섭취한다**

똑똑하고 튼튼한 아기, 예쁘고 총명한 아기를 기대한다면 과일과 채소는 필수. 태아의 정상적인 발육과 두뇌 발달, 면역력 증진 등에 필수적인 비타민과 무기질의 보고가 바로 야채와 과일이다. 야채와 과일은 임신중 흔히 나타나는 증상인 변비를 예방하는 섬유질이 풍부하며, 피부 트러블을 예방하고 개선하는 데도 꼭 필요한 식품이다. 가능하면 제철에 나는 것, 가열하지 않고 생으로 섭취하는 것이 바람직하다.

### 여섯, 건강 간식으로 활기를 준다

간식으로 우유나 두유, 발효 유제품, 호두, 잣 등 신선한 견과류를 섭취하라. 특히 호두, 잣, 아몬드 등은 입맛이 없을 때나 입덧이 심할 때도 쉽게 먹을 수 있고 태아의 뇌 발달에 중요하다. 너무 많이 섭취하면 설사를 일으킬 수 있으므로 조금씩 먹도록 하고, 냉장 보관한다.

### 일곱, 신선한 생수는 생명수다

물은 하루에 6~8컵 정도 마신다. 생수를 마시면 물 속에 축적되어 있는 노폐물과 독소가 배출되어 몸에 활력을 준다. 특히 변비를 예방하려면 아침에 일어나자마자 시원한 생수를 마시도록 한다.

### 여덟, 흡연과 음주는 절대 금한다

임산부의 흡연과 음주는 태아에게 치명적인 손상을 주어 성장 장애가 오거나 장애아, 정신지체아가 될 수 있다. 태아는 엄마가 먹고 마시는 것을 그대로 받아들이기만 할 뿐, 피할 수 있는 능력이 없다는 것을 명심하자.

### 아홉, 짜고 맵고 자극적인 음식은 NO! 담백하고 싱싱한 음식은 OK!

평소에도 짜게 먹는 것은 좋지 않지만, 임신중에는 기본적으로 평소보다 조금 더 싱겁게 먹도록 한다. 염분은 부종과 임신중독증을 일으키기 쉽다. 깔끔한 입맛을 위해서도 담백한 음식을 섭취하는 것이 좋다.

### 열, 식사는 즐거운 마음, 감사한 마음으로!

탯줄로 연결된 엄마와 아기는 심리 상태까지 연결되어 있다. 엄마의 느낌이 아기에게 그대로 전달되는 것이다. 늘 아기와 함께 먹는다는 사실에 감사하고 기쁜 마음을 갖도록 하자. 즐거운 마음이 가장 좋은 소화제다.

[박미현·식품영양학 박사]

건강한 임신 준비

# 임신과 한방

## 임신 전 받아야 할 처치

**평소 지병을 해결한다** 열 달 동안 태아를 키우는 것은 건강한 자궁만이 아니라 오장육부의 건강과 기운이다. 따라서 여성의 모든 장부(臟腑)가 건강해야만 한다. 평소에 약한 장기가 있거나 지병을 앓고 있는 사람은 병을 치료하도록 한다.

**자궁 내외의 질병을 체크한다** 호르몬 이상 등 질병의 이상 유무, 월경 주기 불순, 무월경, 냉대하, 월경통, 월경시 혈괴(血塊: 월경할 때 묽은 혈액이 아닌 덩어리로 뭉쳐 쏟아지는 것), 월경과다·과소증, 월경 전 심한 유방통(이 또한 자궁과 관계된다), 월경이 아닌 하혈 등의 이상이 있을 때는 반드시 의사와 상의하여 고치도록 해야 한다. 임신중에 자궁 내에서 발육하는 아기에게 좋지 않은 영향을 줄 수 있기 때문이다.

**냉증을 치료한다** 수족이 차거나 하복부가 너무 차고 하지의 무력증, 족냉증 등의 증상이 있을 때는 의사의 진단을 받고 적합한 처치를 받아야 한다. 냉증이 있는 경우는 자궁이나 하체에 이상이 있어 임신하기에 적합하지 못한 경우가 많기 때문이다.

**남성의 건강 체크** 정자가 건강해야 건강한 아이가 태어나므로 임신 전에 정자를 건강하게 하는 조치를 취해야 한다. 특히 허약 체질, 조루증, 새벽 발기부전, 유뇨증, 빈뇨증, 몽설증, 심한 하지 무력증 등의 증상이 있는 사람들은 아이를 갖기 전에 반드시 의사의 진단을 받아 증세를 고친 후에 아기를 갖도록 한다.

## 임신중 나타날 수 있는 증상에 따른 처치

**입덧** 평소에 비장이나 위장이 약하거나 자궁이 약한 여성들에게 입덧이 심한 경우가 많다. 구토가 너무 심하거나 음식 섭취가 안 될 정도라면 아기에게 좋지 않으므로 처방을 받는 것이 좋다. 이럴 경우 한방에서는 안태(安胎)시켜 주고 자궁 영양이 원활하게 공급되도록 하는 처방을 할 수 있다.

**임신중 감기** 예로부터 임신중 감기는 꿀단지 안에 들어가 있는 꿀벌을 쫓기 힘든 것같이 치유되기 어렵다는 말이 있다. 대부분은 휴식을 취하면서 참고 견디게 되는데, 정도가 너무 심하면 폐렴이나 천식 등으로 발전할 수 있다. 또 모태 속의 아기도 영향을 받아, 감기에 잘 걸리는 체질이 되거나 폐나 기관지가 약해질 수도 있다. 이때에도 한방에서는 의사에게 진찰받은 후 약을 지어 먹으면 임산부와 태아를 안전하게 감기에서 벗어나게 할 수 있다.

**임신중독증** 임신중독증은 임산부의 체중이 일주일에 500g 이상 증가하고, 단백뇨가 나오고, 고혈압과 부종 증상이 생기는 경우다. 이것을 한방에서는 '자종'(子腫:붓는 증세) '자림'(子淋:소변이 배설되지 않고 남아 몸을 붓게 하는 것)이라 하는데, 임신중 처방은 물론이고 출산 후에도 치료하여 완전을 기해야 지속되는 산후병에 시달리지 않는다.

## 출산과 산후조리에 쓰이는 처방

**출산을 위한 처방** 출산시에 출혈이 너무 심하거나 자궁근 주위에 기혈 순환이 어려워 혈액 공급이 원활하게 되지 않으면, 힘이 주어지지 않아 분만에 오랜 시간이 소요되어 난산이 초래되고, 출산 후 산모가 건강을 회복하기 어려워진다. 분만시 3분 간격으로 진진통이 시작될 때 불수산이나 송자단을 30분 간격으로 3회 나누어 먹으면, 진통을 촉진시키고 산모가 다시 힘을 쓸 수 있어 출산을 쉽게 하도록 도와준다. 또한 출산 후 지혈작용과 산후조리에도 도움이 된다.

**산후조리 처방** 산후조리는 대부분 보식과 보약제 복용에만 주력하는 경우가 많다. 하지만 산후조리를 할 때 가장 중요한 것은 출산 후 자궁 내의 분비물, 즉 오로의 순조로운 배출이다. 그래야 자궁의 혈액 순환이 잘 되어 제대로 산후조리를 할 수 있기 때문이다. 특히 제왕절개를 하거나 항생제 과용 등으로 오로가 잘 나오지 않을 경우는 산후 하복부와 허리의 비만은 물론 산후 질병에 시달리게 된다. 한방의 산후조리법으로는 보혈활혈(補血活血: 피를 보하고 활력 있게 하는 것), 온산행어(溫散行瘀: 온기가 퍼지게 하여 뭉친 피를 흐르게 하는 것), 순기통어(順氣通瘀: 기를 순환하여 뭉친 피를 통하게 하는 것) 등의 처치법이 있다.

[오은정·오은정 한의원 원장]

건강한 임신 준비

# 임신중 약물 사용, 어떻게 할까요

**임신 중 약을 먹으면 기형아 출산한다고요?**

임신 초기에는 임신 사실을 인지하기 어려워 무심코 감기약이나 항생제를 복용하는 사례도 많습니다. 이런 경우 임신 사실을 알고 나서 임신중 복욕한 약이 기형아 출산으로 이어질까봐 두려하는데, 실제로 임신중 복용한 약과 기형아 출산의 상관 관계는 1% 정도로 아주 낮습니다. 시중에서 판매되는 약들의 97%는 안전하고 임산부에게 큰 영향을 끼치지 않습니다. 기형아 출산을 유발한다고 알려진 뇌전증, 고혈압 치료제, 항생제 등은 특수한 것들이며 의사의 처방 없이 일반인들이 복용하기 어려운 것들입니다.

**아파도 무조건 참는 게 좋은가요?**

임신중에 약물 복용은 주의하는 게 맞습니다. 하지만 무조건 참는 것도 문제가 될 수 있습니다. 잠시 나타나는 증세라면 괜찮지만 통증이나 이상 증세가 지속되면 의사를 찾아가 진단을 받고 처방받은 약을 복용해야 합니다. 자궁은 엄마의 상태와 격리되어 있어 엄마의 증세가 곧바로 아이의 증세로 이어지지 않습니다. 그러나 모체의 상태는 태아에게 영향을 미치게 되므로 평소에 건강 관리를 잘 하는 것이 무엇보다 중요합니다.

**임신 전에 먹던 약은 모두 끊어야 할까요?**

임신을 계획한 순간부터 평소에 먹던 약은 의사와 상담을 하고 구별해서 사용하는 것이 좋습니다. 임신을 확인한 후에는 반드시 의사와 상담을 한 이후에 복용을 결정해야 합니다. 무조건 중단해서 위험한 일이 생기는 것보다는 계속 복용하는 것이 더 안전한 경우도 있습니다. 평소 복용하던 갑상선 약 등은 태아에게 안전한 처방을 할 수 있으므로 계속 복용해도 문제가 없습니다.

**피부에 바르는 연고제는 어떤가요?**

일반적으로 상처가 났을 때 바르는 연고제들은 문제가 되지 않습니다. 알레르기나 가려움증에 바르는 연고도 피부 표피층에 작용하기 때문에 태아에게 영향을 주지 않습니다. 하지만 넓은 부위나, 많은 부위에 발라야 할 경우는 반드시 의사와 상담을 한 후 사용해야 합니다.

**여드름 치료제를 먹어도 될까요?**

임신중에 여드름이 심해지는 경우가 있는데, 피지 억제에 탁월한 효과가 있다고 알려진 '로아큐탄'은 태아 기형을 유발하는 물질로 알려져 있으므로 임신중에는 절대로 먹지 말아야 합니다.

**안약은 괜찮을까요?**

대부분의 안약은 사용해도 무방하지만, 의사의 처방을 받은 후 사용해야 합니다.

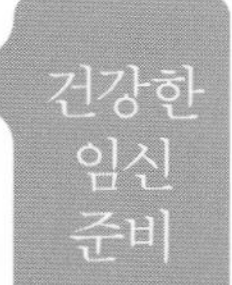


# 임신중, 이런 일은 어떨까요?

 **해도 좋아요**  **조심하면서 하세요**  **하면 안돼요**

| | | | |
|---|---|---|---|
| 수영하는 것<br>초기 중기 후기 | 대중탕에 가는 것<br>초기 중기 후기 | 사우나를 하는 것<br>초기 중기 후기 | 욕조 안에 들어가는 것<br>초기 중기 후기 |
| 영화, 연극, 음악회에 가는것<br>초기 중기 후기 | 자동차 운전을 하는 것<br>초기 중기 후기 | 컴퓨터를 사용 하는 것<br>초기 중기 후기 | 혼잡한 곳에 가는 것<br>초기 중기 후기 |
| 청바지를 입는 것<br>초기 중기 후기 | 굽높은 구두를 신는 것<br>초기 중기 후기 | 화장이나 매니큐어를 하는 것<br>초기 중기 후기 | 머리 염색을 하는 것<br>초기 중기 후기 |
| 이사하는 것<br>초기 중기 후기 | 우는 것<br>초기 중기 후기 | 부부 관계를 하는 것<br>초기 중기 후기 | 냉방이 아주 잘되는 곳에 있는 것<br>초기 중기 후기 |
| X선 촬영을 하는 것<br>초기 중기 후기 | 치과 치료를 받는 것<br>초기 중기 후기 | 제모제를 바르는 것<br>초기 중기 후기 | 영양제를 먹는 것<br>초기 중기 후기 |
| 커피나 홍차를 마시는 것<br>초기 중기 후기 | 겨자나 후추가 들어간 자극적인 음식을 먹는 것<br>초기 중기 후기 | 인스턴트 식품을 즐기는 것<br>초기 중기 후기 | 대소변을 참는 것<br>초기 중기 후기 |

# 임신중 직장생활, 이렇게 하세요

## 임신 초기

**임신 사실은 빨리 알리고, 회사도 준비하게 해주세요** 되도록 임신 사실을 빨리 회사에 알려서 사고를 미연에 방지하는 것이 좋습니다. 지나친 과로는 금물이지만 임신 중에도 성실한 근무 자세를 보이는 것은 직장인으로서 기본이라고 할 수 있습니다. 자신의 일을 방치하거나 안일하게 처리하는 것은 주위 사람들뿐 아니라, 결국 자기 자신에게 손해를 입히는 일임을 명심해야 합니다.

**변화하는 몸 상태에 적응하세요** 입덧을 비롯하여 졸음, 유산에 대한 위험 등 새로운 몸의 상태에 적응하며 지내야 하는 어려움이 있습니다. 이런 어려움에 대처하는 것이 당황스럽고 힘들겠지만 자신의 상황에 대해 냉정하게 판단하고 빨리 적응하는 것이 최선입니다.

**출퇴근은 안전하게** 대중교통을 이용하여 출근하는 경우 차체의 흔들림 때문에 입덧이 심해질 수도 있고, 많은 사람들로 붐벼 스트레스를 받기도 하는 등의 어려움을 겪습니다. 전철이나 버스에서는 임산부 배려석을 당당하게 이용하세요. 출근 시간을 30분 정도 앞당기거나 회사의 양해를 얻어 30분 정도 늦춰 러시 아워를 피하는 게 좋습니다.

**충분한 휴식을 취하세요** 직장 여성은 휴식을 취하기 어렵고 과로하기 쉬워 초기 유산율이 높은 편입니다. 과로하지 않도록 주의하고 유산기가 있을 때는 반드시 휴식을 취하십시오.

## 임신 중기

**영양 상태에 신경쓰세요** 입덧도 끝나고 몸 상태에도 어느 정도 적응되어 임신 기간 중 직장 생활하기 가장 수월한 시기라고 할 수 있습니다. 직장 여성의 경우 외식을 하는 일이 잦아 영양의 균형이 깨지기 쉽기 때문에 영양 상태에 더욱 신경을 써야 합니다. 외식을 할 때는 영양의 균형을 생각하여 메뉴를 고르세요.

같은 자세로 오래 앉아 있으면 혈액순환이 안 돼 다리가 붓기 쉽다. 틈틈이 자세를 바꾸거나 그림과 같은 자세로 다리의 피로를 풀어 준다.

**쾌적한 근무 환경을 만들도록 노력하세요** 임신 중에 느끼는 피로는 심각한 위험을 부를 수도 있습니다. 근무 중간중간에 반드시 휴식을 취하고, 컨디션이 좋지 않은 날에는 야근하지 않는 것이 좋습니다. 또 주위에 유해 물질이 있지 않은가 살펴보고 심각한 유해 물질이 있다면 상사와 상의하여 피해를 줄일 수 있는 방법을 생각해 보세요.

**직장에서도 태교가 가능해요** 출퇴근 시간에 마주치는 풍경들을 태아에게 태담으로 설명해 주는 것도 좋고 엄마의 일에 대해 간단히 설명해 주는 것도 좋습니다. 일에 열중하는 것은 태아에게 자극을 주고, 일을 끝낸 뒤에 느끼는 성취감도 태아에게 좋은 영향을 줍니다.

**원만한 인간 관계를 유지하세요** 인간 관계도 근무 환경의 주요한 한 요소입니다. 동료들과 원만한 관계를 유지하지 못한다면 스트레스를 받게 되고 태교에도 좋지 않습니다.

## 임신 후기

**몸을 소중히 여기세요** 임신 후기에 접어들면 본격적으로 배가 불러와 몸을 움직이기 어렵고 자궁이 위를 압박해서 소화가 잘 안 됩니다. 갑작스런 조산을 예방하려면 정신적 신체적 충격을 받지 않도록 조심하세요. 음식은 조금씩 나누어 여러 번 드세요.

**화장실에 가고 싶을 때는 참지 마세요** 커진 자궁이 방광을 압박하여 요의를 자주 느끼게 됩니다. 움직이기 귀찮다고 참으면 방광염의 원인이 될 수 있으므로 요의를 느낄 때마다 즉시 화장실에 가야 합니다.

**출산을 미리 준비하세요** 예정일 1~2주 전쯤에 맞춰 출산 휴가를 내세요. 원활한 업무 진행을 위해 적어도 휴가 1개월 전에는 날짜를 결정해 회사측에 이야기하세요.

0~3
주

## 이렇게 생활하세요

### 임신 가능성이 있을 때는

감기로 착각해 함부로 약을 먹어서는 안 돼요.
X선 촬영은 다음 월경 예정일 14일 이전에 하세요.
아침마다 기초 체온을 재는 습관을 들이세요.
무리한 다이어트는 좋지 않아요.

### 임신이 확인되면

태교 계획을 세워보세요.
술이나 담배 등 몸에 좋지 않은 것은 끊으세요.
반려동물의 위생 관리 더욱 철저히 하세요.

# 1

# MONTH

"축하합니다. 임신이에요!"

1 개월

# 아기 몸은 이렇게 자라요

### 수정, 착상, 드디어 임신!

정자와 난자가 만나 이루어진 직경 0.2㎜ 정도의 수정란은 기하급수적인 세포 분열을 하며 난관을 따라 이동하다가 일주일 정도 후에 자궁 내막에 착상하게 됩니다. 이것이 임신입니다.

### 3주가 지나야 형체가 제대로 보여요

착상한 수정란은 5일 정도가 지나면 3개의 세포그룹으로 나뉩니다. 가장 먼저 만들어지는 것은 뇌와 척수가 될 신경관이고, 이어서 혈관계와 순환계가 만들어집니다. 착상부터 3주까지는 외형적으로 인간다운 모습을 찾아볼 수 없습니다. 머리가 전체의 반을 차지하고 있고 뒷부분은 긴꼬리가 있습니다. 무게는 1g도 채 되지 않는답니다.

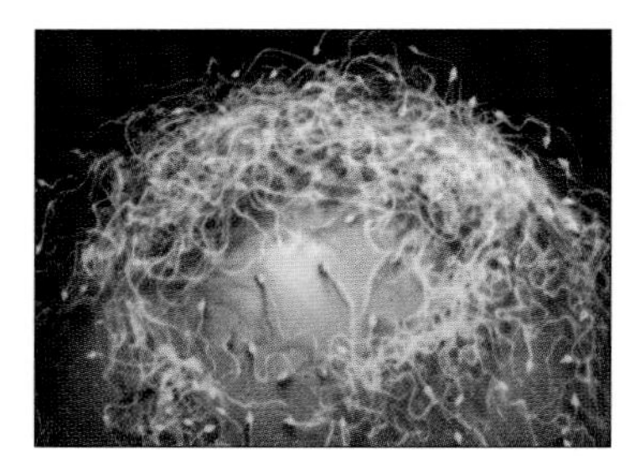

수많은 정자 가운데 단 한 개의 정자만 난자 안으로 들어가 수정된다.

### 3주 후에는 심장이 뛰어요

착상 후부터 8주까지는 아기를 감싸고 있는 태낭을 확인할 수도 없고 아직 인간의 특성이 나타나지 않으므로 태아(胎兒)라고 부르지 않고 태아(胎芽: 태싹)로 부릅니다. 그러나 3주 후가 되면 장차 심장이 될 혈관이 수축하기 시작합니다. 심장의 박동이 시작된다고 볼 수 있습니다. 이때부터 온몸에 혈액을 보내며 자라기 시작합니다.

### 아직 임신을 느낄 수는 없어요

임신 1개월은 임신부 스스로가 아직 임신 사실을 깨닫지 못하고 지내는 시기입니다. 임신이 되지 않았을 때는 기초 체온이 배란기 무렵부터 상승해 다음 월경 직전에 떨어집니다. 그런데 다음 월경일이 지났는데도 기초 체온이 37도 전후의 고온을 유지하고 있다면 임신 사실을 알아챌 수도 있습니다.

### 노곤하고 기운이 없어요. 약간의 열이나 한기가 있어요

아직 임신부의 몸에는 뚜렷한 변화가 없지만 예민한 경우 감기가 걸린 것처럼 몸이 노곤하고 기운이 없으면서 약간의 열이 있는 경우도 있습니다. 반대로 한기가 느껴지기도 하지요. 그렇다고 해서 감기약을 먹으면 안 됩니다.
또 젖꼭지가 민감해져서 스치는 느낌이 다르거나 따끔거릴 수도 있고 아주 드물게는 입덧이 나타나는 임신부도 있습니다.

### 구토 증세나 변비 증상이 있기도 합니다

임신이 되면 황체 호르몬이 자궁이나 장의 관, 정맥벽에 있는 불수의근을 이완시켜 변비가 생기거나 아랫배가 살살 아픈 증세가 나타날 수도 있습니다. 이 경우에도 변비약을 먹으면 안 됩니다. 또한 황체 호르몬이 식도에서 위장에 이르는 괄약근을 이완시켜 구토 증세를 일으키기도 합니다.

1
개월

체크 포인트

# 태교 계획을 세우세요

### 엄마, 저도 느낄 수 있어요!

막연하게 태교를 하는 것이 아니라 태아에게 관심과 애정을 가지고 제대로 알아야 좋은 태교를 할 수 있습니다.

### 함께 하는 태교

태교는 꼭 아기를 위해서만 하는 것은 아닙니다. 태교를 하면서 좋은 엄마가 되는 것을 연습하고 또 아기를 위해 노력하는 기쁨을 맛볼 수도 있습니다. 또한 태교는 임신부만 해야 하는 일은 아닙니다. 임신부 주위 사람들의 사랑이 더해져야 신체적, 정신적으로 건강한 아이가 태어날 수 있습니다.

### 기쁜 마음으로 하는 태교

태교가 중요한 것이기는 하지만 태교 때문에 임신부가 스트레스를 받는다면 결코 바람직하다고 할 수 없습니다. 억지로 하는 태교는 태아를 위한 일이 아니라 오히려 태아에게 해가 되는 일입니다.

### 크리스천을 위한 태교 5계명

1. **태아는 이미 한 사람임을 명심하라** 태아는 하나님께서 주신 한 생명이며, 태교는 우수한 아이를 만들기 위한 것이 아니라 하나님의 창조 작업을 겸손히 돕기 위한 것입니다.
2. **항상 기뻐하라** 아이를 가진 자기 자신을 사랑하고 하나님께서 나를 통해 귀하신 생명을 세상에 내셨다는 사실에 항상 감사하는 마음을 갖습니다.
3. **깊이 사랑하라** 가장 좋은 태교는 하나님과 태아, 그리고 세상 모든 것을 사랑하는 마음입니다.
4. **태아와 대화하라** 사랑이 담긴 태담은 태아와 엄마를 단단하게 묶어 주는 끈이 됩니다.
5. **태아를 하나님께 맡기라** 하나님의 양육방법을 신뢰하십시오. 하나님을 의지하는 중에 당신은 정서적으로 안정이 되고 태아는 영적인 감동을 받을 수 있습니다.

# 태아를 키우는 태내의 신비

## 태반 태아를 키우고 보호하는 만능 도우미

태반은 엄마의 뱃속에서 열 달 동안 아기를 키우고 보호하는 아주 중요한 기관입니다. 호흡을 할 수 없는 아기의 폐 역할, 임신의 유지와 아기의 성장에 필요한 호르몬의 분비, 성장에 필요한 영양분의 운반, 모체 내의 면역 물질 운반, 유해 물질 침입 억제, 배설 기관 역할 등을 담당합니다.

## 양수 태아의 움직임을 자유롭게 해 주는 보호수

양수는 양막에 싸인 약 알카리성의 투명한 액체입니다. 양막과 모체의 혈장 일부로 만들어지는데, 임신 후기가 되면 태아는 이 액체를 먹고 오줌을 내보냅니다. 양수를 검사하면 아기의 성별이나 염색체 이상으로 인한 기형, 장기의 발육 정도 등을 알 수 있습니다. 양수는 외부의 자극으로부터 태아를 보호하고, 양막과의 유착을 방지하여 발육에 지장이 없도록 할 뿐만 아니라 수중에서 부드럽고 자유롭게 돌아다닐 수 있도록 해 줍니다. 또한 기후의 온도차로부터 태아를 보호하고 외부의 압력을 균등하게 분산시킴으로써 혈액 순환을 돕습니다. 출산이 가까워지면 진통의 개시와 함께 양수의 일부가 자궁구를 확대시키고, 자궁구가 열릴 때 터짐으로써 산도를 살균, 세척하면서 진통의 압력을 분산시켜 출산을 순조롭게 합니다.

## 탯줄 엄마가 가진 것을 태아에게 옮기는 생명줄

탯줄은 태반과 태아 사이를 이어주는 줄로 2개의 동맥과 1개의 정맥으로 되어 있습니다. 태아는 탯줄을 통해 모체로부터 영양소와 산소를 공급받고 배설물을 내보냅니다. 지름 1~1.5cm인 굵기는 거의 변함이 없지만 길이는 아기의 운동량이나 몸의 크기에 맞게 늘어나, 10개월 정도가 되면 약 50cm가 됩니다. 밋밋하게 곧은 상태가 아니라 왼쪽으로 꼬여 있어서 늘어나기도 쉽고, 잡아당겨도 쉽게 끊어지지 않습니다. 태아가 건강할수록 탯줄의 탄력성이 크고, 태아가 영양분을 제대로 흡수하지 못한 상태라면 탄력성도 줄어들고 혈관의 압박을 받기 쉽습니다.

# 임신 초기의 증세들

## 두통

**원인** 두통 증세는 임신 3개월 이내에 잘 나타나는데 그 원인이 확실치 않습니다. 임신 3개월이 지나면서 사라지는 것이 보통이지만 때로는 임신 후기부터 시작되기도 하고, 드물게는 평소의 두통 증세가 사라지기도 합니다.

**대처법** 임신 초기에 나타나는 두통은 적절한 치유책이 없습니다. 통증이 견디기 힘들 정도로 심하면 진통제를 사용해야 하는데, 이때는 반드시 의사와 상의해야 합니다.

## 불안

**원인** 아기를 기다려온 임신부라면 임신을 더할 나위 없는 기쁨으로 받아들일 것입니다. 그러나 첫 임신이거나 이전에 잘못된 경험이 있는 임신부는 불안에 휩싸이기도 합니다. 유산과 기형아, 출산의 고통 등을 생각하며 막연한 공포감을 갖게 되는 것입니다.

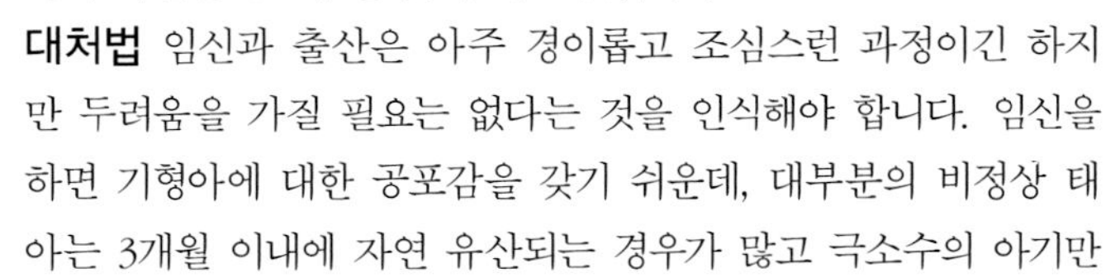

**대처법** 임신과 출산은 아주 경이롭고 조심스런 과정이긴 하지만 두려움을 가질 필요는 없다는 것을 인식해야 합니다. 임신을 하면 기형아에 대한 공포감을 갖기 쉬운데, 대부분의 비정상 태아는 3개월 이내에 자연 유산되는 경우가 많고 극소수의 아기만이 실제로 태어납니다. 만일 임신 사실을 안 이후부터 줄곧 불안이 가시지 않고 기형아를 출산할 수 있는 요인이 있는 경우(유전이나 병력, 고령 초산 등)라면 양수 검사를 통해 태아의 기형 여부를 확인할 수 있습니다. 하지만 무엇보다 중요한 것은 모든 생명의 주권이 하나님께 있으며, 태중의 아기를 통하여 하나님의 뜻을 이루실 것을 굳게 믿고 편안한 마음을 갖는 것입니다. 마음이 불안으로 흔들릴 때마다 묵상과 기도를 통해 하나님께서 주시는 평안을 누리도록 하십시오.

## 복통

**원인** 임신중 복통은 임신 이상, 진통 연습을 위한 불규칙한 자궁 수축 작용, 소화 불량 등 여러 가지 원인에 의해 일어날 수 있습니다. 복통은 통증과 함께 다른 증상들을 동반하기도 합니다.

**대처법** 복통과 다음과 같은 증상들이 함께 나타나면 즉시 의사를 찾아가야 합니다.

- 월경 주기 때처럼 배가 아프거나, 규칙적으로 통증이 올 때
- 질에서 출혈이 있거나 녹물 같은 액체가 흐를 때
- 열, 구토, 설사 등과 함께 통증이 올 때
- 통증이 한 시간 이상 계속될 때

## 빈뇨

**원인** 빈뇨는 자궁이 커지면서 방광을 눌러 생기는 증상입니다. 이때는 소변을 보아도 시원치 않고 소변이 남아 있는 듯한 느낌을 받게 되기도 합니다. 4개월 이후부터는 자궁이 방광 위로 자리잡게 되어 빈뇨 증세가 줄어들지만, 분만이 가까워지면 태아의 머리가 커져 다시 방광을 누르게 되므로 빈뇨 증세가 나타나게 됩니다.

**대처법** 귀찮고 민망하더라도 참지 말고 요의를 느낄 때마다 소변을 보는 것이 좋습니다. 간혹 이 시기에 세균에 감염되어 방광염이 되기도 합니다. 이때는 즉시 항생제 치료를 받아야 합니다.

## 가스

**원인** 가스의 대부분은 소화 기관의 활동 저하와 음식을 먹을 때 함께 들이마신 공기로 인해 일어납니다.

**대처법** 음식을 먹을 때 속도를 천천히 하면 어느 정도 효과를 볼 수 있습니다. 가스가 차는 현상은 병이 아니라 잠시 동안 있는 현상이므로 크게 걱정할 문제는 아닙니다. 다만 위에 가스가 차서 통증을 느끼게 되거나 변비로 인해 통증이 심하게 될 수 있으므로 변비를 치료하는 것도 대처법 중 하나입니다.

## 냉, 대하

**원인** 호르몬의 영향으로 자궁과 질이 부드러워지면서 신진대사가 활발해지기 때문에 냉, 대하가 많아집니다. 그러나 색깔이 투명하거나 엷은 크림색이고, 외음부가 가렵지 않다면 특별히 문제될 것은 없습니다.

**대처법** 샤워나 목욕을 매일 하고 속옷을 자주 갈아입도록 하세요. 만일 하루에 2~3번 정도 속옷을 갈아입어야 할 정도로 심하다면 질염이나 기타 다른 원인이 있을 수 있으므로 즉시 병원에 가서 진찰을 받아야 합니다.

4~7
주

## 이렇게 생활하세요

**몸에 해가 되는 것은 절대 NO!!**

운동, 여행을 삼가세요.

술, 담배, 약은 입에 대지 마세요.

무리하지 말고 충분히 쉬세요.

**아기와 만날 날을 그려보세요**

산부인과에서 임신 진단 검사를 받으세요.

남편과 함께 임신 생활 스케줄을 짜보세요.

태교 일기 쓰기를 시작하세요.

**아기와 나를 위해서…**

입덧으로 고생하더라도 영양 섭취는 든든하게!

음식을 여러 차례 나누어 드시고 외식으로 영양 보충을 하세요.

# 2

# MONTH

태아의 첫 신호인 입덧이 시작됩니다

2 개월

# 아기 몸은 이렇게 자라요

**머리와 몸통을 구분할 수 있어요**

물고기 모양처럼 생겼던 태아의 각 기관이 분화되어 7주부터는 머리와 몸통을 구분할 수 있게 됩니다. 40일 정도가 지나면 몸 길이는 2㎝, 몸무게는 약 4g 정도입니다. 손과 발이 확실히 구별되며 턱과 입도 나타납니다. 아직 머리는 몸 전체의 1/3을 차지하고 있을 만큼 크고, 가슴을 향해 구부리고 있습니다. 인간의 형태로서는 가장 작은 모습이라고 할 수 있습니다.

**세포가 분화되어 주요 장기가 만들어져요**

눈과 귀의 시신경, 청각신경이 발달하고 뇌와 신경 세포가 분화되며 세 겹을 이루고 있던 태아 세포들이 분화되어 6~7주가 되면 위장이나 폐, 간 등 주요 장기가 만들어집니다. 또한 아기를 10개월 간 키워 주는 태반이 발달하기 시작합니다. 이때부터 태아는 빠른 속도로 성장하게 됩니다.

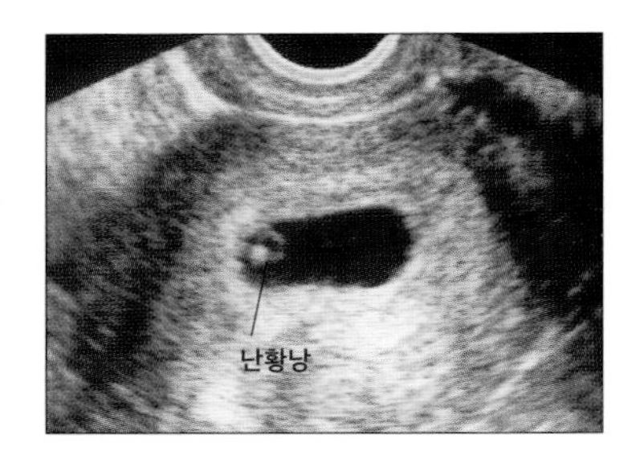


임신 5주째의 태낭. 가운데 검은 부분이 태낭이며 그 안에 동그랗게 난황낭이 보인다.

**콩콩…, 초음파로 심장 소리를 들을 수 있어요**

6주 이전에는 태낭만 보이고 심장 박동이 보이지 않다가 7주가 지나면 초음파 단층법으로 태아의 심장 박동 소리를 들을 수 있습니다.

# 엄마 몸은 이렇게 변해요

**월경이 없고 고온기가 2주 이상 계속되면 임신입니다**

월경이 예정일보다 열흘 이상 늦어지면 임신을 의심하게 됩니다. 이때 기초 체온은 임신 후 높아져서 임신 15주 정도까지 고온 상태가 계속됩니다. 만약 이 기간이 지나도 고온기가 계속되거나 출혈이 있으면 유산의 가능성이 있으므로 반드시 검사를 받으세요.

**입덧이 시작됩니다**

속이 울렁거리거나 실제로 토하는 입덧이 시작됩니다. 입덧은 사람마다 다른 증상을 보이고 심한 정도도 다릅니다. 대개 이른 아침 공복시에 가장 심한 입덧을 느낍니다.

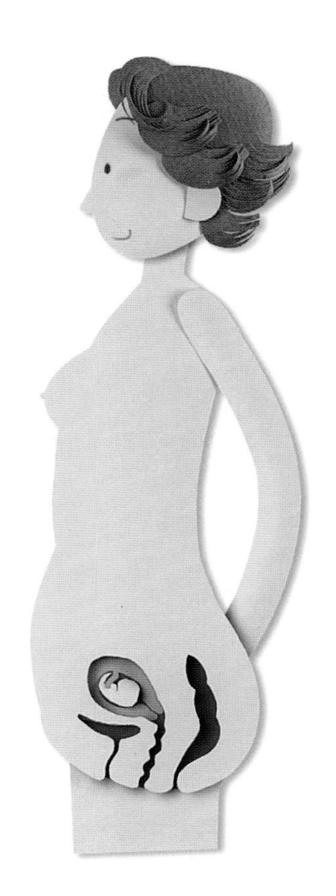

**유방이 땅기고 유두가 따끔거려요**

초기에는 모든 임산부가 유방의 변화를 겪습니다. 이때 유방은 조금만 스쳐도 아플 정도로 민감해지고 점점 커지며 유두가 따끔거리기도 합다. 유방 밑의 혈관이 선명해지기도 합니다.

**소변이 자주 마렵고 분비물이 많아집니다**

임신 때문에 커진 자궁이 방광을 압박하여 소변이 자주 마렵습니다. 또한 황체 호르몬의 영향으로 분비물이 많아지고 장의 운동이 방해받아서 변비에 걸리기 쉽습니다.

**괜히 짜증이 나기도 합니다**

기미, 주근깨가 늘어나고 피부가 까칠해지며 정서적으로 불안정하여 왠지 모르게 짜증이 나고 졸음이 쏟아집니다. 몸에 열이 나거나, 배나 허리가 뻣뻣해지는 증세가 나타나는 임신부도 있습니다.

2
개월

생활 메모

# 본격적인 태교 준비를 하세요

**병원에 가서 확실한 임신 진단을 받고 출산 예정일을 알아둔다**

집에서 임신 진단용 시약 테스트에서 양성 반응을 확인한 경우라도 유산이나 자궁외 임신 등을 확인하기 위해 정확한 진단을 받는 과정이 꼭 필요합니다.

**임신 기간 동안의 전반적인 생활 계획을 태교에 맞추어 세운다**

임신이 확인되면 부부의 생활 패턴을 태교에 맞추어야 합니다. 집안일은 가능한 한 단순화해서 부부가 적절히 분담해야 합니다.

**묵상 태교를 최대한 활용하는 본격적인 태교에 들어간다**

가능하면 매일 묵상하고, 그 감동을 기록하세요. 아이가 태어났을 때 그 어떤 것보다 아름답고 의미 있는 첫 선물이 될 것입니다.

**집안 주변을 정리한다**

몸이 점점 무겁고 둔해질 것이므로 위험한 부분은 미리 손을 봐 두십시오. 반려 동물은 (기형아의 원인이 될 수 있는) 톡소플라스마라는 병을 옮길 수 있으므로 잠시 동안 다른 분에게 맡기는 것도 좋습니다.

**샤워는 매일 하고, 성 생활은 가볍게 즐기도록 한다**

샤워는 따뜻한 물로 매일 하는 것이 좋습니다. 샤워 시설이 되어 있지 않으면 따뜻한 타월로 온몸을 닦아내고 특히 질 부위를 청결하게 씻으세요.

**자연스럽게 활동하세요**

임신 초기에는 자연 유산을 걱정해서 무조건 활동량을 줄이려고 하는 경향이 있습니다. 하지만 활동이 많다고 유산이 되는 것은 아니므로 적당하게 움직이는 것이 좋습니다. 마음을 편히 하시고 일상 생활을 자연스럽게 하세요.

# 입덧을 다스리는 데 중점을 두세요



**영양가가 골고루 들어간 식단을 짜세요**

이 시기에는 임신부가 각 영양소를 골고루 섭취하는 것이 중요합니다. 식품 첨가물이 들어 있는 음식은 되도록 피하고 태아의 두뇌 발달이나 각 신체 기관을 튼튼하게 구성할 수 있는 음식물을 섭취하세요.

**두뇌 발달에 도움을 주는 '레시틴'을 함유한 식품** 콩, 달걀 노른자, 우유

레시틴은 우리 몸의 시초가 되는 난자와 정자 주위를 둘러싸 보호하고 있는 성분입니다. 뇌 속에 레시틴 농도가 높을수록 두뇌가 좋아지고, 반대로 레시틴이 부족하면 성격이 조급해지거나 판단력이 떨어지는 것으로 알려져 있습니다.

**신체 기관을 구성하는 식품** 콩, 유제품, 달걀, 등푸른 생선, 육류

임신 2개월째는 태아의 신체 각 부분이 형성되는 데 필요한 단백질이 어느 때보다 필요합니다. 특히 필수 아미노산이 골고루 함유된 고단백 식품을 많이 섭취하되, 가능한 한 동물성 단백질보다 식물성과 생선류 위주로 섭취하는 것이 좋습니다.

**피로를 풀어 주는 탄수화물 식품** 각종 곡물류, 국수류, 과일잼, 쿠키류

임신 초기에는 심리적 부담감과 입덧 등으로 피로감이나 긴장을 많이 느끼게 됩니다. 특히 직장 생활을 하는 여성의 경우는 피로가 배가되기도 합니다. 이런 때는 피로를 풀어 주기 위해 탄수화물이 풍부한 음식을 먹는 것이 좋습니다. 탄수화물에 들어 있는 아미노산의 일종인 트립토판 성분이 긴장 완화에 도움을 주기 때문입니다. 과일잼을 바른 쿠키류 등을 간식으로 조금씩 먹는 것도 피로를 푸는 방법 중 하나입니다.

**장 운동을 돕는 식품** 해조류와 녹황색 채소류

임신 기간 동안에는 장 운동이 둔해져서 변비에 걸리기 쉬우므로, 장 운동을 돕는 섬유질 식품이나 콩류, 해조류 등을 많이 섭취하는 것이 좋습니다.

2
개월

이 달의 레시피

# 입덧을 다스리고 입맛을 돋우세요

## 쟁반국수

재료 모밀국수 150g, 소고기(또는 닭고기) 200g, 상추 6장, 깻잎 1묶음, 오이 1개, 배 1/2개, 당근 1/2개, 양배추 1장, 실파 약간

양념 양파 1/2개, 간장 1큰술, 소금 2/3큰술, 고춧가루 3큰술, 설탕 2큰술, 물엿 1큰술, 식초 3큰술, 통깨 1/2큰술, 참기름 1큰술, 겨자갠 것 1작은술, 육수 2/3컵

조리방법

1. 소고기, 또는 닭다리에 물을 적당히 붓고 삶아 편육으로 썬다.
2. 상추, 깻잎, 배, 당근, 오이 등 야채를 얇게 채썬다.
3. 양파 간 것에다 양념의 나머지 재료를 전부 넣어 잘 섞어 양념장을 만든다.
4. 육수는 고기 삶은 물을 사용하면 되고, 실파를 조금 넣어 쟁반국수와 함께 낸다.
5. 물을 붓고 국수를 삶아 낸다.
6. 야채와 삶은 국수를 보기 좋게 담고 양념장을 곁들인다.

## 간식 - 자몽젤리

재료 자몽즙 200cc(약 2개분), 흰설탕 70g, 젤라틴 5장, 뜨거운 물 200g, 꼬엔또르(오렌지술) 1.5~2큰술

조리방법

1. 자몽을 반으로 잘라 과즙을 낸다.
2. 과즙에 오렌지술을 넣어 섞는다.
3. 뜨거운 물에 불린 젤라틴을 2에 넣어 잘 저어준 다음 설탕을 넣어 잘 섞은 후 자몽 껍질에 담는다. 젤라틴은 차가우면 굳어버리므로 실온 상태의 과즙을 이용한다.

## 낙지볶음

재료 낙지 4마리, 고추 2개, 양파 1개, 애호박 1/2개, 양송이 6개, 파 1/3대, 식용유, 고춧가루 3큰술, 소금

양념 고추장 1½큰술, 마늘 1큰술, 간장 1큰술, 설탕 1큰술, 굴소스 1큰술, 깨 1큰술, 생강즙 1작은술, 참기름 1큰술

조리방법

1. 낙지는 소금을 넣어 씻어 4cm 정도 크기로 자른다.
2. 야채(고추, 양파, 애호박, 양송이, 파)는 먹기 좋을 정도로 자른다.
3. 센 불에 야채를 모두 볶아내고 낙지도 살짝 볶는다.
4. 팬에 기름을 두르고 뜨거워지면 고춧가루를 넣어 고추기름을 만든다.
5. 참기름을 뺀 나머지 양념을 4에 넣고 끓이다가 야채를 넣고 볶는다.
6. 야채가 다 익었을 때 낙지를 넣어 살짝 볶는다.
7. 참기름으로 마무리한다.

## 간식 - 크램차우더

재료 대구살 100g, 홍합 100g, 조갯살 100g, 당근 100g, 감자 1개, 샐러리 1대, 양파 1개, 버터 2큰술, 밀가루 3큰술, 백포도주 2큰술, 생크림 200ml, 우유 400ml, 치킨스톡 1개, 물 2컵, 소금, 후추

조리방법

1. 물 2컵에 다진 양파 1/2개와 백포도주를 넣고 홍합, 조갯살을 익힌다.
2. 익힌 홍합과 조갯살은 건져 놓고, 국물은 체에 걸러 치킨스톡과 함께 육수로 사용한다.
3. 버터에 다진 양파1/2개를 볶다가 당근, 감자, 샐러리, 양파를 넣어 볶는다.
4. 2에 밀가루를 넣고 볶다 대구살과 우유, 육수를 넣어 끓여 소금, 후추로 간한다.
5. 끓인 재료에 생크림, 조갯살, 홍합을 넣고 살짝 끓여 소금, 후추로 간한다.

체크 포인트

# 아기 시샘꾼, 입덧 다스리기

### 언제 나타나 얼마나 지속될까?

입덧의 원인은 아직까지 정확하게 밝혀지지 않았습니다. 대개 임신 5주째부터 시작되어 9~10주째에 가장 심합니다. 보통은 14주까지 지속되지만 심하면 20주 이상 가는 경우도 있고 열 달 내내 입덧에 시달리는 사람도 있습니다.

### 어떤 증상들이 있나?

입덧이 시작되면 음식 냄새만 맡아도 구역질을 하거나 먹은 것을 다 토하거나, 평소에는 입에 대지 않던 종류의 음식이 당기기도 합니다. 음식에 대한 이상 반응 외에도 현기증이나 두통, 멀미를 심하게 느끼는 사람도 있습니다. 입덧을 하게 되면 임산부의 괴로움도 크지만 태아에게 나쁜 영향을 주게 될까 봐 걱정하게 되는데, 일반적인 입덧의 경우는 나쁜 영향을 미치지 않는 것으로 알려져 있습니다. 다만 임신 5개월이 넘도록 구토가 계속되면 탈수 증상이 나타나고 전해질 균형이 깨질 수 있으므로, 태아와 임산부에게 나쁜 영향을 끼칠 수도 있습니다. 이런 때는 반드시 병원을 찾아가 진단을 받아야 합니다.

### 입덧 효과적으로 극복하기

**과일과 야채류를 늘 준비하고, 여러 차례 나누어 먹는다.** 입맛 당기는 과일을 늘 준비해 두거나, 오이 당근 등을 길게 잘라 놓고 수시로 먹는 것이 좋습니다. 김밥, 샌드위치, 달걀 등 요기를 할 수 있는 음식들을 준비해 두고 간식으로 먹거나, 주스나 우유, 보리차 등 입에 맞는 음료를 마시는 것도 좋습니다.

**식욕을 돋울 수 있는 방법을 찾는다.** 신맛은 입맛을 돋워 주고 피로를 덜어 주며, 찬 음식은 냄새를 덜어 줍니다. 약간 매운 맛도 식욕을 돋게 하므로 겨자, 카레 등을 이용한 음식도 좋습니다.

**조리 시간을 줄인다.** 입덧은 음식을 조리하면서 나는 냄새로 인해 심해지기도 합니다. 조리하는 시간을 가능한 한 줄이고 간단하게 조리해서 먹는 음식들을 찾는 것도 지혜입니다.

**심리적인 부담을 벗으려고 노력한다.** 산책한다든지 홈패션이나 퀼트 자수 등을 배워 정신을 집중하고 손을 움직여 아기를 위한 무언가를 만드는 것도 도움이 됩니다.

알아두세요

# 35세 이후 임신이라면

## 고령 임신이란?

임산부의 나이가 만 35세 이상이라면 '고령' 임신에 속합니다. 고령 임신은 권장할 만한 일은 아니지만 그렇다고 출산 때까지 불안에 떨며 지낼 필요는 없습니다. 대부분의 고령 임신부들이 건강하게 아이를 낳고 있습니다. 편안한 마음으로 일상에서의 건강 관리를 잘 하면 고령 임신부도 안전하게 자연분만을 할 수 있습니다.

## 고령 임신부의 출산은 위험성이 높은가

35세 이상의 임산부는 35세 미만의 임산부보다 임신과 출산에 위험성이 따르는 것은 사실입니다. 위험성이 높은 이유는 몇 가지가 있습니다. 나이가 많은면 당뇨병이나 고혈압, 비만 등의 성인병이 있을 가능성이 높기 때문에 임신중 합병증(임신중독증, 임신성 당뇨, 전치 태반 등)이 생길 우려도 높아집니다. 신체의 노화로 인해 염색체 이상이 생길 확률이 높아, 자연유산이나 다운증후군 아이의 출산 가능성도 높아집니다. 신체 노화도에 따라 태아가 빠져나오는 산도의 신축성과 탄력성이 떨어져, 진통과 출산 시간이 길어지고 제왕절개를 할 가능성이 커집니다. 고령일수록 임신 성공률이 낮아져서 시험관 시술 등 의술의 도움을 받아 임신하는 것을 염두에 두어야 합니다. 이런 경우 쌍태아 임신 발생 빈도가 높습니다.

## 고령 임신부는 이런 점에 주의하세요

35세가 넘어 임신 계획을 하고 있다면 먼저 당뇨, 고혈압 등의 성인병을 체크하세요. 성인병은 임신 전에 치료를 끝낼 수 있으면 가장 좋지만, 그것이 어렵다면 정기 검진을 통해 의사의 지시를 잘 따르세요. 고령 임신은 태아 기형 발생률이 올라가므로 반드시 정기 검진을 받으시고, 염색체 이상으로 인한 기형을 판별할 수 있는 양수 검사를 받는 것이 좋습니다.

## 체중을 조절하세요

과체중이나 저체중은 임신과 출산에 문제가 될 수 있으므로, 임신 전부터 조절을 시작해서 임신 기간 내내 꾸준히 체중을 관리해 주세요.

2

개월

임신 클리닉

# 안전한 출산을 위해 받아야 할 검사들

## 일반 검사

**내진과 외진** 내진은 의사가 직접 질 속에 손가락을 넣어 검사하는 것으로 자궁의 크기와 위치, 유연성, 질 분비물의 이상 여부를 측정합니다. 배를 손으로 만져보는 외진은 자궁의 크기나 태아의 자세와 위치, 배의 긴장도, 태동의 모양, 임신선의 유무, 피부의 변화 등을 진단합니다.

**소변 검사** 소변 검사는 임신 반응을 검사하는 가장 기초적인 검사입니다. 또 소변에 단백질이 섞여 있을 경우 임신중독증을 의심할 수 있고, 당뇨가 나오는지도 소변을 통해 검사합니다.

**혈압** 평소 혈압이 높았던 분들은 의사에게 미리 이야기해 두어야 합니다. 최고 수축기 혈압 140mmHg 이상, 최저 이완기 혈압 90mmHg 이상인 경우 임신중독 가능성이 있으므로 주의해야 합니다.

**체중** 임신중 체중 증가는 유의해서 체크해야 할 사항입니다. 체중이 평균치 이상 증가하면 임신중독증이나 난산의 위험이 있을 수 있습니다. 일주일에 0.5kg, 한 달에 2kg 이상 늘었다면 정밀 검사를 받아 보는 것이 좋습니다.

**혈액 검사** 혈액형 및 Rh인자('Rh-'인 경우 태아와 임산부의 혈액형 부적합 유무에 대해서도 검사해야 합니다) 검사, 빈혈, 매독, 백혈구, 적혈구, B형 간염(HBs:항원 항체 유무), 풍진 항체가(풍진에 대한 면역성 유무) 등을 진단합니다. 경우에 따라서는 에이즈 항체 검사도 합니다.

**초음파 검사** 초음파 검사를 통해서는 태아가 정상적으로 착상하였는지 여부와 태아의 성장, 기형 유무, 분만 예정일 등을 알 수 있으며, 태낭의 위치를 확인하여 자궁외 임신, 쌍둥이, 유산 등에 대해서 정확하게 진단할 수 있습니다.

**부종** 다리 피부를 눌러 검사하는 부종 검사는 간단하지만 임신중독증을 체크하는 데 중요합니다. 누른 부위가 제자리로 돌아오지 않거나, 돌아오는 시간이 지나치게 늦으면 임신중독증을 의심해야 합니다. 그러나 임신 말기에는 임신중독증이 아니라도 체액 및 혈액의 증가로 다리 등에 부종이 올 수 있으므로 의사와 상의해야 합니다.

**복부 둘레, 자궁저• 높이 측정** 임신 주에 따라 태아의 크기와 양수 양 등을 측정합니다.

**상담** 여러 가지 기초 검사가 끝나고 의사가 임신 경과에 대해 알려주면 주의해서 듣고, 궁금한 것이나 미리 말해둘 사항이 있다면 충분한 상담을 하는 것이 좋습니다.

## 특수 검사

**양수 검사** 염색체 이상이나 신경관 결손 등이 있는지를 알아보는 검사입니다. 가족 중에 병력이 있거나 이상 출산이 있었던 경우, 35세 이상 초산인 경우에 주로 행합니다. 대개 임신 14~20주 사이에 이루어집니다.

**융모 검사** 초음파 검사로 태아와 태반의 위치를 확인한 후 질 속에 기구를 삽입시켜 태반의 융모막 융모를 채취하여 성염색체 이상, 다운증후군, 정신지체 등을 진단하는 방법입니다. 임신 9~12주 사이에 행할 수 있으므로 양수검사보다 일찍 결과를 알 수 있고 안정성과 정확도가 높은 편입니다.

**염색체 검사** 혈액을 채취하여 염색체의 구조와 숫자 이상을 진단하는 검사입니다. 이를 통하여 다운증후군, 정신지체, 성염색체 이상 등의 원인 진단이 가능합니다. 기형아를 출산한 경험이 있는 부부는 물론이고 원인 모르게 습관적으로 유산되는 경우도 이 검사가 필요합니다.

• 자궁저란 커진 자궁의 가장 위쪽 끝을 가리키며, 자궁저의 높이란 치골의 위쪽 끝부터 자궁저까지의 길이를 말합니다. 4개월 때부터 측정할 수 있습니다.

# 태아와 유대감을 갖는 시기예요

## 1~2개월(0~7주)

### 태교 계획 짜기

태아와 임산부 모두의 건강을 위해서 규칙적인 생활은 필수적입니다. 기상 시간, 취침 시간, 식사 시간 등을 무리하지 않은 한도 내에서 정하고 그 일정을 따르도록 노력하는 것이 좋습니다. 태교 계획을 짜면서 태아와의 만남을 준비하는 태교 일기를 시작하는 것도 좋습니다.

### 몸과 마음의 안정이 가장 중요해요

처음에는 아기를 가졌다는 기쁨이 앞서지만 차차 막연한 공포감과 불안감을 느끼는 데다가 입덧 때문에 기분이 우울하고 불쾌해질 수 있습니다. 긍정적인 생각을 하는 임신부들이 그렇지 않은 임신부들에 비해 튼튼하고 건강한 아이를 출산할 확률이 높은 것으로 밝혀졌습니다. 편안하고 아름다운 음악을 듣는 것은 부정적인 감정을 없애는 데에 도움이 됩니다.

### 좋은 생각, 기쁜 마음을 가지세요

예쁜 아기 사진을 붙여두고 보면 예쁜 아기를 낳게 된다는 말이 있습니다. 예쁜 아기를 보았을 때의 기쁘고 편안한 마음이 태내에 전달되기 때문입니다. 엄마의 심신 상태에 따라 양수 안의 환경이 바뀌게 되므로 항상 몸과 마음을 편안히 하고 긍정적인 생각을 갖도록 노력하세요.

## 3개월(8~11주)

### 태아의 뇌 발달을 위해 뇌에 자극을 주세요

3개월의 태아는 뇌가 빠른 속도로 발달하여 소리와 진동에 반응할 수 있으므로 음악 태교를 시작해도 좋습니다. 엄마가 즐겁게 듣고 마음의 안정을 찾을 수 있는 음악이라면 어떤 음식이든 좋습니다.

또 생활 속에서 자연스럽게 태아와 이야기를 나누는 태담 태교도 좋습니다.

태아에게 말을 건넬 때에는 자신이 본 것, 느낀 것들을 자세하고 생생하게 전달해 보세요.

### 취미 활동으로 마음의 여유를 가지세요

건전한 취미나 여가 활동으로 마음의 안정을 찾는 것이 좋습니다. 무리한 운동이나 스트레스 받는 일은 피하고 공원을 산책하거나 화초를 키우는 등 정적인 취미 활동을 하는 것이 좋습니다. 화초 키우기는 스트레스 해소와 함께 마음을 안정시키고 온화한 마음을 갖게 하는 좋은 활동입니다.

## 4개월(12~15주)

### 아기를 마음속으로 상상해 보세요

유산의 위험성이 현저하게 줄어든 4개월부터는 태아와 커뮤니케이션하는 데 집중하세요. 이 시기에 임산부가 정신적으로 안정되어 있어야 아기와의 유대 관계가 돈독해질 수 있습니다. 이 시기에 태아는 외부세계에 대한 감수성을 한층 높여서 강한 빛이나 큰 소리에 적극적으로 반응하기 시작합니다.

### 신선한 공기와 함께 아기와 이야기하세요

신선한 공기는 아기의 뇌 세포 발달에 꼭 필요합니다. 산책은 신선한 공기를 마시는 데 가장 효과적인 방법입니다. 태아의 오감과 정서가 발달하는 임신 4개월에는 산책 태교가 효과적입니다. 산책할 때는 태아에게 새로운 사물과 경치를 보여준다는 생각을 가지고 태아에게 말을 건네면서 산책하는 것이 좋습니다.

### 균형 잡힌 식사도 좋은 태교입니다

맛있고 즐겁게 음식을 먹으면 만족감이 생기고 이 만족감이 태아에게 좋은 영향을 줍니다. 각종 영양이 균형 잡힌 음식을 즐겁게 먹는 일은 태아와 엄마 모두에게 아주 중요한 일입니다.

8~11
주

## 이렇게 생활하세요

### 유산에 주의하세요

운동이나 여행은 삼가세요.
무거운 것을 들거나 무리하지 마세요.
집안일은 나눠서 쉬엄쉬엄 하세요.
몸을 따뜻하게 하세요.
분비물과 땀이 많아지니 매일 샤워하세요.

### 입덧에 시달려요

먹고 싶은 음식을 즐겁게 드세요.
가벼운 산책이나 좋아하는 일에 집중해 보세요.
섬유질이 풍부한 야채를 섭취해서 변비를 예방하세요.
의사와 상의하여 철분제를 복용하세요.

# 3

# MONTH

## 유산에 주의하고, 무리하지 마세요

3 개월

# 아기 몸은 이렇게 자라요

### 얼굴 모양이 생깁니다

이 시기 동안 태아는 전 달의 거의 4배쯤 커질 정도로 급격한 성장을 보입니다. 3개월 말이 되면 태아는 7~9cm의 키에 20~30g의 몸무게가 됩니다. 귀가 만들어지고 코나 입술이 생기는 등 얼굴 모양을 갖추게 되고 얼굴 윤곽도 확실해집니다. 또 몸에 비해 커다란 머리를 가눌 수도 있습니다.

### 성별이 구분됩니다

2개월까지는 머리가 몸의 절반을 차지하고 있었지만 3개월부터는 몸통과 팔다리가 급속도로 발달하여 전체적으로 머리와, 몸, 팔다리를 구분할 수 있게 됩니다.

또 손가락 발가락이 발달하고 성기가 생겨 남녀 구별을 할 수 있습니다.

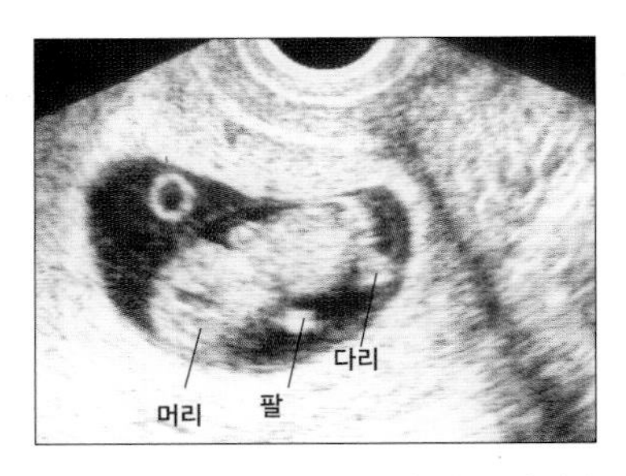


10주된 태아의 모습. 태낭의 왼쪽 아래에 태아의 머리가 보이고 오른쪽 몸에 팔 다리가 나와 있는 것을 볼 수 있다.

### 내장 기관이 활발하게 활동합니다

심장과 신장의 움직임이 활발해져서 심장 박동 검출 장치로 태아의 심음을 거의 100% 들을 수 있게 됩니다. 아직은 온몸의 피부가 투명하기 때문에 내장이 들여다보이고 혈관이 비쳐 보이지만, 순환 기관과 근육 조직도 완전한 모습을 갖춥니다.

**입덧이 가장 심할 때입니다**

사람마다 달라서 어떤 사람은 입덧을 느끼지 않고 지나가는 경우도 있지만, 대개의 임산부는 임신 7~9주가 되면 입덧이 가장 심해집니다. 보통 11주가 지나면서 점점 가라앉게 됩니다.

**화장실을 자주 가게 되고 변비 증세가 생깁니다**

자궁이 조금씩 커져서 어른의 주먹 크기만큼 되는데 커진 자궁이 방광을 압박하기 때문에 소변보는 횟수가 잦아집니다. 황체 호르몬의 영향으로 변비가 생길 수 있으므로 섬유질이 풍부한 음식을 많이 먹는 것이 좋습니다. 입덧이나 소화불량, 변비, 설사 등으로 몸이 괴로워도 영양 섭취를 충분히 하도록 식사를 조절하세요.

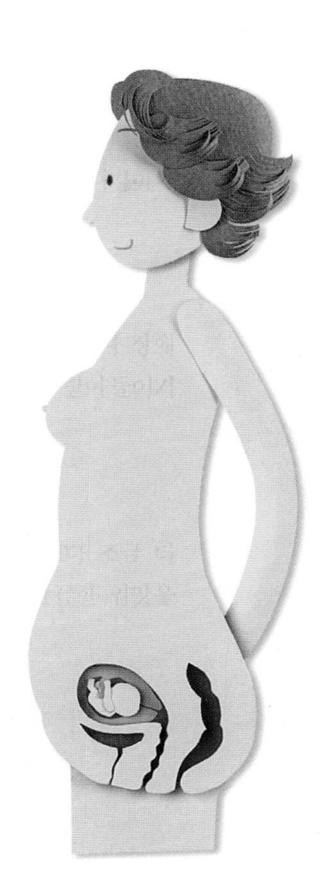

**머리, 허리, 다리가 다 고생스러워져요**

허리가 시큰거리거나 무겁게 느껴지기도 하고 다리가 땅기면서 발목에 경련이 일어나기도 합니다. 또한 아랫배가 땅기는 느낌과 함께 손을 대면 약간 부른 것이 느껴집니다. 엉덩이가 무겁게 느껴지기도 합니다. 또 고온기가 계속되므로 미열과 함께 두통을 느낄 수도 있습니다. 경우에 따라 피부 트러블을 겪는 임신부도 있습니다.

**청결한 생활을 유지하세요**

혈액 순환이 왕성해져 우윳빛의 질 분비물이 많아지고 땀도 많이 흘리게 됩니다. 또 질과 외음부에 공급되는 피가 많아지기 때문에 외음부가 짙은 자주색을 띱니다.

목욕을 자주 하고, 속옷을 자주 갈아입는 등 청결한 생활을 유지하세요.

3 개월

생활 메모

# 생활 방식을 임신에 맞춰 바꾸세요

### 무리한 행동을 삼간다

계단을 성급하게 오르내리거나, 무거운 짐을 옮기거나, 장거리 여행 등 몸에 무리가 가는 행동을 해서는 안 됩니다. 특히 손수 운전은 피하십시오. 임신중에는 운동 반사 신경이 둔해져 사고의 위험이 따릅니다.

### 입덧 증세를 체크한다

입덧은 심한 경우라도 3개월 말이 되면 서서히 가라앉기 시작합니다. 그런데 만약 갑자기 씻은 듯이 입덧 증세가 없어졌다면 유산 가능성이 있으므로 즉시 의사의 진단을 받아야 합니다.

### 출혈이나 이상 분비물에 유의한다

임신 3개월째가 되면 자연 유산뿐 아니라 자궁외 임신, 포상기태 등의 이상 임신 판단이 가능해집니다. 이러한 이상 임신의 공통 증세는 출혈이므로, 조금이라도 출혈의 기미가 보이면 반드시 진찰을 받아야 합니다.

### 컴퓨터 사용은 요령 있게 한다

컴퓨터에서 나오는 전자파는 안전 기준 이하의 미약한 것이기 때문에 태아에게 직접적인 영향을 주지는 않습니다. 하지만 컴퓨터를 사용할 때는 전자파를 흡수하는 기계를 옆에 놓아두고 짬짬이 쉬면서 피로를 풀어주어야 합니다.

### 임신 전의 생활 태도를 바꾼다

임신 기간 중에는 제때 일어나고 제때 자는 것이 중요합니다. 밤 늦게까지 TV를 시청하느라 밤잠을 설치지 않도록 생활 습관을 조절해 가십시오. 일찍 잠자리에 들어 평소보다 한두 시간 정도 더 자 두는 것도 좋습니다.

### 자극적인 영화나 연극 관람은 피한다

영화나 연극 관람을 할 때는 사람이 너무 많아 실내 공기가 탁한 시간대는 피하는 것이 좋습니다. 폭력물이나 괴기물을 보는 것은 공포감과 혐오감을 느끼게 하므로 좋지 않습니다.

식생활 포인트

## 장 기능의 변화에 유의하세요

**부드럽고 소화가 잘 되는 음식을 먹는다**

임신 후 소화가 잘 안 되는 경우에는 과식, 매운 음식을 피하고, 닭고기 가슴살, 흰살 생선, 달걀, 사과 등을 수시로 식단에 포함시키는 것이 도움이 됩니다.

**변비를 완화시키는 음식을 섭취한다**

임신을 하게 되면 유산을 막기 위해 신체 기관이 둔하게 움직입니다. 특히 장 활동이 둔해져 지속적인 변비에 시달리게 됩니다. 따라서 임신 기간 동안에는 변비를 막아 주는 음식물을 꾸준히 섭취해야 합니다.

**설사를 막을 수 있는 식단을 짠다**

평소 장이 예민하거나 위가 나쁜 사람은 변비보다 설사가 생기기도 합니다. 이런 때는 과식이나 차가운 음료를 피하고 복부를 항상 따뜻하게 해 주는 것이 중요합니다. 설사의 정도가 가벼울 때는 심리적으로 안정을 취하고 배를 따뜻하게 해주어야 하며, 만일 복통이나 발열, 구토를 동반하는 정도로 심하면 진찰을 받아야 합니다.

### 변비 방지 식이요법

양배추, 고구마, 미역, 버섯 등 섬유질 성분이 풍부한 음식물이 들어가도록 식단을 짠다. 아침에 일어나서 찬물이나 우유를 마시거나 요구르트, 바나나, 감귤류를 규칙적으로 먹는 것도 좋다.

### 설사 방지 식이요법

자극적인 것이나 식물성 섬유가 들어 있는 것을 피한다. 죽처럼 부드러운 음식을 먹도록 한다. 죽은 밤죽이나 사과죽이 좋다.

3 개월

이 달의 레시피

# 변비와 설사를 다스리는 음식

• 변비 완화 음식

## 참치 무장아찌 샐러드

재료 무장아찌 150g, 참치 3큰술, 두부 2큰술, 삶은 계란 노른자 1개, 실파 3줄기, 마늘 1쪽, 참기름 1작은술, 양상추 1포기

조리방법

1. 무장아찌, 참치, 두부, 실파, 마늘을 전부 다져 참기름을 넣고 양념한다.
2. 양상추는 씻어서 한 입 크기로 모양을 만든다.
3. 양념한 재료를 양상추에 넣고 계란 삶은 것으로 장식한다.

## 삼배초

재료 새우 10마리, 미역 100g, 오징어 1/2마리, 레몬 1/4개, 오이 1/2개

소스 식초 2큰술, 설탕 2작은술, 소금 2작은술, 레몬즙 1작은술, 간장 2큰술, 다시마물 4큰술

조리방법

1. 새우는 껍질째 데쳐서 손질한다.
2. 미역은 잘 불려서 4cm 길이로 썬다.
3. 오징어는 껍질을 벗기고 바깥쪽에 칼집을 넣어 데친 후 한 입 크기로 썬다.
4. 오이, 레몬은 적당히 썰어 장식한다.
5. 소스를 만들어 준비된 재료에 끼얹어 먹는다.

•설사 완화 음식

## 바나나구이

재료 바나나 5개, 바닐라 아이스크림 5조각, 아몬드 슬라이스, 초코시럽

조리방법

1. 팬에 바나나를 올려 놓고 굽는다.
2. 구워진 것에 칼집을 3개 정도 넣는다.
3. 아이스크림 하나를 3조각 내어 칼집 낸 부분에 넣는다.
4. 3 위에 아몬드와 초코 시럽으로 장식한다.

## 도토리묵

재료 도토리묵 1모, 오이 1개, 깻잎 5장

양념장 간장 2큰술, 깨 1큰술, 참기름 1큰술, 고춧가루 1/2큰술, 다진 파 1작은술, 다진 마늘 1작은술, 식초 1작은술

조리방법

1. 도토리묵은 먹기 좋게 채썬다.
2. 오이, 깻잎 등 야채는 얇게 채썬다.
3. 양념장을 만들어 곁들인다.

3 개월

체크 포인트

# 유산, 알아야 피할 수 있습니다

## 유산의 원인과 징후

유산은 전체 임신에서 10~15% 비율로 일어납니다. 임산부의 나이가 많을수록, 임신의 경험이 많을수록, 임신 초기일수록 자연 유산될 확률이 높습니다. 자연 유산의 징후는 95%가 출혈입니다. 물론 임신중의 출혈이 모두 유산과 관련되는 것은 아니지만, 출혈 증세가 나타나면 반드시 의사와 상담해야 합니다. 간혹 출혈이나 통증 등의 증상 없이 자연 유산이 되는 경우도 있습니다. 초기의 자연 유산은 자궁벽에 제대로 착상하지 못할 정도로 태아에게 심각한 결함이 있는 경우가 많고, 임신 중기의 유산은 임산부가 원인이 되는 경우가 많습니다.

## 유산의 여러 형태

**절박 유산** 주로 임신 초기에 나타나는 절박 유산은 출혈과 통증이 함께 오므로 자칫 월경과 혼동될 수 있습니다. 출혈의 양은 월경보다 소량일 수도 있지만 큰 핏덩어리가 다량으로 나와 수혈을 해야 할 만큼 심각할 수도 있습니다. 이런 경우 유산의 징후는 보이나 태아의 성장이 진행되고 있고 태아 심장 박동이 확인되므로, 태아 상태는 괜찮은 경우라 할 수 있습니다. 임신 초 출혈이 있는 경우에는 호르몬으로 치료를 하기도 하지만 아직까지 '절대 안정'만큼 좋은 치료책은 없습니다. 만약 임신 초에 출혈을 하게 된다면 절대 안정해야 합니다.

**습관성 유산** 자연 유산이 세 번 또는 그 이상 계속 나타나며, 발생하는 시기나 원인이 모두 비슷한 경우를 습관성 유산이라고 합니다. 습관성 유산의 주요 원인은 자궁 경관 무력증인데, 이 경우는 자궁 경부 봉합 수술을 하면 재발을 막을 수 있습니다. 그 외에도 부부 중 한 쪽의 염색체 이상, 유전적 결함, 호르몬 결함 혹은 감염, 영양 부족, 신장병 등도 습관성 유산의 원인이 됩니다. 유산이 계속될 때는 정밀 검진을 받아 정확한 원인을 알아내 치료해야 합니다.

**불가피 유산**(진행 유산) 불가피 유산은 단계적 징후를 보입니다. 첫 번째 증세는 질로부터의 출혈이 있고 두 번째로는 자궁 수축으로 인한 간헐적인 통증이 함께 오는데, 주기적인 통증과 매우 흡사합니다. 이것은 자궁 경부가 열려서 일어나는 현상으로, 유산을 막을 수 없습니다. 간혹 이런 단계적 증상 없이 갑자기 유산이 되는 경우도 있습니다. 이때는 의사를 찾아가 유산을 확인하고 자궁 안에 남아 있는 것이 없도록 해야 합니다. 불순물이 남아 있으면 각종 부인병의 원인이 될 수 있습니다.

**완전 유산 / 불완전 유산** 완전 유산은 자연 유산이 된 다음 태아와 태반이 완전히 자궁 밖으로 배출된 경우로, 때로는 아무런 징후 없이 발생하기도 합니다. 완전 유산이 되었는지의 여부는 초음파 검사로 확인됩니다. 불안전 유산은 자연 유산이 된 후 수태 물질의 일부만 배출되고 일부 물질이 자궁 안에 그대로 남아 있는 경우를 말합니다. 이 경우에는 자궁 내에 남아 있는 것들을 깨끗이 제거하는 수술을 받아야 합니다.

**계류 유산** 사망한 태아가 밖으로 배출되지 않고 자궁 안에 남아 있는 상태를 말합니다. 주기적인 산전 검사를 할 때 초음파 검사상 태아는 보이지만 태아 심박동이 없고, 경우에 따라서는 태아가 보이지 않고 태낭만 보이기도 합니다. 계류 유산은 무월경을 제외하고는 특별히 겉으로 드러나는 증세가 없어 한 달 이상 방치될 수도 있습니다. 입덧이 한순간에 갑자기 사라지거나 권태, 두통, 식욕 부진 등이 나타나면 계류 유산을 의심할 수 있습니다.

### 유산을 방지하려면?

- 에어로빅, 승마, 골프 등 과도한 운동은 하지 마세요.
- 운전이나 대중 교통을 이용한 장거리 여행을 하지 마세요.
- 무거운 것을 들지 말고 배를 압박하는 자세는 피하세요.
- 서서 오래 일하지 말고 굽이 낮고 편한 신발을 신으세요.
- 임산부가 약한 경우 부부 관계는 가급적 피하세요.
- 변비가 되지 않도록 주의하고 심하면 전문의와 상의하세요.
- 갑자기 큰 충격을 받거나 흥분하거나 스트레스를 받지 않도록 생활 전반에 주의하세요.
- 아랫배를 차게 하지 마세요.

3 개월

임신 클리닉

# 임신성 당뇨병

### 임신성 당뇨병이란?

임신성 당뇨병은 평소에 없던 당뇨병이 임신으로 인해 발생하는 것으로, 태아가 모체의 영양을 가져가면서 탄수화물 대사에 균형이 깨지는 현상입니다. 출산 후에 대개는 정상으로 회복되지만, 약 50%는 20년 이내에 당뇨병이 재발한다고 알려져 있습니다.

### 임산부에 미치는 영향

임신성 당뇨의 합병증으로 임신중독증, 감염증, 조산, 양수과다증, 산후출혈 등이 있습니다. 그리고 태아가 과도하게 커져서 출산시 산도의 손상이 증가하고 제왕절개술의 빈도가 높아집니다.

### 태아에 미치는 영향

임신부의 높은 혈당이 태아에게 전해져 문제가 될 수 있습니다. 조산률이 증가하며, 출생 후에도 저혈당, 저칼슘혈증, 호흡부전증, 황달 등의 다양한 합병증이 발생할 위험이 높습니다. 또 성장기의 비만과 소아 당뇨병의 위험이 증가한다고 알려져 있습니다.

### 임신성 당뇨병의 치료

**식이요법** 환자의 체중이나 혈당 수치에 따라 음식을 조절해야 하므로, 의사나 영양사에게 식이요법 교육을 받은 후 실행해야 합니다.

**운동요법** 운동은 혈당을 자연스럽게 낮추는 좋은 방법입니다. 상체 운동을 위주로 하고 몸통과 복부에 무리한 힘과 압박이 가해지지 않도록 해야 합니다. 20-30분 정도 동네 공원이나 주위를 걸으며 산책하는 것도 좋습니다. 운동에 의한 혈당 강하의 효과는 약 4주가 지나야 나타나므로 꾸준히 해야 합니다.

**인슐린 요법** 식이요법과 운동요법으로도 혈당이 낮아지지 않을 경우, 혈당 조절을 휘해 인슐린 호르몬을 주사합니다. 인슐린 치료를 시작할 때는 대개 병원에 입원하여 인슐린 용량을 조절하고 인슐린 사용법에 대한 교육을 받아야 합니다.

알아두세요

# 기쁨도 조심도 두 배, 쌍둥이 임신

## 가능성이 높아진 쌍태아 임신

이전에는 가족력이 쌍태아 임신에 주된 영향을 미쳤지만, 지금은 사회 전반적으로 결혼과 임신 연령이 높아지면서 쌍태아 임신이 많아졌습니다. 고령 임신의 경우 시험관 등 의료 기술의 도움을 받는 경우가 늘고 있고, 이 경우 다태아 임신 가능성이 높아지기 때문입니다.

## 두 아이를 키우는 만큼 조심도 두 배로

쌍둥이는 임신 기간 중 양수과다증, 임신중독증, 빈혈 등이 더 심하게 나타날 수 있습니다. 입덧과 피로감 등도 더 일찍 나타나고 더 심하게 겪을 수 있습니다. 태아 역시 한 아기보다 영양 흡수나 공간 확보 등을 여유롭게 하기 어려워 체중이 잘 늘지 않고, 태아가 약하면 위험에 처할 수도 있습니다.

## 음식도 철분도 더 잘 챙겨 먹는다

한 아기를 임신한 경우보다 음식도 더 많이 먹어야 하고, 철분제와 엽산을 반드시 먹어야 합니다. 조산을 막기 위해 오메가3도 챙겨 먹도록 합니다. 우유 등으로 칼슘을 보충하고 물을 자주 마셔서 수분을 충분히 섭취해야 합니다. 다만 체중이 이전보다 20kg 이상 늘지 않도록 조절하는 것이 좋습니다.

## 너무 이른 조산 가능성에 주의한다

쌍태아는 한 아기 잉태보다 배가 많이 불러오기 때문에 33주가 되면 거의 만삭 크기가 됩니다. 그러다 보면 저절로 진통이 생겨 조산 가능성이 커집니다. 일반적으로 37주 정도에 분만일을 잡는데, 그 전에 진통이 오는 경우가 많습니다. 24주가 지나면 조산을 막기 위해 안정을 취하는 게 좋습니다. 운동은 조심스럽게 시간이나 횟수를 줄여서 하고 오래 걷지 않는 것이 좋습니다.

## 자연분만도 가능하지만 제왕절개가 일반적 출산 방법

출산은 임신부와 태아의 상태에 따라 정해집니다. 두 아이의 위치만 좋다면 자연분만도 가능하지만, 제왕절개로 출산을 하는 경우가 더 일반적입니다.

아름다운 태교

# 태교일기를 써보세요

### 엄마의 몸 상태를 쓰세요

임신 기간 중에 임산부의 몸에는 여러 가지 변화가 일어납니다. 첫 임신 진단을 받은 날, 태동이 시작된 날, 컨디션이 급격히 나빠졌던 날 등등 그때그때 일어난 변화들을 자세히 기록해 두세요. 이상이 있으면 기록해 두었다가 정기 검진 때 의사와 상담하세요.

### 태교 내용을 쓰세요

어떤 형식의 태료를 할지 계획을 세우고 그 내용을 일기에 쓰세요. 임산부 체조를 하는 자신의 모습을 간단한 그림으로 그려 보는 것도 좋습니다. 성경을 읽고 묵상한 내용이나 기도를 적는 것도 좋은 태교 일기가 됩니다.

### 병원 관련 기록을 남기세요

정기 검진을 받은 후 그 내용을 자세히 기록해 두는 것은 산전 관리 면에서 매우 좋습니다. 의사와의 상담 내용이나 의문점 등을 기록해 두면 다음 정기 검진 때 도움이 됩니다. 또 임신 기간 동안 병원에서 여러 가지 검사들을 받게 되는데 그 내용과 결과를 기록해 둔다면 몸관리에도 좋고 마음의 불안도 덜어집니다.

### 독후감이나 음악감상문도 좋습니다

책을 가까이하는 것은 엄마의 정서 안정에도 도움이 되고 태아에게도 좋은 영향을 미칩니다. 좋은 책을 가려 읽고 그 책에 대한 느낌과 아기에게 들려주고 싶은 구절 등을 적어 두세요. 또 음악을 듣고 그 느낌이나 머릿속에 떠오르는 장면을 묘사하는 것도 좋습니다.

### 태아의 움직임을 쓰세요

태동이 시작되면 태아는 외부의 소리나 환경에 반응을 보입니다. 또한 태아는 엄마의 뱃속에서 들었던 음악이나 소리들을 기억한다고 합니다. 외부의 환경에 태아가 민감한 반응을 보인 일이 있으면 그 내용을 자세히 기록해 보세요.

# 아기와 함께 듣는 음악태교

### 음악 태교란?

태아는 임신 6주에서 12주 사이에 소리와 진동에 반응하기 시작한다고 합니다. 폭발음이나 무게가 있는 물건이 떨어지는 소리, 크게 말하는 엄마의 목소리 등을 들을 수 있는 정도입니다.

태아 심리학자들도 듣는 감각과 피부 감각은 태내에서 완성된다고 말합니다. 음악 태교의 장점은 특별히 시간이나 장소의 구애를 받지 않으면서 확실한 효과를 거둘 수 있다는 것입니다. 임산부에게 음악처럼 좋은 안정제도 없습니다. 음악 태교는 가장 먼저 시작해서 가장 늦게까지 지속할 수 있는 태교이므로, 일찍부터 음악과 친숙해 두는 것이 좋겠지요.

### 편하고 자연스럽게 음악을 즐겨요

음악을 듣는 데 특별한 방법이 있는 것은 아닙니다. 억지로 음악을 들으려 하지 말고 좋아하는 음악을 편안한 마음으로 들으면 됩니다. 최대한 편한 자세로 평소에 좋아하는 악기의 아름다운 선율에 마음을 실어 보거나 노랫말을 깊이 음미해보는 것도 좋고, 특정한 시간이 아니라 늘 흐르듯이 음악을 틀어 놓고 자연스럽게 즐기는 것도 좋습니다.

### 엄마가 좋아하는 음악을 아기도 원해요

모든 음악이 다 태교에 좋다고 말할 수는 없습니다. 태아에게는 규칙적이고 고른 음향을 들려주는 것이 좋습니다. 태아가 가장 먼저 듣는 소리가 엄마의 심장 맥박 소리, 호흡, 위장 운동 리듬과 같은 것들이어서, 이와 비슷한 소리에 친숙함과 안정감을 느끼기 때문입니다. 클래식 음악, 우리 가곡, 성가곡, 가스펠 등을 선택하면 무리가 없습니다. 하지만 의무감 때문에 싫어하는 장르의 음악을 억지로 듣는 것은 바람직하지 않습니다. 태교는 그 누구보다 임산부가 기쁘고 즐겁게 할 수 있어야 하기 때문입니다.

## 이렇게 생활하세요

### 밝은 마음으로 생활하세요

안정기에 접어들었으므로 편안한 마음을 가지세요.
가벼운 운동이나 산책 등으로 기분 전환을 하세요.
비만이 되지 않도록 균형 잡힌 식사로 체중을 관리하세요.

### 불편한 증상들을 이렇게 극복하세요

변비나 치질에 걸리지 않게 식생활에 유의하세요.
등과 허리에 통증이 생기지 않도록 항상 바른 자세를 유지하세요.
규칙적인 삶으로 생활에 활력을 주세요.

### 식생활은 이렇게 하세요

변비 예방을 위해 섬유소를 많이 드세요.
빈혈이 생길 수 있으므로 철분 섭취에 신경쓰세요.
짜거나 매운 음식은 좋지 않아요.

# 4

# MONTH

엄마와 태아가 안정기에 들어섭니다

4
개월

# 아기 몸은 이렇게 자라요

### 춤을 추는 것처럼 활발하게 움직입니다

이 시기에 태아는 자신의 몸을 움직이는 능력이 생깁니다. 또 손가락과 발가락, 발목도 움직일 줄 알게 되지요. 그래서 양수 속에서 마치 춤을 추는 것처럼 활발하게 움직이며 발로 자궁벽을 차기도 합니다. 그러나 이런 태아의 움직임을 엄마가 아직 느낄 수는 없어요. 초음파를 쬐면 그 에너지를 느끼고 반응합니다.

### 마음이 생겨요

이 시기의 태아는 뇌가 발달하면서 외부 자극에 대해 좋다, 불쾌하다는 식의 단순한 감정을 느낍니다. 그리고 엄마가 느끼는 기본적인 감정이 아기에게 전달되어 엄마와 같은 감정을 어느 정도 느낄 수 있게 됩니다. 태반이 완성되어 탯줄을 통해 영양분과 산소가 풍부한 혈액을 공급받고 태아의 몸에서 만들어진 탄산 가스를 태반으로 내보낼 수 있습니다.

### 중요 신체 기관이 거의 완성됩니다

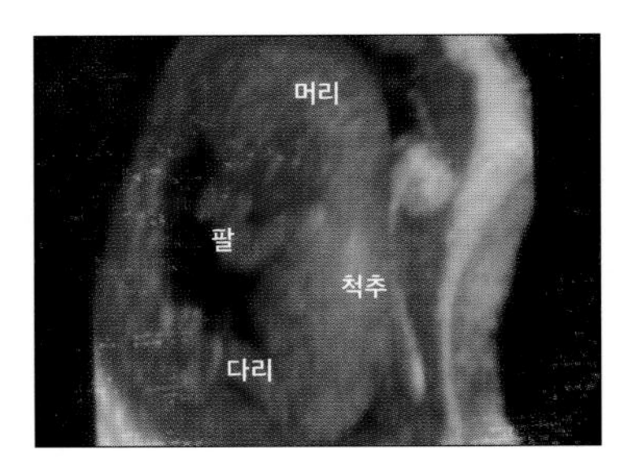


15주된 태아의 옆 모습. 머리와 몸, 팔다리 등을 확실하게 볼 수 있다. 3D(입체) 초음파 촬영

심장, 간, 위, 장 등 내장 기관이 거의 완성되고 소화기계, 비뇨기계가 활동을 시작합니다. 피부는 두껍고 불투명해져서 내장 기관을 보호합니다. 또한 배냇털이 나고 머리카락이 자라며 손, 발 등의 뼈 근육이 성장하는 등 사람으로서의 모습을 훨씬 많이 갖추게 됩니다.

# 엄마 몸은 이렇게 변해요

**아랫배가 눈에 띄게 나오기 시작해요**

태아가 커짐에 따라 자궁의 크기도 신생아의 머리만큼 커집니다. 따라서 배가 나온 것을 확실히 느낄 수 있게 됩니다. 자궁은 커져서 골반에서 나와 위쪽으로 올라가기 시작합니다. 또 자궁과 골반을 연결해 주던 인대가 늘어나서 사타구니 부위가 결리기도 하고 커진 자궁이 장을 압박하여 많은 임산부들에게 변비와 치질이 생깁니다.

**식욕이 돌아와요**

입덧이 사라지면서 입맛을 되찾게 됩니다. 또 안정기에 들어서서 몸과 마음이 편안해지므로 생활의 활력을 느낄 수 있습니다. 입덧은 사라졌지만 태아의 성장에 따라 혈액이 더 필요해져서 빈혈이 생기게 되니 주의하세요.

**기초 체온이 낮아지고 몸과 마음이 편안해져요**

임신 초부터 고온을 유지하고 있던 기초 체온은 안정기에 접어들면서 저온으로 바뀝니다. 임신의 변화에 적응하게 되는 시기이므로 임신 초기에 느꼈던 불안, 초조, 우울 등이 거의 사라지고 부드러운 감정으로 변하게 됩니다.

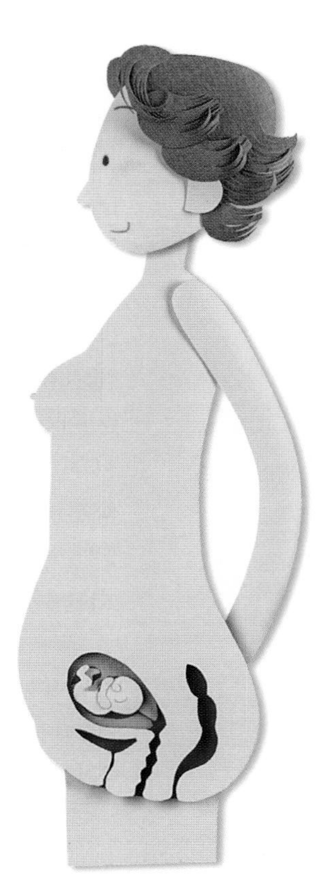

4
개월

생활 메모

# 체중이 갑자기 늘지 않게 조절하세요

### 체중 관리를 위한 식단을 짜고 운동이나 체조를 규칙적으로 한다

입덧이 가라앉으면 식욕이 왕성해지고 체중도 늘어나기 시작합니다. 따라서 이 시기부터는 영양가는 풍부하지만 체중은 늘지 않도록 하는 식단을 짜고 매일 체조나 운동을 병행해서 몸무게를 조절해야 합니다.

### 요통이나 부종 등에 주의한다

본격적으로 배가 불러오는 시기이므로 허리에 무리가 가서 요통이 생길 수도 있고, 오후가 되면 다리가 붓고 저리기도 합니다. 따라서 가능하면 자세를 자주 바꾸어 주고 몸을 풀어 주어야 합니다. 잠들기 전에 남편은 아내의 발이나 등을 마사지해 주십시오.

### 임신복을 준비한다

표가 나게 배가 불러오는 4개월째부터는 임신복을 준비해야 합니다. 계절에 상관없이 배를 헐렁하게 덮을 수 있는 옷이 있는지 찾아보고, 새로 준비해야 한다면 A라인 원피스나 점퍼 스커트 등 가능하면 임신 말기까지 무난히 입을 수 있는 옷을 준비해 두는 것이 좋습니다.

### 치과 치료는 이 시기에 받는다

일반적으로 임신을 하면 호르몬의 영향으로 구강 환경이 변하기 때문에 이가 나빠지기 쉽습니다. 치주염이나 잇몸병 등의 증세가 그대로 둘 수 없을 정도로 심하면 4~8개월 사이에 치료하는 것이 적당합니다. 치과 치료를 받을 때는 의사에게 임신 사실을 미리 말해 주어야 합니다. 만일 장기간의 치료를 요하거나 이를 뽑아야 할 경우에는 통증 정도를 치료하고, 본격적인 치료는 출산 후에 하도록 하십시오. 이가 튼튼한 사람도 건강한 치아 관리를 위해 식사 후에나 단 음식을 먹고 난 후에는 반드시 양치질을 해야 합니다.

# 철분이 많은 음식, 짜지 않게 드세요



**비만에 유의해서 식단을 짭니다**

임산부 비만에 유의하세요. 유지방과 당분이 많이 든 음식을 피하고 케이크나 쿠키 등 칼로리가 높은 간식도 피하도록 하세요.

**철분이 풍부한 음식** 닭간·쇠간 등 간 종류, 마른 멸치·모시조개 등 어패류, 미역·톳 등 해조류, 시금치·당근 등 녹황색 채소류

임신 4개월부터는 모체 내에 혈액량이 급격하게 증가하게 됩니다. 그러나 혈장의 분량이 늘어날 뿐 적혈구의 양은 그다지 많이 늘어나지 않습니다. 이렇게 되면 임산부는 빈혈을 일으키기 쉽습니다. 활발하게 성장하는 태아는 혈액을 많이 필요로 하기 때문입니다. 적혈구는 철분, 단백질에 의해 만들어집니다. 따라서 임산부는 철분을 많이 함유한 식품을 먹어야 합니다. 만일 음식으로 섭취하는 철분이 충분하지 않다고 판단되면 의사와 상의한 뒤 철분제를 복용할 수 있습니다.

**철분의 흡수와 합성을 돕는 음식** 달걀, 유제품, 콩제품(단백질 식품), 간, 어패류(비타민 B), 감자, 과일, 야채류(비타민 C), 쌀, 시금치, 종자류(엽산)

식품에 포함된 철분의 장관 흡수율은 5~10%에 불과합니다. 따라서 철분의 흡수와 합성을 높여 주는 영양소와 철분이 함유된 음식을 먹을 때는 단백질, 비타민 B, 비타민 C, 엽산이 많이 든 식품을 함께 섭취해 주어야 합니다.

**삼가야 할 음식** 짠 음식, 인공 조미료가 든 음식

임신중에 음식을 짜게 먹으면 비만, 고혈압, 신장병, 임신중독증, 부종 등을 유발시킬 수 있으며 태아의 성장에도 좋지 않습니다. 따라서 음식을 가능한 한 싱겁게 먹어야 합니다. 갑자기 싱겁게 먹으면 맛을 잘 못 느끼거나 식욕이 떨어지기 쉬우므로 향이 있는 야채나 재료의 특유한 맛을 살려 조리하는 것이 좋습니다. 마늘, 생강, 후추, 식초, 겨자, 쑥갓 등을 활용해 보십시오.

4
개월

이 달의 레시피

# 칼슘과 철분이 풍부한 음식이 좋아요

## 생선초밥

재료 새우 1/2팩, 도미 반토막, 참치 1토막, 밥, 초생강, 락교 등, 고추냉이(와사비)

초밥 소스 식초 1컵, 소금 1/4컵, 설탕 1컵, 레몬 1/4개

조리방법

1. 밥을 고슬하게 만들어 초밥 소스를 넣어 잘 비벼준다.
2. 횟감을 준비한다.
3. 먹기 좋은 크기만큼 밥을 쥐고 초밥 모양을 만들어 고추냉이를 약간 바르고 생선을 올린다.

## 오징어 불고기

재료 오징어 2마리, 양파 1개, 미나리 1/3묶음

양념장 고추장 1큰술, 고운 고춧가루 2큰술, 간장 1큰술, 설탕 1큰술, 물엿 1큰술, 마늘 1큰술, 깨소금 1큰술, 청주 1큰술, 참기름, 후추 약간

조리방법

1. 오징어는 껍질을 벗겨 손질한 후 먹기 좋게 썬다.
2. 미나리는 4~5cm 크기로 자르고, 양파는 껍질을 벗겨 적당히 썬다.
3. 오징어와 야채(미나리, 양파)를 따로 양념장에 버무린다.
4. 팬이 뜨거울 때 먼저 오징어를 볶은 다음 야채를 함께 넣어 볶는다.

## 소간부침

재료 소간 300g, 우유 1컵, 참기름 1작은술, 소금 1작은술 , 후추 약간, 마늘·생강즙 약간, 밀가루 약간, 계란 2개

조리방법

1. 소간은 우유에 1시간 이상 담가 얇게 썬 다음 참기름, 소금, 후추, 마늘, 생강즙을 넣어 양념한다.
2. 밀가루를 묻혀 계란에 입혀 노릇하게 구워낸다.

## 완두콩 스프

재료 완두콩 300g, 양파 1개, 버터 3/4스틱, 밀가루 6큰술, 치킨스톡 2개, 물 6컵, 소금, 후추, 휘핑크림

조리방법

1. 냄비에 버터를 넣고 뜨거워지면 완두콩, 양파를 넣고 볶는다.
2. 1에 밀가루를 넣고 색이 나지 않게 볶다가 치킨스톡 2개, 물 6컵을 넣고 재료가 물러질 때까지 끓인다.
3. 믹서에 갈아서 체에 거른다.
4. 거른 스프를 냄비에 넣고 끓으면 휘핑크림을 넣어 농도를 조절한다.
5. 소금, 후추로 간한다.

4
개월

체크 포인트

# 비만, 조심하세요

**체중 증가 원인** 임신중 체중은 여러 가지 요인에 의해 증가합니다. 태아의 무게와 태아를 감싸고 있는 양수와 태반의 무게, 그리고 모체의 커진 자궁과 혈액량, 유방의 무게 등이 체중 증가의 원인입니다.

**얼마나 증가하나** 체중 증가량은 개인마다 차이가 있습니다. 일반적으로 임신 경험이 많고 나이가 많은 임산부보다, 초산이고 나이가 어린 임산부의 체중 증가량이 많습니다. 임신 기간 동안 보통은 10~20kg 정도 증가합니다. 저체중이었던 임산부는 15kg 정도, 살이 찐 편이었던 임산부는 9kg 이하로 증가하는 것이 일반적입니다. 한 달에 2kg 이내로 증가하면 안심해도 됩니다.

**임신에 어떤 영향을 미치나** 임산부 비만은 임산부 자신에게뿐 아니라 태아에게도 위험이 따르므로 10개월 내내 신경을 써야 합니다. 임산부 비만은 임신중독증, 고혈압, 당뇨 등의 합병증을 유발시킬 수 있습니다. 또한 태아가 지나치게 커지기 때문에 난산의 확률도 높아집니다. 출산시에도 자궁이나 산도, 골반 등에 지방이 쌓여 수축력이 떨어지고 분만 시간이 길어질 수 있습니다.

## 비만을 피하는 식사법

**입덧이 끝난 후 입맛이 당길 때 조심한다** 입덧이 끝난 후 식욕이 당기는 대로 먹는 것은 건강상 문제를 일으킬 수 있으므로 조심해야 합니다. 특히 지방이 많이 함유된 식품이나 칼로리가 높은 식품, 당도가 높은 식품은 피하는 것이 좋습니다. 우유나 치즈 같은 유제품들도 비만의 원인이 될 수 있습니다.

**잠자리에 들기 전에는 먹는 것을 삼간다** 잠자리에 들기 전에 간식을 하는 것은 살이 찌는 지름길입니다. 따라서 체중 관리에 들어가야 할 만큼 몸무게가 많이 늘어나는 임산부는 저녁을 먹은 후 잠자리에 들기 전까지 음식 먹는 것을 삼가야 합니다.

**적게 그리고 천천히 먹는다** 적은 양을 천천히 꼭꼭 씹어 먹으면 먹는 양을 줄일 수 있습니다.

# 임신선과 튼살 예방하기

### 임신선과 튼살, 왜 생길까

임신으로 배가 불러지면 피부를 구성하고 있는 표피와 진피는 확대되지만, 신축성이 없는 피하조직은 그만큼 늘어나지 못하고 파열을 일으키기 때문에 임신선이 나타납니다. 흔히 배꼽 아래로 보라색 선이 가늘게 생기기도 하고 유방이나 대퇴부, 외음부 등에 나타나지만, 출산 후에는 거의 사라집니다.

또 배꼽 주위, 가슴, 허리, 엉덩이, 허벅지 부위에 줄무늬로 살이 트게 됩니다. 균형 잡힌 식사와 칼로리 조절을 통해 너무 살이 찌지 않도록 하고, 튼살 마사지 크림을 이용해 꾸준히 마사지하는 것이 예방이자 대책입니다.

## 임신선, 튼살을 예방하는 마사지법 

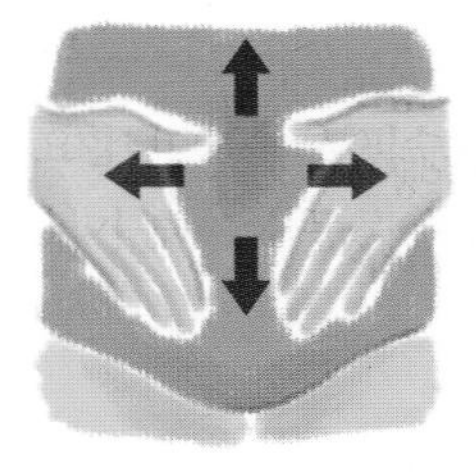

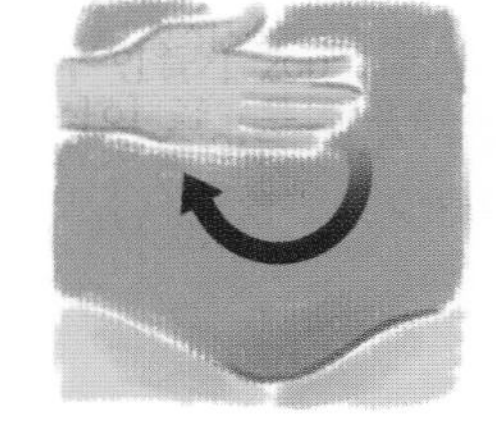

**배** ① 배의 중심에서 허리 쪽으로, 아랫배에서 배꼽 바깥쪽으로 손바닥 전체로 천천히 문지른다. ② 배꼽을 중심으로 시계 방향으로 마사지한다. 이 동작을 7~10회 반복한다.

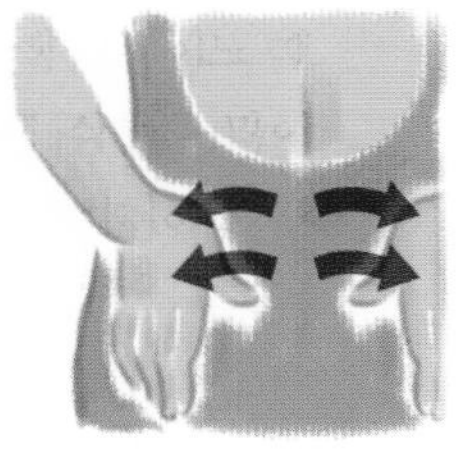

**등** 중앙에서 바깥쪽을 향해 밀어내듯 마사지한다.

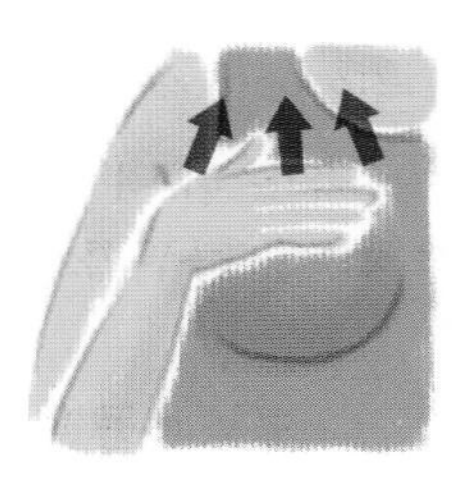

**가슴** ① 유방의 상부를 목 쪽을 향해 쓸어올리는 느낌으로 마사지한다. 왼쪽 가슴은 왼손으로, 오른쪽 가슴은 오른손으로 한다. ② 양 손바닥을 유방 아래쪽에 대고 반원을 그리듯이 마사지한다.

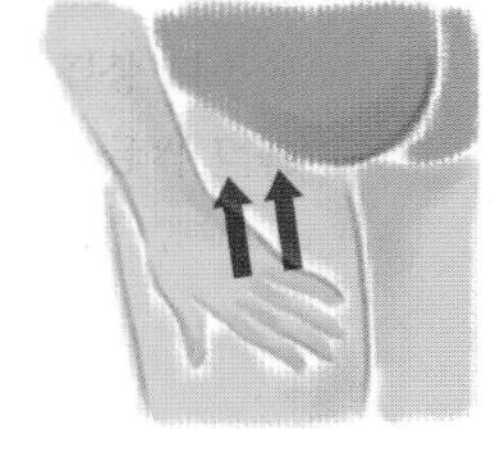

**허벅지** 무릎 위에서 엉덩이를 향해 천천히 문지른다. 좌우 10회 정도 반복한다.

4 개월

임신 클리닉

# 기형아 안심 진단법

## 기형아가 생기는 원인

### 다인자성 유전 질환

다인자성 유전 질환이란 유전적 요인과 환경적 요인이 복합되어 나타나는 것을 말합니다. 선천성 심장병, 무뇌증, 구순열 등 선천성 기형, 뇌전증, 정신질환, 류머티스성 관절염, 우울증, 위궤양 등의 성인성 질환이 여기에 속합니다.

### 단일 유전인자 질환

부모가 질병에 걸려 있으면 자식의 50%에 똑같은 질병이 나타나는 체(體)염색체 우성 질환, 부모가 모두 정상이지만 비정상 유전자를 양쪽 모두 가지고 있을 때 나타나는 체 염색체 열성 질환, 성염색체에 있는 비정상 유전인자에 의해 남성에게만 나타나는 반성 열성 질환, 시대마다 나타나며 여성에게 많이 발생하는 반성 우성 질환 등이 있습니다. 대표적인 증상으로는 왜소증, 신생아 대사 질환, 정신지체를 일으키는 페닐케톤뇨증, 피부 백색증, 혈우병, 구루병, 근위축증 등이 있습니다.

### 염색체 이상

염색체 이상은 체 염색체 이상이 50여 가지, 성 염색체 이상이 20여 가지가 있습니다. 대표적인 증상으로는 21번 염색체가 2개가 아닌 3개로 되어 있어 나타나는 다운증후군, 정신지체, 선천성 심장병, 불임, 무정자증 등이 있습니다.

### 임산부 질환

임산부가 과거에 병을 앓았거나 현재 병에 걸려 있는 상태라면 태아에게 영향을 끼치게 됩니다. 특히 당뇨병을 앓는 경우는 기형 발생율이 19%로 정상인보다 5배 정도 높으므로, 최소한 임신 7주 이전에 치료를 받아야 합니다. 그 외에 풍진, 톡소프라스마증에 감염되거나 3주에서 7주 사이의 약물 복용은 태아에게 치명적인 영향을 미칠 수 있으며, 알코올, 흡연, 방사선 등도 아기에게 나쁜 영향을 미칠 수 있습니다.

## 여러 가지 기형아 진단법

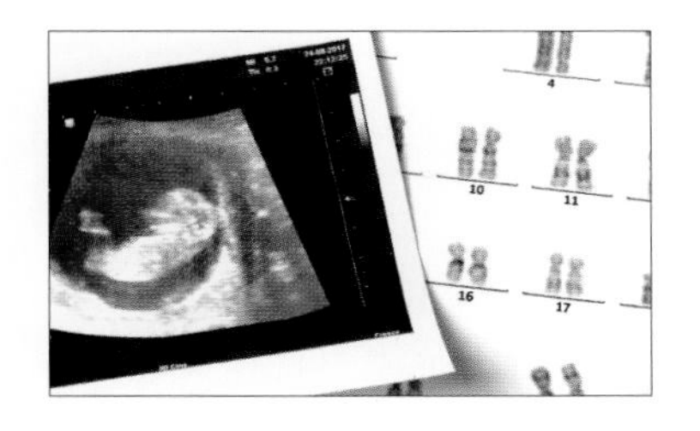

**염색체 검사** 혈액에서 세포 염색체를 분리해 염색체의 구조적, 수적 이상을 진단합니다. 다운증후군, 정신지체아 등을 진단할 수 있고 성 염색체 이상으로 인한 중성과 불임 등을 진단할 수 있습니다. 만일 기형아를 낳았던 경험이 있다면 부부 모두 염색체 검사를 받아야 합니다.

**트리플 테스트**(임신 6~12주) 척수 이분증, 무뇌증 같은 개방형 신경관 결손증이나 다운증후군 등 염색체 이상, 유전 질환을 조기 진단하는 데 널리 사용되고 있습니다. 이 검사는 모든 임산부들이 기본적으로 받는 것이 바람직하며 무뇌아나 기형아를 낳았던 경험이 있는 임산부는 반드시 받아야 합니다.

**융모막 융모 검사**(임신 12주 이내) 태반 조직의 일부를 채취하여 직접 염색체 표본 제작법에 의해 핵형을 분석하거나 배양해 염색체 핵형을 진단하는 방법입니다. 12주 이내에 조기 진단이 가능하며 안전성과 정확성이 입증되어 선호되는 진단법이기도 합니다. 이 검사로는 태아의 다운증후군, 성 염색체 이상, 에드워드 증후군 등 정신지체의 진단이 가능합니다.

**양수 검사**(임신 16~20주) 초음파 진단 장치를 이용해 긴 바늘로 양수를 뽑아 배양해서 세포의 염색체 핵형을 분석하는 방법입니다. 이 검사를 통해 척추 이상, 폐 이상, 다운증후군 등을 정확하게 판정할 수 있습니다.

**초음파 검사** 모니터에 태아의 신체 각 부위가 나타나므로 정상아 여부와 발육 상태까지 알 수 있습니다. 이 검사로는 태아의 생존 여부, 기형, 다태아 임신, 태반의 위치, 자궁 및 난소의 이상 유무까지 알 수 있습니다.

**신생아 선천성 대사 검사**(출생 후 4~6일) 출생 후 4~6일이 지난 신생아의 혈액을 채취해서 선천성 대사 이상 검사를 함으로써 정신지체를 예방할 수 있습니다. 출생 후 일주일 이내에 시행하지 않으면 이상을 발견하더라도 치료가 불가능합니다.

# 임신 중기의 증세들

## 어지럼증

**원인** 임신중에는 혈액 분포가 변하면서 순환하는 혈액의 양이 증가하게 됩니다. 이런 때 임신부들은 어지럼증을 느끼게 됩니다. 다리나 발 등에 혈액이 정체되고 뇌에는 혈액 공급이 일시적으로 감소하기 때문입니다. 빈혈로 인한 현기증이 생기기도 합니다. 태아의 성장을 위해 많은 양의 철분이 필요한데, 이때 철분이 부족하면 빈혈로 인한 어지럼증을 느끼게 됩니다.

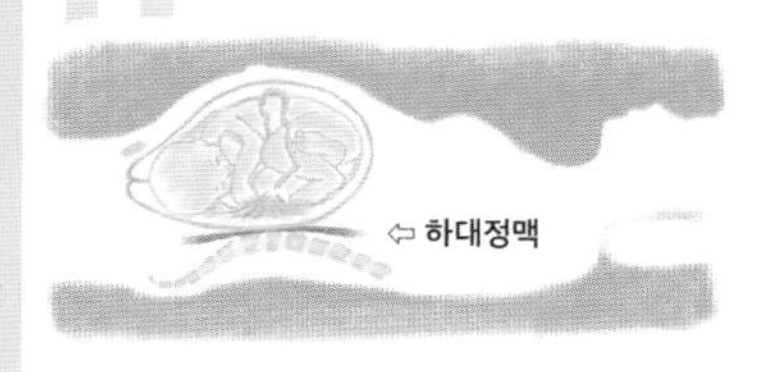

자궁이 하대 정맥을 눌러 대뇌로 흐르는 혈액 순환을 방해하기 때문에 어지럼증이 생긴다.

**대처법** 일단 창문을 열고 환기를 시킨 후 편안한 자세를 취하는 것이 좋습니다. 의자에 앉을 때는 양 무릎 사이에 머리를 넣고 고개를 숙인 상태로 있도록 하고, 누워서 쉴 때에는 발을 머리보다 높은 곳에 두도록 하십시오. 똑바로 누워 있는데도 현기증이 나거나 속이 메스껍다면 즉시 옆으로 눕도록 하고, 다리는 위쪽 다리를 올려 바닥에 대거나, 다리 사이에 베개를 끼우면 자세가 편안하게 됩니다.

## 요통

**원인** 임신중에는 프로제스테론(황체 호르몬)이라는 호르몬의 농도가 높아져 골반을 구성하고 있는 뼈에 부착된 인대가 유연해지고 잘 늘어나게 됩니다. 출산 때 아기가 골반을 잘 통과할 수 있도록 만들어 주는 것입니다. 이와 더불어 척추에 있는 인대들도 늘어나 허리와 양쪽 엉덩이에 있는 고관절 부위가 압박을 받게 됩니다. 또한 배가 조금씩 불러오면서 몸의 중심이 앞으로 쏠리게 되는데 이때 균형을 잡기 위해 배를 내밀고 몸을 뒤로 젖히게 됩니다. 이런 자세에 자궁이나 임산부의 무게가 더해져 등뼈나 골반에 부담을 주어 요통이 생깁니다.

**대처법** 굽이 낮은 신발을 신고 무거운 물건을 들 때는 허리를 구부리지 말고 무릎을 구부려 드십시오. 잠을 잘 때는 딱딱한 매트리스나 온돌이 좋으며, 옆으로 구부린 자세나 양쪽 무릎 사이에 베개나 방석을 끼고 자는 것도 도움이 됩니다.

## 치질

**원인** 임신중에 치질이 생기기 쉬운 이유는 태아가 자람에 따라 점점 커진 자궁이 모체의 직장에 압박을 가해 정맥혈이 심장 쪽으로 흘러가는 흐름을 방해하기 때문입니다. 임신중에는 변비가 나타나기 쉬운데, 이 때문에 배변시에 힘을 주게 되고 그로 인해 항문 정맥이 더욱 울혈되어 치질이 생기게 됩니다.
**대처법** 치질을 예방하려면 섬유소가 많이 들어 있는 야채를 섭취하고 물과 우유를 자주 마셔 변을 부드럽게 해 주어야 합니다. 규칙적인 배변 습관과 적절한 운동을 병행해 단시간에 배변하는 습관을 들이는 것이 좋습니다.

## 불면증

**원인** 임신부의 불면증은 태아의 대사 작용 때문에 생기는 경우가 많습니다. 태아는 24시간 내내 엄마 뱃속에서 생활하기 때문에 엄마가 자는 시간에도 대사를 계속합니다. 바로 이런 태아의 활동이 불면증의 원인이 됩니다.
**대처법** 억지로 잠을 청하려 하지 말고 따뜻한 물로 목욕을 해서 혈액 순환을 원활하게 해준 뒤 우유를 따끈하게 데워 마시면 잠을 이루는 데 도움이 됩니다. 또 최대한 편안한 자세로 잠이 올 때까지 책이나 텔레비전을 보는 것도 불면증을 이기는 방법 중 하나입니다.

## 심한 감정의 기복

**원인** 임신 기간 동안에는 몸의 균형이 깨져 이전 상태와 전혀 다른 변화가 생깁니다. 이러한 변화가 신경계를 억압하는 작용을 해서 감정의 변화가 일어납니다. 또 아기를 갖게 되었다는 기쁨과 함께 출산과 양육에 대한 부담이 교차하면서 불안과 우울증이 교차하기도 합니다.

**대처법** 일단 자신에게 생긴 감정의 변화를 자연스러운 것으로 받아들여야 합니다. 불안감, 우울, 혼란 등의 원인을 지나치게 분석하려는 태도는 문제가 쉽게 해결이 되지 않을 경우 오히려 증세를 더욱 악화시키거나 장기화시킬 수 있습니다. 남편과 가까운 사람들에게 자신의 감정 상태를 설명해서 이해를 구하고, 선배들의 조언을 듣는 것도 좋은 해결책이 될 수 있습니다.

16~19
주

## 이렇게 생활하세요

### 태동을 느끼면 반응해 주세요

유두 손질과 유방 마사지를 시작해요.

태동을 처음 느낀 날을 기록해 두세요.

매일 무리하지 않을 정도로 산책을 즐기세요.

태동이 느껴질 때 태담으로 대답해 주세요.

### 임신을 즐기세요

임산부용 속옷을 준비하세요.

산책 태담이나 동화 태담으로 태아와 이야기를 나누세요.

임산부 교실 등을 통해 임신 정보를 서로 나누세요.

체중 관리나 영양 섭취에 힘쓰세요.

# 5

# MONTH

태담과 태동으로 태아와 이야기를 나눠요

5 개월

# 아기 몸은 이렇게 자라요

**머리털이 자라고 손발톱이 납니다**

태아의 몸 전체에 솜털이 나고 골격과 근육이 확실하게 만들어집니다. 또 다리와 팔이 발달하여 전체적으로 균형 잡힌 체형이 됩니다. 머리카락이 자라고 손발톱이 나면서 피부에 피하 지방이 붙고 튼튼해집니다.

**들을 수도 있고 맛을 볼 수도 있답니다**

이 시기에는 감각과 의식·지능을 관장하는 대뇌 피질과 신경 계통이 두드러지게 발달하여 촉각과 미각을 느끼기 시작합니다. 그래서 자궁 속에 단 것을 넣어 주면 입맛을 다시고 쓴 것을 넣어 주면 얼굴을 찡그립니다. 또 어렴풋이나마 청각도 생깁니다. 엄마의 목소리나 엄마의 뱃속에서 나는 여러 소리들을 듣고 외부에서 들려오는 소리도 어느 정도 들을 수 있습니다. 요란한 소리가 들려오면 불안함을 느끼지요.

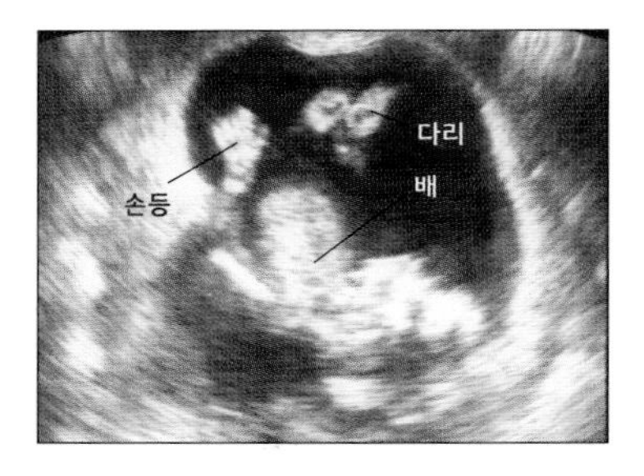


20주된 태아. 왼쪽 윗부분에 태아의 손이 보이고 그 아래쪽으로 팔뼈와 배를 확인할 수 있다. 5개월부터는 초음파로 태아의 모습을 한 화면에 담을 수 없다.

**청진기로 심음을 들을 수 있어요**

심장이 활발하게 움직여서 엄마의 배를 통해 청진기로 소리를 들을 수 있을 정도로 심장박동 소리가 강해집니다. 태아의 입은 양수를 마셨다 뱉었다 하면서 물체가 닿으면 빠는 연습을 합니다.

# 엄마 몸은 이렇게 변해요

### 태아의 메시지, 첫 태동이 시작됩니다

만 19주 전후가 되면 임신부는 태동을 느끼기 시작합니다. 태동을 처음 느낀 시기는 분만 예정일을 계산하는 데 도움이 되므로 태동을 처음 느끼면 반드시 기록해 두세요.

태동은 임신부에 따라, 또 태아의 상태에 따라 그 느낌이 다양합니다. 배 아래쪽에서 무언가가 꿈틀하는 느낌이나 뱃속을 안쪽에서 가볍게 두드리는 듯한 느낌을 받기도 하고, 배가 아픈 것 처럼 느껴지기도 합니다. 처음에는 그다지 강렬하지 않기 때문에 알아채지 못하는 임신부들도 많습니다.

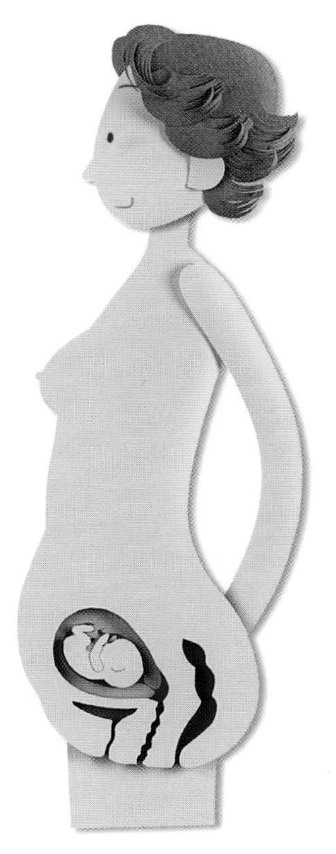

### 유방이 커지고 유즙이 나와요

젖샘이 발달하면서 유방이 부풀어 오르고 유두를 누르면 옅은 황색의 물과 같은 유즙이 나옵니다. 또한 유두 색깔도 훨씬 짙어지면서 약간 따갑습니다.

아기에게 모유를 먹일 계획이라면 이 시기부터 유방 마사지와 유두 손질 등 꾸준한 유방 관리가 필요합니다.

### 아랫배가 눈에 띄게 커져요

입덧도 끝나고 체중도 늘어나면서 안정기에 들어섭니다. 자궁이 거의 어른 머리만큼 커졌기 때문에 배가 눈에 띄게 앞으로 튀어나오고 몸이 전체적으로 불어서 이제까지 입던 옷들이 맞지 않게 됩니다.

호르몬의 영향을 받아 피부가 민감해져 거칠어지고 기미와 주근깨가 생깁니다.

생활 메모

## 아기와 이야기해 보세요

**태담 태교를 시작한다**

아기의 태동이 시작되는 단계이므로 본격적인 태담 태교에 들어가는 것이 좋습니다. 수시로 다정하게 이야기하세요.

**아기는 태동을, 엄마는 운동을**

확실한 안정기에 접어들었다고 볼 수 있으므로 적극적으로 몸을 움직이는 것이 스트레스를 푸는 데도 큰 도움이 됩니다.

**임산부용 속옷을 준비한다**

눈에 띄게 배와 가슴이 불러오는 5개월 무렵부터는 임산부용 속옷을 입는 것이 좋습니다. 앞으로 사이즈가 점점 더 불어날 것을 대비해서 여유 있는 것으로 준비하세요.

**유방 마사지와 유두 손질을 시작한다**

태동이 시작되는 임신 5개월이면 유방은 이미 수유 준비를 완료한 상태입니다. 따라서 이때부터는 유방 마사지와 유두 손질을 시작해야 하는데, 일단은 의사와 먼저 상의해야 합니다. 유산이나 조산의 위험이 있는 경우는 유두를 손질하는 사이 자궁이 수축될 수 있습니다. 이런 때는 유두 손질을 하지 않는 것이 좋습니다.

**여행이나 이사가 가능하다**

임신 5개월째에 접어들면 그동안 삼갔던 여행이나 이사가 가능해집니다. 여행을 떠날 때는 편안한 교통 수단을 이용하고, 의료보험증과 진료 수첩은 반드시 챙겨서 떠나도록 하세요. 또한 불가피하게 이사를 해야 한다면 이 시기가 좋습니다. 포장이사를 하는 것이 좋지만 그렇지 못한 경우는 미리 짐을 싸 두고, 천천히 짐을 풀어 몸에 무리가 가지 않도록 해야 합니다.

## 두뇌 발달을 돕는 음식들이 좋아요



**DHA가 많이 함유된 생선류** 고등어·정어리·다랑어·꽁치 등 등푸른 생선류, 멸치, 오징어

필수지방산의 하나인 DHA는 생선의 지방 속에 들어 있는 불포화 지방산으로, 두뇌 발달에 효과적인 식품으로 알려져 있습니다. DHA는 뇌세포의 왕성한 분열을 돕고 뇌의 세포막 형성에 큰 도움을 줍니다. 태아에게뿐 아니라 각종 성인병 예방과 치료, 치매 예방 등에 효과가 있는 것으로 알려져 있습니다. DHA가 부족하면 정신지체 등 여러 가지 부작용이 일어날 수 있습니다. 특히 생선류에는 DHA뿐만 아니라 혈액 순환을 좋게 하는 EPA 성분이 듬뿍 들어 있어 태아의 신체 발달에도 큰 도움을 줍니다. 기본적으로 혈액 순환이 잘 되어야 태아에게 각종 영양소와 산소 등이 잘 전달되기 때문입니다.

**비타민 군이 많이 함유된 식품들** 곡물, 견과류, 채소, 과일류

비타민은 다른 영양소들의 합성과 분해를 돕기 때문에 뇌의 성장과 발육에 필수적입니다. 특히 주 영양소인 단백질의 합성과 분해에 큰 역할을 합니다. 다음은 비타민이 많이 들어 있는 식품들입니다.

**비타민 $B_1$** 현미, 조, 수수, 콩 등 곡물과 땅콩, 호두 등 견과류, 김
**비타민 $B_2$** 우유, 달걀, 동물의 간, 고등어, 정어리, 표고버섯
**비타민 $B_6$** 곡물, 효모
**비타민 $B_{12}$** 고기류, 유제품 등 동물성 식품
**비타민 C** 파슬리, 피망 등 채소류, 딸기, 사과 등 과일류
**비타민 E** 곡식의 씨눈 부위, 통밀, 현미, 해바라기 씨, 잣, 참기름, 고구마, 명란

**칼슘이 함유된 식품** 다시마, 마른 멸치, 시금치, 빙어, 콩류, 요구르트, 치즈

칼슘은 태아의 뼈와 이, 혈액을 만드는 데 빼놓을 수 없는 성분입니다. 칼슘의 체내 흡수율을 높이기 위해서는 비타민 D가 있어야 합니다. 비타민 D는 햇볕에 의해 합성되기 때문에 평소에는 특별히 음식물로 섭취할 필요가 없지만 임신중에는 햇볕에 말린 버섯류나 동물의 간류를 통해 섭취할 수 있습니다.

5 개월

이 달의 레시피

# DHA가 풍부한 음식을 드세요

## 회덮밥과 미소국

재료 생선회(참치, 한치, 오징어), 야채(상추, 깻잎, 양배추, 오이, 당근, 풋고추, 마늘 등), 김, 밥, 참기름

초고추장 고추장 1컵, 간장 1큰술, 식초 1/2컵, 요리술 2큰술, 설탕 3큰술, 참기름 2큰술, 다진 마늘 1큰술, 물 2큰술, 사이다 2큰술, 통깨 2큰술

조리방법

1. 생선회를 먹기 좋은 크기로 썬다.
2. 야채를 가늘게 채썰어 찬물에 담근 후 물기를 뺀다.
3. 밥, 참기름, 야채, 생선회, 마늘, 김 순서대로 얹는다.
4. 초고추장을 끼얹는다.

## 미소국

재료 쪽파 6대, 팽이버섯 1봉지, 미나리 약간, 물 3컵, 미소(일본 된장) 2큰술, 혼다시 2작은술

조리방법

1. 물이 끓은 후 혼다시, 미소를 넣고 끓인다.
2. 다 끓으면 불을 끄고 마지막에 다진 쪽파, 팽이버섯, 미나리 등을 넣는다.

## 시리얼 너겟

재료 마요네즈 1/2컵, 닭가슴살 450g, 마늘가루 1/2작은술, 부순 시리얼 2컵, 고춧가루 1/2컵

조리방법

1. 425F(200℃) 정도로 기름을 예열한다.
2. 마요네즈에 마늘가루, 고춧가루를 섞는다.
3. 닭가슴살은 2.5cm 크기로 잘라서 2를 무친다.
4. 부수어 놓은 시리얼을 3에 무친다.
5. 기름에 노릇하게 튀긴다.

허니머스터드 소스 마요네즈 1/2컵, 양겨자 2큰술, 식초 1큰술, 설탕 1큰술을 잘 섞으면 소스가 된다.

## 겨자채

재료 오이 2개, 양파 1/2개, 무 1/4 토막, 당근 1/3개, 계란 1개

소스 겨자 1큰술, 2배식초 2작은술, 설탕 2큰술, 소금 1작은술, 잣가루 1큰술

밀전병 밀가루 2컵, 물 2½컵, 소금 1작은술

조리방법

1. 오이를 돌려깎아 3cm 길이로 채썰어 소금에 절인다.
2. 당근, 양파, 무를 채썰어 소금에 절인다.
3. 달걀도 지단 부쳐 얇게 채썬다.
4. 밀전병 재료를 잘 섞어서 팬에 기름을 약간 동그랗게 부친다.
5. 준비된 재료를 겨자소스에 무쳐, 부쳐낸 밀전병 위에 넣고 잘 말아서 먹는다. 겨자와 식초의 독특한 맛으로 입맛을 살려보자. 삼겹살을 삶아 얇게 썰어서 밀전병 대신 양념한 재료와 곁들여도 좋다.

## 고구마 케이크

재료 고구마 700g, 카스테라 200~300g, 생크림 250cc, 카스타드 크림(우유 600cc, 설탕 60cc, 버터 2큰술, 밀가루 4큰술, 콘스타치 3큰술, 계란노른자 4개)

조리방법

1. 찜통에 고구마를 넣고 찐다.
2. 카스타드 재료를 다 섞어서 크림을 만든다.
3. 틀에 카스테라를 5mm 두께로 깔아준 다음 시럽을 발라준다.
4. 뜨거운 고구마를 으깬 다음 카스타드를 잘 섞어서 부드럽게 하여 카스테라 위에 담는다.
5. 틀을 뺀 다음 생크림으로 장식한다.
6. 카스테라 가루를 뿌려 장식한다.

체크 포인트

# 태동을 느껴 보셨나요?

## 언제 시작되나요

보통 임신 20주를 전후해 태동을 느끼는데, 성격이 예민하거나 임신 경험이 있는 경산부일수록 더 빨리 느낍니다. 태동의 시기는 태아의 성장이나 발육과는 아무런 상관이 없으므로 다소 늦는다고 걱정할 것은 없습니다.

## 어떻게 움직이나요

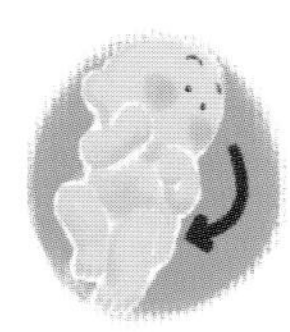

태아의 움직임은 크게 세 가지로 나눌 수 있습니다. 몸 전체를 크게 비틀면서 회전하는 것, 팔 다리를 쭉 뻗는 것, 호흡하는 것입니다. 그 외에도 손가락을 빨거나 양수를 마시고 젖을 빠는 것 등을 태내에서 미리 연습하게 됩니다.

또 태아는 20~40분 동안 잠을 자고 깨어나는 것을 반복합니다. 따라서 태동의 주기 역시 20분에서 1시간 간격이 정상입니다. 그러나 임산부가 느끼는 것은 이와 다르기 때문에 정확한 간격을 말할 수는 없습니다.

태동은 임산부가 움직일 때보다 조용히 있을 때나 잠을 잘 때 강하게 느껴지므로, 잠들 때 약간의 방해를 받을 수도 있습니다. 출산이 가까워지면 아기가 골반 쪽으로 내려가기 때문에 태동을 느끼는 횟수가 줄어듭니다. 그러나 실제로는 거의 느끼지 못하는 것일 뿐 태아가 움직이지 않는 것은 아닙니다.

## 태동으로 체크해 보는 태아의 상태

태동은 아기의 건강 상태를 나타내는 신호이기도 합니다. 가끔은 태동이 너무 심해서 걱정하는 임산부들이 있는데, 강하든 약하든 태동이 있는 한 걱정할 필요는 없습니다. 다만 6개월이 지나서도 태동이 없다든가, 갑자기 태아의 움직임이 느껴지지 않는다든가, 오랫동안 조용히 누워 있어도 아기의 움직임을 전혀 느낄 수 없다면 빨리 진찰을 받아 보아야 합니다. 태동은 생명의 경이로움을 느낄 수 있게 해 주는 놀라운 신호이기도 하지만 아기의 건강 상태와 기분을 알려 주는 중요한 메시지이기도 합니다.

# 요통, 줄일 수 있어요



### 요통을 일으키는 원인들

**점점 커지는 자궁의 무게** 아기가 자람에 따라 커진 자궁의 무게가 골반이나 등뼈에 평상시보다 엄청나게 큰 부담을 주게 된다.

**다량의 호르몬 분비** 태반에서 다량의 호르몬이 나와 뼈와 뼈를 연결하는 인대나 골반이 느슨해지는 것도 등뼈에 부담이 된다.

**생활 양식의 변화와 운동 부족** 생활 전반적인 부분에 편리를 추구하고 자동화되면서 몸을 움직여 힘을 기를 수 있는 기회가 줄어들고 운동 부족이 되기 쉽다.

**자세의 변화** 배가 커지면 몸의 중심이 앞쪽으로 옮겨지는데, 이 때 앞으로 넘어지는 것을 막기 위해 자연히 배를 내밀고 몸을 젖혀 균형을 잡으려 하게 된다. 이런 자세 역시 등뼈나 골반에 부담을 준다.

### 요통을 줄이는 방법들

- 걸을 때 허리를 쭉 펴고 등뼈를 똑바로 한다.
- 계단을 오르내릴 때는 한 계단씩 천천히 오르내리고, 손잡이를 잡도록 한다.
- 의자에 앉을 때는 엉덩이를 안쪽 깊숙이 넣는다.
- 하이힐 등 걷기 불편한 신발을 피하고, 굽이 낮고 편한 신발을 신는다.

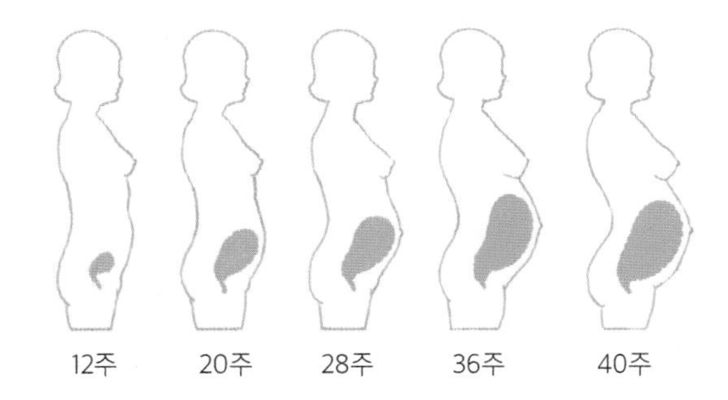

태아가 자랄수록 무게중심이 앞으로 이동한다.

- 체중이 심하게 늘지 않도록 신경을 쓰고, 체조를 꾸준히 한다.
- 부엌일을 할 때 엉거주춤한 자세가 되지 않도록 높이를 조절한다.
- 허리를 따뜻하게 하고, 잠자리에 들기 전 따뜻한 물로 목욕한다.
- 침대 매트리스는 딱딱한 것, 요는 얇은 것, 베개는 단단하고 목의 굴곡과 일치하는 것이 좋다.
- 잠잘 때는 심즈 체위가 효과적이다. (90쪽 참조)

5
개월

알아두세요

# 유방 관리, 이렇게 하세요

**항상 청결하게** 샤워를 할 때 정성 들여 닦고 콜드 크림을 발라 부드럽게 한 후 가제로 닦아내도록 하십시오.

**유관과 유구를 열어 준다** 유구를 여는 것은 샤워할 때 유두에 가볍게 비누칠을 해서 깨끗하게 닦아 주면 됩니다. 유관은 엄지와 검지로 위 아래를 잡고 피아노 치듯 번갈아가며 눌러 주기를 10여 회 반복하면 됩니다.

**유두를 단련시킨다** 엄지와 검지로 유두의 위 아래를 잡고 넷을 셀 동안 잡아당겼다 놓으면 됩니다. 단련된 유두는 아기에게 젖을 먹일 때 갈라지는 것을 막아줍니다.

**편평, 함몰 유두를 치료한다** 유두가 앞으로 나오지 않고 편평한 상태거나 안으로 쏙 들어간 상태라면 아기가 젖을 빨기 힘듭니다. 임신중에 치료가 가능하다면 의사와 상의하여 치료하는 것이 좋습니다. 꾸준한 유두 마사지나 유두 흡입기를 사용하는 것도 효과를 볼 수 있습니다.

## 안락한 수면을 위한 심즈 체위

**기본 체위**
옆으로 누워 위쪽 다리를 구부려 바닥에 붙인다. 배가 바닥에 닿아 안정감이 있다.

**변형 체위 1**
다리 사이에 베개나 쿠션을 끼운다. 발이 안정되어 편하다.

**변형 체위 2**
방석이나 쿠션 위에 발을 얹어 발 위치를 높게 한다. 발이 잘 붓는 사람이나 오랫동안 서서 일한 후 혈액 순환에 좋다.

# 쉽게 할 수 있는 유방 마사지법

유방 마사지는 태반이 안정되는 5개월부터 시작합니다. 샤워를 한 후나 잠자기 전에 하는 것이 가장 효과적이며 심신을 편안하게 한 상태에서 하는 것이 좋습니다.

1. 마사지할 유방을 반대쪽 손으로 크게 감싼다.

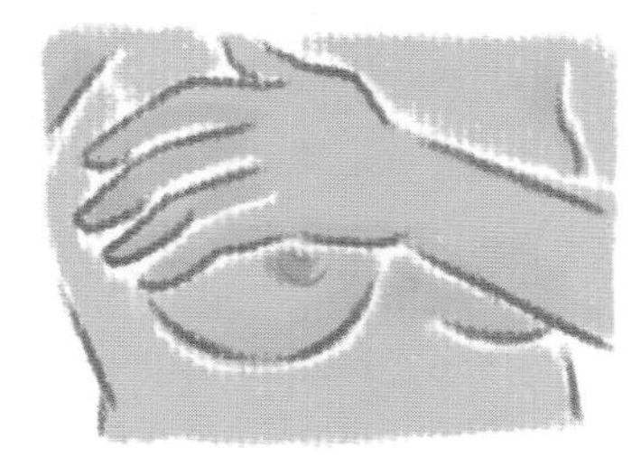

⇨ 다른 손의 엄지를 유방의 옆 부분에 대고, 힘을 주며 팔꿈치를 천천히 내린다.

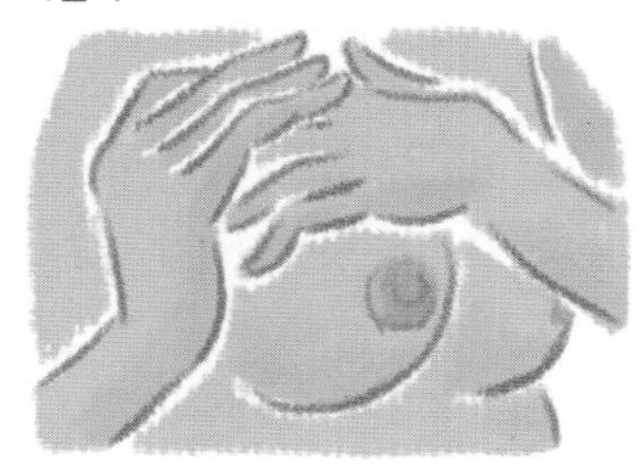

2. 마사지할 유방의 반대쪽 손으로 유방의 옆쪽을 비스듬히 위로 가볍게 떠받치듯 들어올린다.

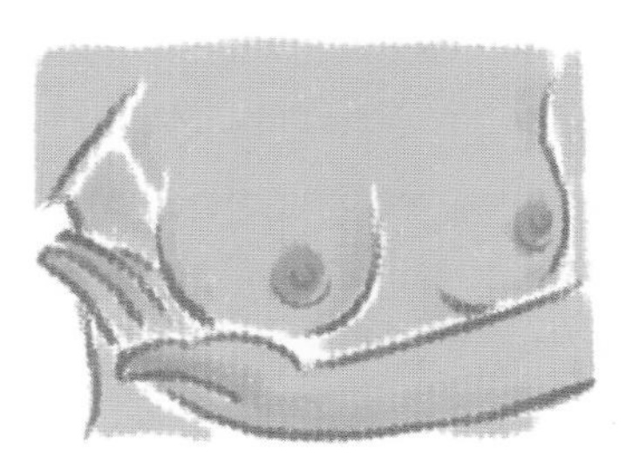

⇨ 다른 손바닥의 볼록한 부분을, 유방을 떠받치고 있는 손의 바깥쪽에 대고 힘을 주면서 팔꿈치를 아래로 내려 유방을 아래서 위로 쓸어올린다.

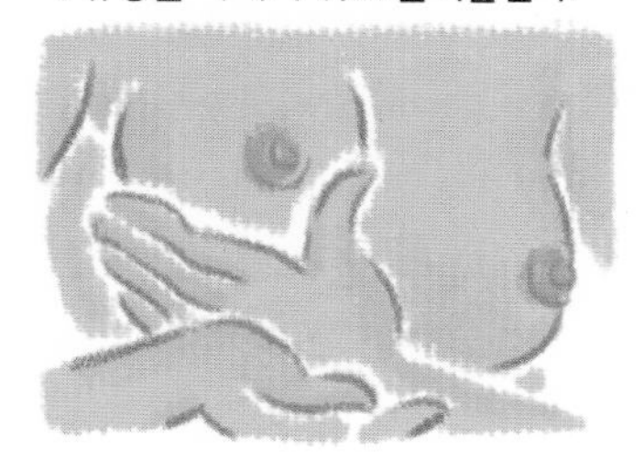

3. 마사지할 유방의 반대쪽 손바닥에 유방을 가볍게 올려놓는다.

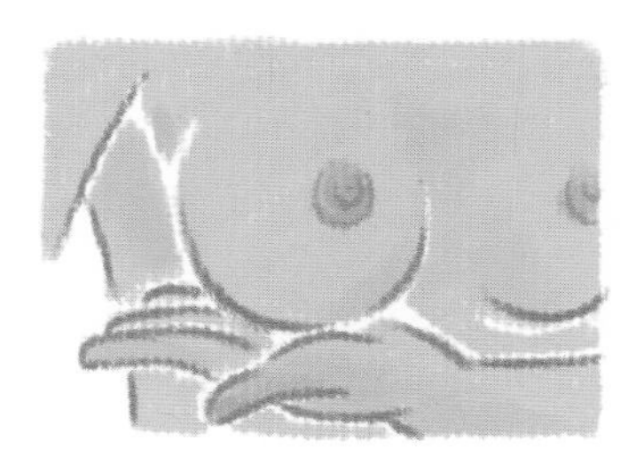

⇨ 다른 손의 새끼손가락이 유방 바로 밑에 오도록 해서 힘을 주어 유방을 가볍게 들어올린다.

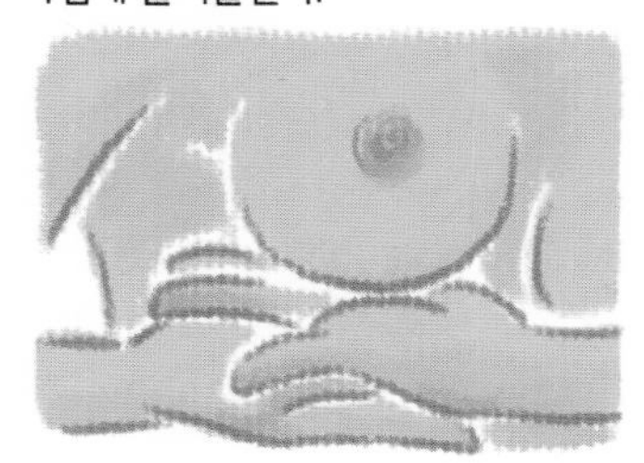

5 개월

아름다운 태교

# 태담 태교, 이렇게 해보세요

태담 태교는 뱃속의 아기와 이야기를 나누는 것을 말합니다. 대부분의 임산부들은 특별히 의식하지 않더라도 태담 태교를 하게 마련입니다. 아기에게 말을 걸면서 임신부들은 정신적인 안정과 태아와의 친밀감을 느끼게 됩니다.

**뇌 세포를 자극하는 좋은 방법**

태아는 임신 4개월이 지나면 청각이 발달하고 뇌에서 기억장치가 발달하기 시작하는데, 이때 뇌 세포의 발달을 돕기 위해서 뇌 세포를 자극하는 방법으로 가장 좋은 것이 태담입니다.

**태명을 지어 주세요**

먼저 부르기 쉽고 정감 있는 태아의 애칭을 지어 부르면서 이야기를 나누세요. 미리 지어 놓은 아기 이름이 있다면 그것을 부르는 것도 좋습니다. 아직 태어나지 않은 아기에게 말을 건다는 것이 어색하게 느껴질 수도 있는데, 아기의 이름을 지어서 부르면 훨씬 자연스럽고 태아가 가깝게 느껴질 것입니다.

**보고 느끼고 생각한 것들에 대해 말해 주세요**

임산부와 태아는 마음의 유대를 가지고 서로에게 영향을 미칩니다. 아기는 어머니를 통해서 세상을 바라보고 있는 것입니다. 뿐만 아니라 출산 후에도 아기는 어머니의 뱃속에서 들은 것들을 기억한다고 합니다. 미국의 한 의학자의 연구에 따르면, 신생아에게 어머니의 심장 소리를 녹음한 테이프를 들려 주었더니 아기가 안정감을 느끼고 울음을 그쳤다고 합니다.

**태아를 친구처럼 생각하세요**

당신에게 좋은 친구가 생겼다고 여기고 태담을 하세요. 우선 아기에게 관심을 가져야지 태담을 나누기 쉽습니다. 아기의 몸짓 하나하나에 신경을 쓰면서 태아의 모습을 머릿속으로 상상해 보세요. 그리고 바로 앞에 있는 친구에게 이야기하듯이 말하세요.

**자연스럽게 이야기를 나눠요**

태담이 중요하기는 하지만 태아에게 많은 것을 가르치려 하거나 일방적으로 많은 내용을 전달하는 것은 좋지 않습니다. 태아가 소화할 수 있는 양만큼만 적절하게 이야기하고, 태아를 교육시킨다는 생각보다는 생활을 함께 나눈다는 생각으로 자연스럽게 이야기하세요.

**동화 태담, 노래 태담도 좋습니다**

배를 쓰다듬으면서 동화책을 읽어 주면 태아와 엄마 사이에 공감대 형성이 쉬워지고 아이에게 상상력과 창의력을 길러 줄 수 있습니다. 밖에서 들려오는 엄마의 목소리를 들으면 태아는 안정감과 즐거움을 느끼며 깊은 신뢰를 쌓습니다. 멜로디가 아름다운 동요나 찬송을 한두 가지 정해서 반복하여 불러 주는 것도 태아의 감수성 발달에 도움이 됩니다.

**남편도 함께 하세요**

연구 결과에 의하면, 태아는 주파수가 낮은 남자의 목소리를 더 잘 듣는다고 합니다. 아기와의 대화는 아기가 정서적으로 안정하는 데 큰 도움이 됩니다. 책을 읽어줄 때는 무뚝뚝하게 하지 말고 구연동화를 하듯 목소리에 감정을 실어서 큰 소리로 읽어 주세요. 또 '맘마, 까까' 등의 아기말로 읽어 주는 것보다, 정확한 발음, 올바른 말씨가 아이의 정서 발달과 올바른 언어 감각 발달에 도움이 됩니다.

### 태동 놀이

임신 8개월 이후부터는 태동이 뚜렷하고 활발하기 때문에 태동을 통해 아기와 엄마가 서로 통신을 주고받을 수 있게 됩니다. 태동이 잘 느껴지지 않는다면 한참 동안 조용히 누워 있어 보세요. 아랫배 쪽에서 움직임을 느낄 수 있을 거예요.

태동 놀이, 이렇게 해 보세요

① 오른쪽 배를 오른쪽 손가락으로 누릅니다.
② 왼쪽 배를 왼쪽 손가락으로 누릅니다.
③ 이 일을 몇 번 반복합니다.
④ 눌린 곳에 아기가 손이나 다리를 대거나 누를 때마다 다리로 차는 등 다양한 반응을 보일 것입니다.
⑤ 배를 두세 번 가볍게 두드린다거나 가볍게 문지르는 등 여러 방법으로 응용하면서 아기와 놀이로 의사소통을 하십시오.
⑥ 아기가 예상대로의 반응을 보이지 않아도 실망하지 마시고 다음 날 다시 시도해 보세요.

임신 중기 태교(5~7개월)

# 외부 자극이 직접 전달되므로 태교의 효과가 높은 시기예요

## 5개월(16~19주)

### 생활이 곧 태교

심하지는 않지만 아랫배에서 희미한 진동을 느낄 수 있을 정도의 태동이 시작됩니다. 이 시기부터는 외부 자극이 태아에게 직접 전달될 수 있습니다. 생활 속에서 다양한 방법으로 태아에게 자극을 주어서 뇌의 발달을 도와주세요. 일상 생활에서 일어나는 모든 일이 태아에게는 좋은 학습 경험이 됩니다.

태아에게 이야기를 건넬 때에는 감정을 섞어서 상황을 실감나게 구체적으로 말해 주세요.

### 엄마의 경험이 그대로 아기에게 전달됩니다

엄마의 뇌를 자극하는 것은 태아의 뇌에 영향을 준다고 알려져 있습니다. 임산부가 학습을 하거나 시각적 자극을 받으면 태아가 그것에 반응하여 학습을 할 수 있다는 것입니다. 그러므로 태아에게만 자극을 주기 위해 노력하는 것이 아니라 임신부 자신의 뇌 활동을 활성화시킬 수 있는 다양한 행위들을 하

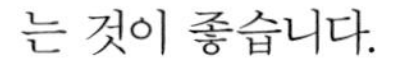

는 것이 좋습니다.

임신부가 손을 움직이는 것은 뇌 자극에 도움이 됩니다. 따라서 손뜨개나 십자수 등을 하는 것은 정신 안정에도 좋고 태아의 뇌 발달에도 도움이 됩니다.

## 6개월(20~23주)

### 노래로 아기와 대화를 나누세요

태아는 5개월 이후에 청각이 어느 정도 발달되어 있는 상태입니다. 따라서 엄마는 노래로 아기와 커뮤니케이션 할 수 있습니다. 태아에게는 멜로디가 밝고 단순한 동요나 가스펠을 불러 주는 것이 좋습니다. 아기는 단순한 반복을 좋아하므로 많은 곡을 차례차례 들려주는 것보다 한 곡이나 두 곡을 반복해서 불러 주는 것이 효과적입니다.

### 작은 천사와 함께 댄스를

리듬에 맞춰서 움직이는 춤은 태아를 자극하는 데 좋을 뿐만 아니라 임신부 자신에게도 즐거운 경험입니다. 춤을 추면서 느끼는 즐거움은 태내의 아기에게 그대로 전해져서, 감정이 풍부한 아이로 자라게 합니다. 춤을 출 때는 운동에 가까운 격한 율동은 피하고 부드럽고 조용한 음악에 맞추어 가볍게 몸을 흔드는 것이 좋습니다.

## 7개월(24~27주)

### 태아도 기억을 저장할 수 있습니다

태아의 두뇌가 발육하는 시기입니다. 태아의 대뇌에 기억을 관리하는 곳이 생기기 때문에 임신 7개월 이후부터는 기억이 남는다고 합니다.

또 7개월부터는 소리를 감지하는 신경회로가 발달하여 엄마의 얇아진 복벽을 통해 태아도 소리를 직접 듣게 됩니다. 따라서 임신부가 큰 소리로 싸우거나 태아의 귀를 거슬릴 만큼 시끄러운 소리를 듣는 것은 좋지 않습니다.

### 엄마가 아프면 아기도 아파요

임신부가 통증을 겪게 되면 태아의 운동이 급격하게 변화한다는 것은 이미 널리 알려진 사실입니다. 7개월쯤 되면 불러 오른 배와 여러 신체적인 변화, 그리고 불면증 등으로 임신부는 정신적, 신체적인 고통을 겪게 됩니다. 몸과 마음이 충분히 휴식하는 것도 아주 중요한 태교입니다. 스트레스를 받지 않도록 주의하고 잡념을 없애 숙면을 취하도록 노력하세요.

## 이렇게 생활하세요

### 몸이 무거워지고 있어요

꾸준히 몸무게를 체크하세요.

일주일에 500g 이상 몸무게가 늘지 않도록 주의하세요.

넘어지기 쉬우므로 굽이 낮은 신발을 신으세요.

### 편안한 생활을 추구하세요

섬유질이 많은 음식으로 변비를 예방하세요.

피로는 그날 그날 푸세요.

한두 사이즈가 큰 속옷을 입어요.

충치 치료를 하고 있었다면 마무리하세요.

### 슬슬 출산 준비를 시작해요

출산용품 리스트를 뽑아 보세요.

출혈이 있을 때는 꼭 진찰을 받으세요.

선배 엄마들의 경험담을 참고하세요.

# 6

# MONTH

## 이제 확실히 임신부 티가 나네요

# 아기 몸은 이렇게 자라요

### 아직 주름이 많고 온몸은 태지와 배냇털로 뒤덮여 있어요

태아의 온몸은 배냇털과 함께 피지선에서 분비된 태지로 뒤덮여 있습니다. 태지는 분비물과 마른 세포가 혼합된 희끄무레하고 끈적한 기름막으로, 분만 때 태아가 좁은 산도를 내려가는 데 윤활유의 역할을 해줍니다.

아직은 피하지방이 부족하기 때문에 온몸에 주름이 잡혀 있습니다.

### 바깥에서 나는 소리도 들어요

이 즈음의 태아는 엄마의 혈관에서 나는 소리, 엄마의 위에서 음식물이 소화되는 소리, 또 엄마의 심장이 뛰는 소리를 모두 듣습니다. 그뿐 아니라 귀가 발달하여 엄마의 태담이나 음악 소리 등 자궁 밖에서 나는 모든 소리를 듣고 불쾌감과 즐거움을 느낄 수 있게 됩니다.

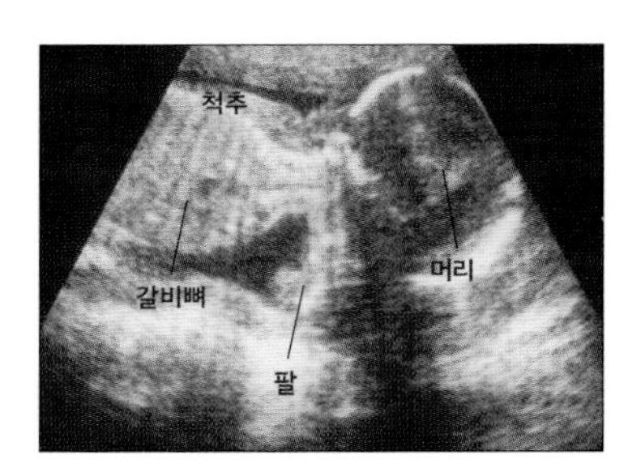

23주된 태아의 옆 모습. 오른쪽에 태아의 머리가 보이고 머리 옆으로 척추와 갈비뼈가 선명하게 보인다.

### 운동량이 많아지고 자세를 이리저리 바꾸기도 해요

눈썹과 속눈썹도 자라나고 머리카락도 짙어집니다. 하품을 하거나 손가락을 빠는 등 얼굴을 움직여 표정과 비슷한 것을 짓기도 하고, 양수가 많아져서 몸의 각 부분을 뻗기도 하며 몸을 이리저리 회전시키고 손발을 활발하게 움직입니다. 손가락으로 탯줄이나 발을 쥐었다 놓기도 합니다.

태아가 거꾸로 있는 경우도 많지만 열심히 움직이기 때문에 29주 이후에는 대개 머리가 아래로 향하는 정상 위치를 잡습니다.

양수를 마시고 오줌을 누기도 합니다.

# 엄마 몸은 이렇게 변해요

**체중이 많이 늘어납니다**

자궁이 많이 커져서 자궁저 높이가 20cm가 넘게 됩니다. 배가 눈에 띌 정도로 나오며 체중도 많이 증가합니다. 자궁이 커지면서 정맥을 압박하여 다리와 외음부에 정맥류가 생기거나 피부가 거무스름하게 변할 수도 있습니다. 정맥류는 하반신에 무리를 줍니다. 오랜 시간 서 있는 일은 삼가고 잠자기 전 다리를 마사지하거나 다리를 높여 휴식을 취하세요.

**확실한 태동을 느끼게 됩니다**

5개월 말에 시작하는 태동은 이 시기가 되면 거의 모든 임산부가 확실하게 느낄 수 있습니다. 이때에도 태동이 없으면 바로 의사에게 진찰을 받으셔야 합니다.

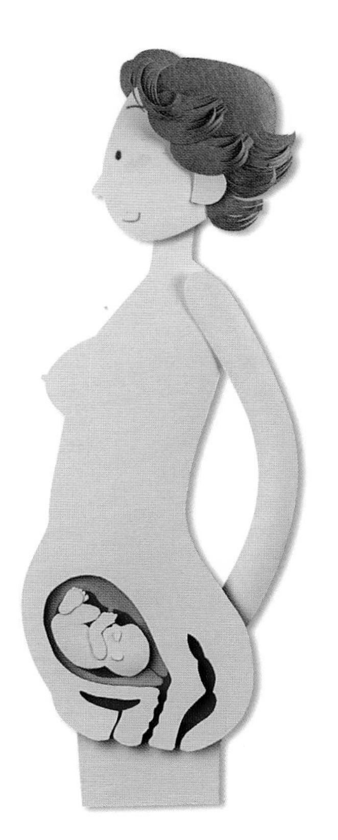

**붉은색 모반이 나타나기도 합니다**

혈관이 확장되기 때문에 얼굴, 어깨, 팔 등에 붉은 색의 모반이 생길 수도 있습니다. 이것은 출산 후에는 없어지는 것이므로 너무 걱정하지 않으셔도 됩니다.

**숨이 차고 땀이 많이 흐릅니다**

갑상선의 활발한 활동으로 인해 평소보다 많은 양의 땀을 흘리고 호흡도 깊게 하기 때문에 숨이 가빠지고 갈증을 자주 느낍니다.

6
개월

생활 메모

# 태동을 관찰합니다

### 태동을 세심하게 관찰한다

임신 20주 전후는 태동을 가장 많이 느끼는 시기입니다. 이 태동을 아기와의 의사소통 수단으로 활용하도록 하세요. 그런데 만일 이 시기에 태동이 없거나 중단되었다면 빨리 의사의 진찰을 받아야 합니다.

### 체중 조절에 신경을 쓴다

식욕도 왕성해지고 몸무게도 늘어나는 시기입니다. 한 달에 2kg 이상 몸무게가 늘었다면 임신중독증이나 고혈압의 위험이 따를 수 있습니다. 따라서 꾸준히 몸무게를 체크해 체크표에 기록하고 비교해 보아야 합니다.

단, 몸매를 위한 다이어트는 금합니다. 임산부의 비만이 몸매 관리 차원이 아니라 태아와 임산부의 건강에 관계된 문제라는 사실을 잊지 마십시오.

### 통증 없는 출혈에 유의한다

이 시기에 통증 없는 출혈이 있다면 전치 태반을 의심해야 합니다. 전치 태반은 태반이 자궁 경부를 막고 있는 것으로 통증 없는 출혈이 특징입니다.

### 남편과 함께 출산용품을 준비한다

출산에 필요한 것과 아기에게 필요한 것들을 알아보고 차근차근 준비하도록 합니다.

### 여행을 떠나 본다

임신 초기에는 위험하기도 하고 입덧 때문에 여행을 하기 어렵습니다. 임신 말기 역시 배가 커지고 무거워져 움직이기 힘들고, 출산 후에도 한동안 어렵기 때문에, 이때가 여행을 하기에 가장 좋은 시기입니다.

# 체중 조절을 위해 칼로리를 줄이세요



## 칼로리를 줄이는 조리법

**육류 요리** 지방이 적은 살코기 부위를 선택한다. 쇠고기와 돼지고기는 기름을 제거한 등심이나 채끝살, 사태 부위가, 닭고기는 다리살보다 가슴살이 지방이 적다.

**닭고기 요리** 껍질을 벗기고 조리한다. 닭고기는 껍질 바로 아래에 지방이 많이 붙어 있다. 따라서 조리 전에 껍질을 벗기면 약 80~120kal 정도를 줄일 수 있다.

**생선 요리** 프라이팬보다 석쇠나 그릴을 이용해 구우면 기름이 빠져 나가 칼로리를 줄일 수 있다.

**기름을 사용한 요리** 기름을 사용해 볶거나 부치거나 튀기는 요리 등은 가능한 피하되, 꼭 필요할 때는 적은 양의 기름으로 조리할 수 있는 코팅 프라이팬을 이용한다. 튀김 요리의 경우 DHA 파괴가 우려되는 생선 튀김이 아니면 튀김옷을 입히지 않고 튀겨 낸다. 전자 레인지를 이용해 튀김요리를 할 수도 있다. 재료에 튀김옷을 입히고 그 위에 약간의 기름을 뿌린 뒤 전자 레인지에서 5~6분 정도 가열하면 맛에 손색 없는 튀김 요리가 된다.

**삶거나 굽거나 데치는 요리** 육류는 조리하기 전에 생강, 파, 마늘 등과 약한 불에서 은근히 삶으면 기름과 냄새를 빼고 요리할 수 있다. 야채도 볶거나 튀기지 말고 뜨거운 물에 데쳐서 먹도록 한다.

**조미료 사용** 소금이나 설탕 등의 조미료에도 칼로리가 많이 들어 있다. 칼로리 문제가 아니라도 소금과 설탕은 가능하면 절제하는 것이 좋고, 사용할 때는 계량 스푼이나 계량컵 등을 정확하게 가늠해서 과다 섭취를 막는다.

6 개월

이 달의 레시피

# 칼로리가 낮은 음식으로 골라 드세요

## 돼지고기와 야채말이 쌈

재료 얇게 썬 돼지고기 600g, 피망 1개, 숙주 300g, 기름 1작은술, 소금 1/2작은술

양념 간장 3큰술, 설탕 2큰술, 참기름 1/2큰술, 양파즙 2큰술, 요리술 3큰술, 생강즙 1/2큰술, 마늘 1큰술, 후추 약간

조리방법

1. 양념을 만들어 돼지고기에 한 장씩 바른다.
2. 숙주는 머리와 꼬리를 다듬고 피망은 가늘게 썬다.
3. 팬에 고기를 한 장씩 굽는다.
4. 뜨거운 팬에 기름을 조금 두르고 숙주, 피망을 살짝 볶아낸다.
5. 그릇에 고기를 한겹씩 깔아 담고 옆에 숙주와 피망 볶은 것을 놓는다.

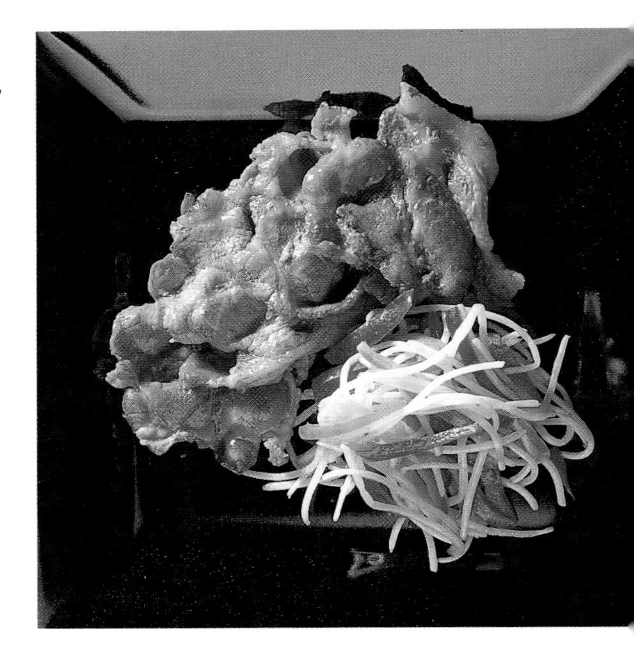

## 닭고기 데리야끼

재료 닭고기(뼈 바른 다리살) 400g, 깻잎 4장, 오이 1/2개, 양파 1/2개, 대파 흰쪽 1/2개

닭소스 간장 1컵, 요리술 1컵, 설탕 1/2컵, 생강 1쪽

겨자소스 겨자 1큰술, 우유 3큰술, 식초 3큰술, 설탕 3큰술, 소금 1작은술, 참기름 약간

조리방법

1. 닭고기는 팬에 기름을 살짝 두르고 앞뒤로 노릇하게 굽는다. 구울 때 흘러나오는 기름은 버린다
2. 팬에 닭소스 재료를 전부 넣고 끓으면, 구워낸 닭고기를 윤기나게 졸여 준다
3. 야채는 모두 곱게 채쳐서 찬물에 한번 깨끗이 씻어 그릇에 보기 좋게 담고, 졸인 닭고기는 한 입 크기로 썰어 옆에 곁들여 낸다
4. 닭고기와 야채를 곁들여 겨자소스에 찍어 먹는다.

## 낙지무침

재료 낙지 3마리, 야채잎 약간, 배 1/4개, 더덕 3뿌리, 오이 1개, 식초, 설탕, 소금 약간

양념장 고춧가루 1큰술, 고추장 1/2큰술, 굴소스 1큰술, 설탕 1/2큰술, 물엿 1큰술, 간장 1큰술, 식초 1/2큰술, 소금 약간, 마늘 1/2 큰술, 깨 1/2큰술, 홍고추채 1개

조리방법

1. 낙지를 데친 후 식초 1/2큰술, 설탕 1/2큰술, 소금 약간으로 30분 가량 간한다.
2. 더덕과 오이를 어슷하게 썰어 식초 1/2큰술, 설탕 1/2큰술, 소금 약간에 밑간을 한 후 물기를 뺀다.
3. 배는 얄팍하게 썬다.
4. 양념장을 만든 후 만들어진 재료와 버무린다.
5. 접시에 야채를 깔고 양념한 재료를 얹는다.

6 개월

체크 포인트

# 아기용품을 준비해 보세요

**♥ 모자와 양말** 신생아는 아직 대천문과 소천문이 닫혀져 있지 않은 상태라서 외출할 때는 반드시 모자를 씌워야 한다. 양말 역시 외출할 때는 반드시 신기도록 한다.

**♥ 기저귀** 신생아용과 유아용으로 나뉘어 있다. 순면 제품으로 넉넉하게 준비한다. 종이 기저귀가 편하기는 하지만 앞으로 아기가 살아갈 환경을 생각해 꼭 필요한 경우에만 사용하는 것이 좋다.

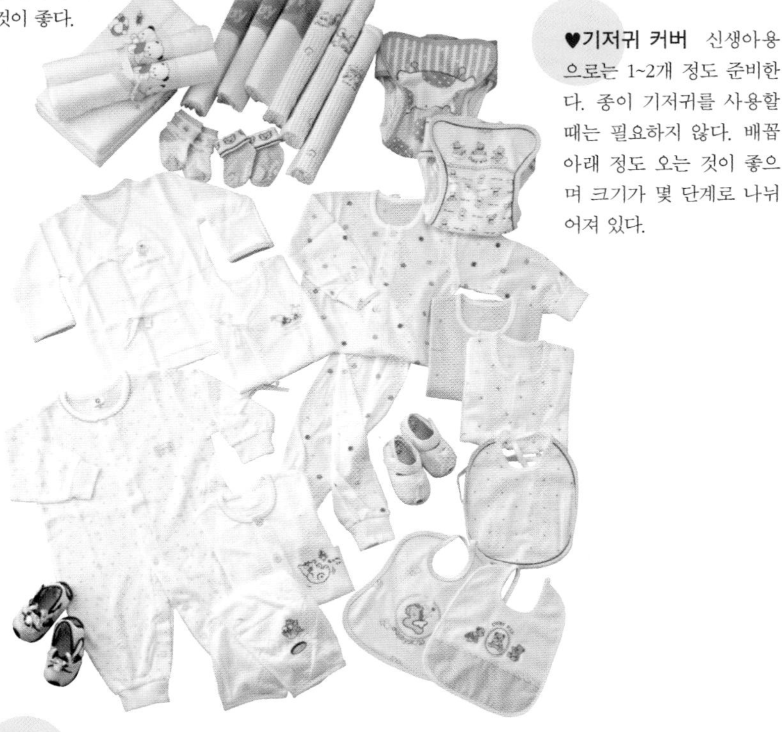

**♥기저귀 커버** 신생아용으로는 1~2개 정도 준비한다. 종이 기저귀를 사용할 때는 필요하지 않다. 배꼽 아래 정도 오는 것이 좋으며 크기가 몇 단계로 나뉘어져 있다.

**♥ 배냇저고리와 배냇가운** 면 100% 제품으로, 솔기는 밖으로 나와 있고 시접과 장식이 없는 단순한 디자인이 좋다.

**♥ 우주복** 밑부분이 똑딱 단추로 되어 있어 기저귀를 갈기가 쉽다. 내의 겸 실내복으로 백일까지 가장 편하게 입을 수 있는 옷이다.

**♥ 턱받이** 신생아는 하루에도 2~3장 정도 갈아 주어야 하기 때문에 넉넉하게 준비해도 좋다.

♥ **속싸개, 겉싸개, 보낭** 속싸개는 아기의 온몸을 감싸 안정감을 느끼게 해 줄 때, 겉싸개는 보온용으로 사용한다. 두 가지 다 순면 제품으로 하고 외출할 때는 두 가지를 다 사용하도록 한다. 겨울에는 두툼한 보낭을 쓰도록 한다.

♥ **아기띠** 아기띠에는 목을 못 가누는 아기도 사용할 수 있도록 목 받침대가 따로 달려 있다. 여름과 겨울용이 따로 있으므로 계절을 따져 선택한다.

♥ **포대기** 아기가 목을 가눌 수 있을 때부터 사용한다. 길이가 짧은 것과 긴 것, 두 종류가 있다.

♥ **이부자리** 가벼우며 보온이 잘 되는 것을 선택한다. 흡습성이 좋은 면 소재를 선택하되, 엎어 재울 경우는 너무 푹신하지 않은 것이 좋다.

♥ **체온계** 신생아가 있는 집에 체온계는 거의 필수품이다. 아기의 체온이 수시로 변하기 때문이다. 수은 체온계보다 전자 체온계가 보기 편하다.

♥ **분유 케이스** 한 번 먹을 분량씩 담을 수 있고, 단을 조절할 수 있도록 되어 있어서 외출할 때 편리하다. 밤중에도 미리 적당한 양을 덜어둘 수 있다.

♥ **소독기 세트** 소독기, 브러시, 집게가 한 세트로 되어 있다. 구입하면 편하기는 하지만 커다란 냄비를 사용해도 상관없다.

♥ **우유병** 모유를 먹일 경우라도 최소한 2~3개는 준비해야 하며, 분유를 먹일 경우는 4~5개 이상 준비해야 한다. 표면이 매끄러운 것을 선택한다.

♥ **유축기** 모유를 먹이는 경우, 다음번 젖이 잘 나오게 하기 위해 남은 젖을 짜낼 때 사용한다. 그래야 젖몸살을 막고 항상 신선한 젖을 먹일 수 있다.

♥ **로션과 오일** 향이 강하지 않은 유아 전용 제품을 사용한다. 아기 마사지용 오일도 필요하다.

♥ **목욕 타월** 아기 몸 전체를 충분히 감쌀 수 있는 크기에 톡톡하고 포근한 제품을 선택한다.

♥ **물휴지** 물휴지는 아기가 변을 보고 난 후에는 물론이고 여러 모로 유용하게 쓰일 수 있다.

♥ **목욕 그네** 아기 욕조에 걸고 그 위에 아기를 얹어 놓은 채 목욕시키는 아이디어 제품이다. 혼자서 목욕시킬 때 편리하다.

6 개월

체크 포인트

# 임신중 여행, 지금이 좋아요

## 어떤 곳을 선택할까요?

임신 초기에는 입덧이나 유산의 위험 등 여러 가지 문제들이 많아 여행을 다녀오기 힘들었지만, 이제 안정기에 접어들었으므로 무리하지 않는 선에서 가벼운 여행을 하는 것도 좋습니다. 여행지는 가능한 한 자연을 만끽할 수 있는 장소를 찾아보세요. 또 평소 좋아하거나 먹고 싶었던 음식을 먹으로 가거나, 기분 전환과 태교에 도움이 되는 교외의 미술관, 박물관 등도 권할만 합니다.

## 여행을 위해 알아두어야 할 것들

**여행 시기는 임신 중기인 4~7개월 중으로 한다** 보통 임산부의 경우 이때가 가장 안정기라고 할 수 있습니다.

**여행을 떠나기 전 반드시 의사와 상의한다** 건강 상태에 따라 여행 목적지가 달라질 수 있습니다. 몸의 상태와 주의사항을 미리 알아보십시오.

**기분 전환을 할 수 있는 정도의 거리에 있는 장소를 택한다** 자동차로 4~5시간 이상 걸리는 여행지는 피하십시오.

**여행지와 코스에 따라 적절한 교통 수단을 택한다** 가급적 흔들림이 없는 교통 수단을 이용하고, 단체 여행이나 혼잡한 여행지는 피하십시오.

**가는 도중에 자주 쉬도록 한다** 1~2시간마다 10~20분 정도 쉬면서 가볍게 몸을 풀어 주는 것이 좋습니다.

**옷과 신발은 편안한 것으로 준비하고 카디건처럼 걸칠 수 있는 여벌 옷을 준비한다** 여름에는 챙 넓은 모자나 양산 등을 챙겨 가십시오.

**해외 여행은 출산 후로 미룬다** 국내 여행 정도는 비행기를 이용하는 것도 안전하다고 알려져 있습니다.

알아두세요

# 전자파, 가능하면 피해요

현대 생활의 필수품인 가전제품과 휴대폰은 유용한 도구지만 전자파 노출을 피할 수 없습니다. 전자파가 태아에게 직접적으로 심각한 영향을 미친다는 보고는 아직 없지만, 시력 감퇴와 두통, 불면증 등 전자파가 인체에 해로운 영향을 준다는 것을 밝혀져 있습니다. 일상에서 사용하는 전자기기는 가능한 전자파에 덜 노출되는 방식으로 사용하는 것이 좋습니다.

- 휴대폰을 사용할 때는 귀에서 멀리 두는 것이 좋으므로 이어폰이나 블루투스를 이용한다. 전화가 걸리는 순간에 전자파가 많이 발생하므로 통화가 연결된 후에 귀에 대고 통화하는 것도 전자파를 피하는 방법이다.
- TV는 1m 이상 떨어져 시청하고, 침실에는 가능한 오디오나 TV 등 가전 제품을 두지 않도록 한다.
- 사용하지 않는 전자제품의 플러그는 콘센트에서 빼두는 것을 습관화한다.
- 전자파를 차단하는 멀티탭을 사용한다.
- 전자레인지가 작동 중일 때는 정면에 있지 않도록 하고, 문을 열 때는 방출되는 전자파를 피해 옆으로 비켜 서서 열도록 한다. 전자파 차단 전자레인지를 구입하는 것도 방법이다.
- 세탁기가 작동할 때는 멀리 떨어져 있는다.
- 청소를 할 때는 치워야 할 물건들을 먼저 정리한 둔 뒤 진공청소기는 짧게 사용한다.
- 헤어 드라이어도 멀리 떨어뜨려 짧게 사용한다.
- 전기장판 같은 침구류를 사용할 때는 그 위에 가능한 두터운 패드를 깔고 사용한다.
- 임신중에는 가급적 운전을 하지 않는다. 자동차는 시동을 걸 때 전자파가 많이 방출된다.
- 컴퓨터는 데스크탑 컴퓨터보다 배터리를 충전해 사용하는 노트북을 사용한다. 컴퓨터는 장시간 사용을 피하고, 40~50분 작업한 다음 10분 정도는 일어나서 잠시 실내를 걷거나 쉰다.
- 프린터나 복사기 같은 기기를 사용해야 할 때는 가능한 멀리 떨어져 사용하고, 특히 작동하면서 열을 발생시키는 기기 뒤편에 있지 않도록 한다.

## 이렇게 생활하세요

### 몸이 많이 무거워요

균형을 잡기 어려우므로 걸을 때 조심하세요.
다리가 땅기지 않도록 수시로 마사지해 주세요.
오래 서서 일하면 무리가 갈 수 있어요.

### 충분한 휴식을 취하세요

피곤하지 않도록 주의하세요.
칼로리와 당분, 염분의 섭취량을 줄이세요.
오래 서 있거나 오래 앉아 있지 마세요.
철분·고단백 식품 섭취에 신경쓰세요.

# 7
# MONTH

몸이 많이 무거워져요

7 개월

# 아기 몸은 이렇게 자라요

### 몸 전체를 컨트롤할 수 있는 능력이 생겨요

이때쯤 되면 태아의 뇌가 온몸을 컨트롤할 수 있을 정도로 성장하고 척수, 심장, 간장들도 거의 발달된 상태입니다. 그래서 양수 안에서 자기가 원하는 대로 몸의 방향을 돌릴 수 있답니다.

### 눈꺼풀을 깜박이고, 눈동자를 움직여요

눈꺼풀이 상하로 나뉘어 있어서 눈을 깜박일 수 있고 눈동자를 이리저리 굴리기도 합니다. 또 아직 눈이 확실히 보이지는 않지만 명암을 느낄 수 있을 정도로 시각이 발달합니다.

### 얼굴은 아직 주름투성이에요

태아는 1kg 정도의 체중을 지니게 되며 키는 35cm 정도입니다. 아직 피하 지방이 충분하지 않기 때문에 태아의 얼굴은 주름투성이의 노인같이 보입니다. 또 태아의 피부가 불그스름해지고 불투명해집니다.

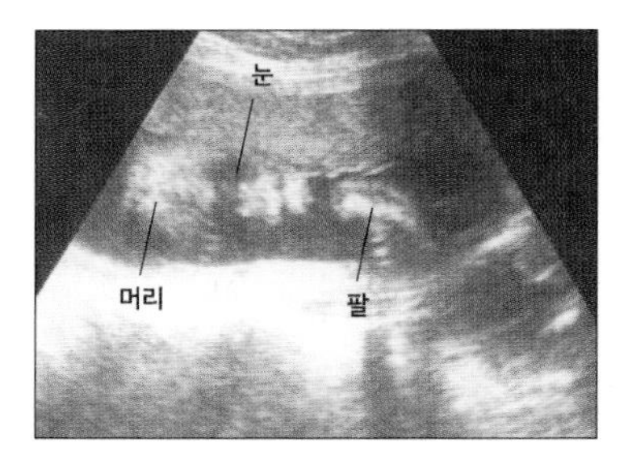


25주된 태아의 옆 얼굴. 왼쪽에 태아의 머리와 두 눈이 아래쪽을 향하고 있고 오른쪽에 태아의 팔이 보인다.

### 바깥 소리가 잘 들려요

엄마의 배가 팽팽하게 늘어나 있는 상태이고 자궁 벽이 얇아져 태아는 바깥 소리를 듣기 더 쉬워집니다. 그리고 이때 태아의 청각은 더욱 발달하여 바깥 소리를 구분해 들을 수 있는 능력이 생깁니다. 그래서 자주 듣던 음악 소리나 엄마의 목소리에 반응을 보입니다.

# 엄마 몸은 이렇게 변해요

**배가 너무 커져서 서 있을 때 발이 안 보여요**

배가 커지면서 몸의 무게중심이 앞으로 쏠리게 됩니다. 그것을 바로잡기 위해 몸을 뒤로 젖히고 걷게 되는데, 이런 자세는 요통을 일으킬 수 있으므로 바른 자세로 걷도록 노력합니다.

또 늘어난 체중 때문에 다리에 무리가 가서 저리거나 붓고 또 쥐가 나기도 합니다. 몸이 무거워져서 활동하는 데 어려움을 느낍니다.

**배에 손을 대면 태동이 느껴져요**

태동이 점점 심해지기 때문에 이 시기에는 다른 사람이 임신부의 배에 손을 대도 태아의 태동을 느낄 수 있을 정도가 됩니다.

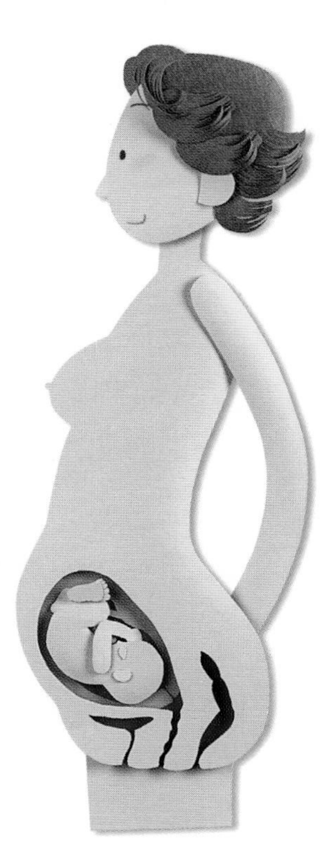

**소화가 잘 안 돼요**

태아가 성장하고 자궁이 커지면서 자궁이 갈비뼈를 밀어내고 위로 올라옵니다. 그래서 갈비뼈에 통증이 생기기도 하고 자궁이 위장을 압박하여 소화가 잘 안 되고 속쓰림을 느낍니다. 자궁 근육이 확장되어 아랫배가 따끔거릴 때도 있습니다.

**보라색의 임신선이 생겨요**

양수의 증가로 자궁이 확장됨에 따라 배가 갑자기 커지기 때문에 피부가 터져 배 주위에 붉은 기가 도는 보라색의 임신선이 생깁니다. 임신선은 배뿐만 아니라 유방이나 허벅지 등 살이 갑자기 많이 찌는 부위에도 생길 수 있습니다.

7
개월

생활 메모

# 조산 예방에 신경 쓰세요

### 조산에 주의한다

임신 20주에서 37주 미만 사이에 출산하게 되는 것을 조산이라고 합니다. 특히 이 시기의 조산은 태아의 생존에 치명적이므로 이상 임신으로 인한 조산의 위험이 없는 임산부라 하더라도 조산 예방에 신경을 써야 합니다. 특히 쌍둥이의 경우는 조산의 위험이 있으므로 더욱 조심해야 합니다.

### 몸과 속옷을 청결히 한다

임신중에는 신진대사가 활발해져서 땀이나 분비물이 많아져 불쾌해지기 쉬우므로 매일 가볍게 샤워하는 것이 좋습니다. 또 정기 검진 등으로 옷을 벗을 기회가 많으므로 속옷 역시 항상 청결히 해야 합니다.

### 평소 자세를 바르게 하고 꾸준히 체조한다

7개월부터는 체중이 급격히 증가하기 때문에 등이나 허리, 다리, 발에 통증이 생기거나 피로를 느끼기 쉽습니다. 바른 자세의 기본은 턱을 당기고 목에서부터 등뼈를 쭉 펴고 배가 나오지 않도록 엉덩이를 죄어 주는 것입니다. 걸을 때는 머리를 들어올리고 너무 뒤로 젖혀지지 않도록 하면서 발꿈치부터 내딛도록 하세요.

### 피부와 미용에도 신경을 쓴다

임신중에는 호르몬의 영향으로 피부가 거칠어지고 트러블이 생겨 여드름이나 잡티 등이 생기기 쉽습니다. 안정기에 접어든 때부터는 여유를 가지고 피부와 화장 등에도 신경을 쓰도록 하십시오.

식생활 포인트

# 일정한 양을 천천히 드세요

### 염분과 수분을 제한한다

누누이 강조해왔지만 임신중 염분의 과다 섭취는 임산부와 태아에게 좋지 않은 영향을 미칩니다. 특히 임신 후기로 접어들면 임신중독증의 위험도 있고 신장 기능도 저하되기 쉬우므로 염분과 수분의 양을 제한해야 합니다. 요리를 할 때 염분의 양을 최소화하는 조리법을 찾아 보는 것이 좋습니다. 샐러드는 레몬이나 식초를 주로 사용하고, 면류는 국물을 많이 마시지 않도록 하며, 재료 자체의 풍미를 살려 요리하는 것도 좋은 방법입니다. 과식하지 않고 규칙적인 시간에 식사를 하도록 하십시오. 과식을 하거나 배가 고팠다가 음식을 먹게 되면 갈증이 생겨 물을 많이 마시게 되기 때문입니다.

### 밤 시간에 먹는 것을 제한한다

저녁 식사는 정해진 시간에 하되 가능하면 일찍 끝내도록 하십시오. 밤 늦게 먹은 음식은 소화가 잘 되지 않아 전부 피하지방으로 쌓이게 되고 체중이 늘어 임신중독증을 불러올 수도 있습니다. 남편의 귀가 시간이 늦다면 저녁 시간을 굳이 맞추려 하지 말고 먼저 식사하는 습관을 들이도록 하십시오. 소화가 잘 안 되는 경우에는 조금씩 나누어서 먹도록 하고, 닭고기 가슴살, 흰살 생선, 달걀, 사과 등을 수시로 식단에 포함시키는 것이 도움이 됩니다.

### 천천히 꼭꼭 씹어 먹도록 한다

식사를 빨리 하게 되면 포만감을 느끼지 못해 자신도 모르는 사이에 과식하게 되는 경우가 많습니다. 따라서 과식으로 인한 수분 과다 섭취와 체중 증가 등을 막기 위해서는 천천히 꼭꼭 씹어 먹는 습관을 들여야 합니다. 음식을 오래 씹으면 포만감을 쉽게 느끼고 위의 부담을 줄일 수 있습니다. 음식을 빨리 먹는 습관이 있는 사람들은 천천히 먹는 것이 쉽게 되지 않기 때문에 의식적으로 노력하는 기간이 필요합니다. 음식을 씹으면서 마음속으로 30~50 정도까지 숫자를 세면서 씹는 연습을 계속하면 익숙해질 수 있습니다.

7

개월

이 달의 레시피

# 영양의 균형을 생각하세요

## 소고기구이와 야채무침

재료 소고기 300g, 양송이버섯 10개, 피망 2개, 녹말 약간, 잣가루, 식용유 1큰술

야채무침 대파 1/2대, 오이 1/2개, 배 1/4개, 대추 약간, 식초 1큰술, 설탕 1큰술, 다진 마늘 1작은술, 소금 1/2작은술, 깨 약간

양념

소고기 밑간: 배즙 1큰술, 양파즙 1큰술, 청주 1작은술, 참기름 2작은술

소고기 양념: 간장 2큰술, 마늘 1큰술, 배즙 1큰술, 참기름 1큰술, 후추 약간, 꿀 1큰술, 청주 1큰술

양송이버섯 양념: 간장 1큰술, 설탕 1/2큰술, 후추 약간, 배즙 1큰술, 양파즙 1큰술

조리방법

1. 고기를 한 입 크기로 썰어 '소고기 밑간'으로 30분 이상 재운 뒤 살짝 굽는다.
2. 양송이버섯은 팬이 달구어지면 식용유를 두르고 볶다가 '양송이버섯 양념'으로 양념해 간한다.
3. 피망은 적당히 썰어 놓는다.
4. 팬에 '소고기 양념'을 넣고 끓으면 고기를 넣고 볶다가 양송이버섯, 피망을 같이 넣고 볶는다. 그 후 녹말가루로 마무리하고 잣가루를 뿌린다.
5. 야채를 무쳐서 같이 곁들인다.

## 아구찜

재료 아구 700g, 미더덕 200g, 콩나물 400~500g, 대파 1대, 미나리 200g, 고추 3개, 전분 2큰술, 찹쌀 4큰술, 물 1½컵

아구 양념 고운 고춧가루 1½큰술, 굵은 고춧가루 3큰술, 다진 마늘 3큰술, 생강즙 1작은술, 혼다시 2작은술, 설탕 2작은술, 청주 2큰술, 참기름 2큰술, 다시다 1큰술

소스 고추냉이(와사비) 2작은술, 무즙 2작은술, 간장 2큰술, 식초 2큰술, 설탕 1~2작은술

조리방법

1. 아구는 손질하여 물기를 뺀 다음 아구 양념장에 재운다.
2. 냄비에 물 1½컵과 미더덕을 넣고 양념된 아구를 넣어 10분 가량 끓인다.
3. 콩나물과 대파, 미나리, 고추를 넣고 끓이다가 전분과 찹쌀을 넣어 걸쭉하게 만든 다음 참기름으로 마무리한다
4. 소스에 찍어 먹는다.

## 일본식 스테이크

재료 소고기 안심 또는 등심 2조각, 버터 약간, 당근·파슬리 약간

소고기 밑간 와인 1큰술, 간장 1작은술, 설탕 1작은술, 후추 약간, 녹말 2작은술

소스 케첩 2큰술, 우스타소스 1큰술, 간장 1작은술, 설탕 1작은술, 소금·후추 약간

조리방법

1. 소고기는 1.5cm 정도 두께로 썬다.
2. 소고기를 '소고기 밑간'으로 양념한다.

7
개월

체크 포인트

# 조산, 충분히 예방할 수 있어요

임신 20주부터 37주 사이에 아기가 태어나는 경우를 조산이라고 합니다. 조산은 신생아 사망 원인 중 50% 정도를 차지하고 있는데, 아기의 체중이 생존을 결정하는 가장 중요한 기준이 됩니다.

## 조산의 증세

조산은 말 그대로 예정일보다 일찍 출산을 하는 것이므로 출산과 비슷한 증세를 보입니다. 규칙적인 자궁 수축으로 인한 진통과 배가 땅기는 증세가 점점 강하고 규칙적으로 나타납니다.

## 조산의 원인

**조기 파수** 파수는 출산을 위해 양수가 난막을 터뜨리고 나오는 것을 말합니다. 보통 진통이 시작되어 혈액이 섞인 이슬이 비치고 자궁 경부가 열린 다음에 일어나곤 하는데, 조기 파수는 진통이 없이 파수 현상이 일어나는 것을 말합니다.

**자궁 경관 무력증** 자궁 경관의 긴장 상태가 좋지 않은 것으로 조기 파수를 일으킬 수 있고, 습관성 조산을 반복할 가능성이 많습니다. 따라서 임신 중반기에 몇 번의 조산 경험이 있는 사람은 임신 14~19주 사이에 경관 봉축술을 받아서 출산을 늦추도록 해야 합니다.

**임신중독증** 임신중독증에 걸리면 태반의 활동에 이상이 일어나 태아가 산소와 영양을 충분히 공급받기 어렵게 됩니다. 그로 인해 태아가 태내에서 계속 성장할 수 없게 되어 조산이 일어납니다.

**임산부 질환** 임산부가 당뇨병, 심장병, 고혈압 등의 합병증을 앓고 있거나 과거 병력이 있는 경우에도 조산될 가능성이 높습니다. 이와 같은 병력이 있는 임산부는 전문의에게 정밀 진단을 받아야 합니다.

그 밖에도 다태 임신, 양수 과다증, 전치 태반, 자궁 근종 등이 있을 경우에도 조산의 위험이 있습니다.

## 조산을 예방하려면

**배를 심하게 부딪히지 않도록 조심하세요** 계단 등을 오르내릴 때나 사람이 너무 많은 곳을 다니면서 배를 심하게 부딪히지 않도록 조심하십시오. 계단을 오르내릴 때는 반드시 난간을 잡고 다니고, 사람이 많이 붐비는 시간에는 외출하지 않도록 하십시오.

**과로하지 마세요** 임신 기간 중 절대 피해야 할 것이 과로입니다. 특히 후반기에 들어서의 과로는 조산의 위험을 불러올 수 있습니다. 하루 종일 서서 하는 일이나 늦게까지 하는 야근은 피하도록 하세요. 근무중에 피로감이 들면 상사나 동료들에게 양해를 구하고 쉬어야 합니다.

**장거리 여행이나 과한 운동은 삼가하세요** 장거리 여행은 긴장과 스트레스를 가중시키므로 피하는 것이 좋습니다. 또 장시간 하는 스포츠나 힘든 운동도 몸에 무리가 갈 수 있으므로 삼가야 합니다. 물론 근육을 풀어 주는 체조 같은 적당한 운동은 출산에 도움이 됩니다.

**성 생활에 주의하세요** 임신 후반기의 성 생활은 몸에 상당히 무리가 가는 일입니다. 또 자궁 입구가 부드러워져 있어 조기 파수나 감염 등을 일으킬 수 있으므로 임신 후기의 성 생활은 자제하는 것이 좋습니다.

**아무리 강조해도 지나치지 않는 휴식** 조산을 막기 위해 무엇보다 중요한 것이 휴식입니다. 평소 하는 일에 무리가 따르지 않도록 하고 중간 중간 충분한 휴식을 취해 주어야 합니다. 더불어 스트레스를 받지 않는 정신적 휴식도 중요합니다.

**임신중독증을 경계하세요** 무엇보다 임신중독증에 걸리지 않도록 염분이 든 음식을 삼가하세요. 임신중독증의 우려가 있을 때에는 신장의 부담을 줄이기 위해 수분 섭취도 줄일 필요가 있습니다.

7 개월

알아두세요

# 임신중 미용, 청결하고 건강하게

## 임신중 마사지법

일주일에 2~3번 정도는 정기적인 마사지를 하는 것이 좋습니다. 마사지를 하기 전에 스팀 타월로 얼굴 전체를 감싸 피부를 부드럽게 한 후, 3분 정도 마사지를 하고 마사지 후에는 찬물로 마무리해 줍니다.

## 피부 변화와 손질법

**기미, 주근깨, 잡티 등 색소 침착** 기미와 주근깨를 예방하려면 무엇보다 자외선을 피하는 것이 급선무입니다. 따라서 외출할 때는 반드시 자외선 차단제를 사용하도록 하고, 여름철에는 챙이 넓은 모자나 양산을 쓰도록 하십시오. 충분한 수면과 스트레스를 받지 않는 것도 중요합니다. 그러나 기미 치료제는 호르몬 계통의 원료를 사용하므로 임신중에는 사용하지 않도록 하십시오.

**심해지는 여드름** 여드름 예방에 가장 좋은 것은 피부를 청결하게 하는 것입니다. 세안을 할 때는 딥 클렌징 제품을 사용하고, 일주일에 한두 번 정도는 청결 효과가 좋은 필링 제품을 사용하고 마스크 팩을 일주일에 2~3회 정도 추가해 주십시오.

**화장품 알레르기** 임신 전에 아무 이상 없이 사용하던 화장품이 임신 후 알레르기 반응을 일으킬 수 있습니다. 이런 때는 그 화장품을 중단하고, 향이 없고 자극이 적은 화장품을 사용하도록 하십시오. 그래도 피부 알레르기가 계속된다면 화장품 사용을 당분간 중지해야 합니다.

**번들거리는 피부 주변에 일어나는 각질** 피지선이 많은 곳은 임신으로 인한 호르몬 분비로 피지 분비가 왕성해져 피부가 번들거리게 되는데, 그런 중에도 피지 분비가 적은 볼과 입 주위는 건조해지기 쉬워 각질이 생깁니다. 각질을 방지하기 위해서는 충분한 수면을 취해 피부에 활력을 주는 것이 급선무입니다. 보습 효과를 주는 스팀 타월을 해주는 것도 좋은 방법입니다.

## 자연팩 만들기

### 양파 팩

양파 팩은 햇볕으로 인해 생긴 기미에 효과적이다. 양파 한 개를 곱게 다져서 병에 담고 백포도주 1컵을 부어 뚜껑을 꼭 닫아 둔다. 약 8일쯤 두었다가 체에 가제를 깔고 이중으로 걸러내 화장수처럼 사용한다. 아침, 저녁으로 기미, 주근깨가 생긴 부분에 바르고 손으로 두드려 준다.

### 레몬 우유 팩

레몬 우유 팩은 기미, 주근깨 예방과 해소에 큰 효과가 있다. 레몬즙 1큰술, 우유 2큰술을 잘 섞어 손끝으로 가만히 펴 바른 후 10분쯤 두었다가 씻어낸다.

### 밤껍질 팩

밤껍질 팩은 잔주름을 없애주고 피부에 탄력을 준다. 잘 마른 밤 껍질을 곱게 빻아서 냉동실에 넣어 두었다가, 한 번에 한 스푼 정도를 요구르트와 잘 섞어 얼굴에 펴 바른 후, 마르면 미지근한 물로 씻는다.

## 남편이 해주는 피로를 풀어주는 마사지법

관자놀이를 눌러준다.

귓바퀴와 뒷머리를 눌러준다.

목부분을 마사지한다.

임신 6개월 정도가 되면 임신부는 눈에 띄게 배가 불러오고 체중이 증가하기 때문에 허리와 등이 아프기 시작합니다. 또한 쉽게 피로함을 느끼고 때로는 장딴지 같은 부분에 경련이 일어나기도 합니다. 이런 경련은 주로 밤에 자다가 혹은 다리를 펼 때 일어나며 고통이 심합니다. 이런 때에는 남편이 아내의 다리를 주물러 주고, 다리를 높이 들게 하여 혈액 순환을 원활히 하도록 도와주세요.

28~31
주

## 이렇게 생활하세요

### 조산에 주의하세요

배가 뭉치거나 땅길 때는 무리하지 말고 쉬세요.

장거리 여행은 삼가세요.

넘어지거나 부딪히지 않도록 주의하세요.

몸을 구부리는 일은 삼가세요.

### 출산 준비를 미리 해 두세요

조산에 대비해서 입원용품과 출산용품을 미리 준비해 두세요.

항상 몸을 깨끗이 하세요.

자연 분만을 위해 체조나 호흡법을 연습하세요.

# 8

# MONTH

부종이 심해지지 않게 주의하세요

8
개월

# 아기 몸은 이렇게 자라요

### 세상에 나올 자세를 취해요

태아는 출산 때를 대비해서 머리는 골반 아래로 향하는 자세를 취하게 됩니다. 이미 양수의 양이 최대치로 늘어났는데 태아는 계속 크게 자라나서 자궁은 태아가 움직이기에는 좁은 공간입니다. 따라서 태아는 움직임을 서서히 줄이게 됩니다.

이 시기가 되면 눈꺼풀이 열려서 눈을 뜰 수 있습니다. 눈썹과 속눈썹도 완전한 형태로 생깁니다.

### 바깥의 소리를 모두 듣고 있어요

청각이 거의 완성되어 바깥 세계의 소리를 거의 들을 수 있습니다. 그래서 물건이 떨어지는 소리 같은 강한 소리가 들리면 놀라면서 몸을 움찔하기도 하고, 엄마의 말소리를 듣고 엄마의 기분을 알아차릴 수 있을 정도로 예민해집니다.

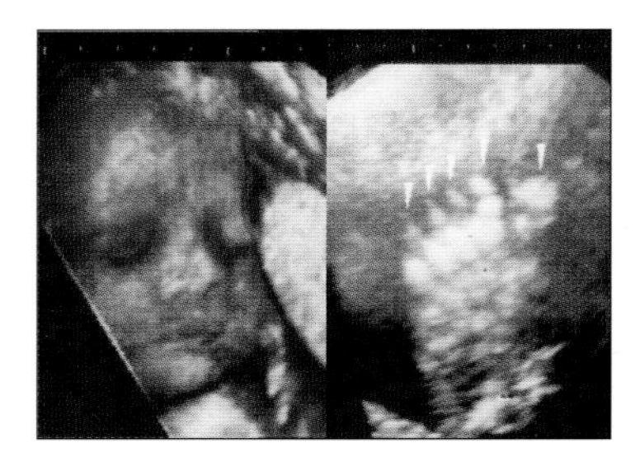

28주 된 태아의 얼굴(왼쪽)과 발바닥(오른쪽). 태아의 눈·코·입이 선명하게 보이고 발바닥 역시 발가락 다섯 개를 확실히 볼 수 있다. 3D(입체) 초음파 사진

### 조금씩 호흡 연습을 시작해요

아직 폐의 기능은 완전하지 않고 탯줄을 통해 엄마로부터 산소를 공급받습니다. 그렇지만 폐를 부풀려 숨을 들이쉬는 등 출산 후를 대비해 호흡 연습을 시작합니다.

이 시기에 조산이 되어도 생존할 가능성이 높지만, 아직 폐가 발달하지 않았고 각 기관이 완성되지 않았기 때문에 인큐베이터의 도움을 받아야만 합니다.

**가슴이 답답하고 체한 듯한 느낌이 들어요**

자궁이 28cm 가까이 커져서 명치와 배꼽 중간까지 치밀어 올라옵니다. 자연히 위와 심장이 압박을 받게 되므로 음식을 먹으면 항상 체한 것처럼 거북하고 가슴이 답답하며, 조금만 움직여도 숨이 차게 됩니다.

**걷기도 힘들어요**

체중의 증가로 몸의 중심을 잡기가 더욱 힘들어집니다. 걷는 데 어려움을 느끼고 쥐도 잘 나며 팔다리가 붓거나 저리는 증세가 있습니다. 저녁 무렵에 몸이 붓는 것은 정상이지만, 아침부터 얼굴이 붓거나 하루 종일 부어 있다면 임신중독증이 의심되므로, 병원에 가서 검사를 받아야 합니다. 요통이 심해지고 수면 장애가 일어나기도 합니다.

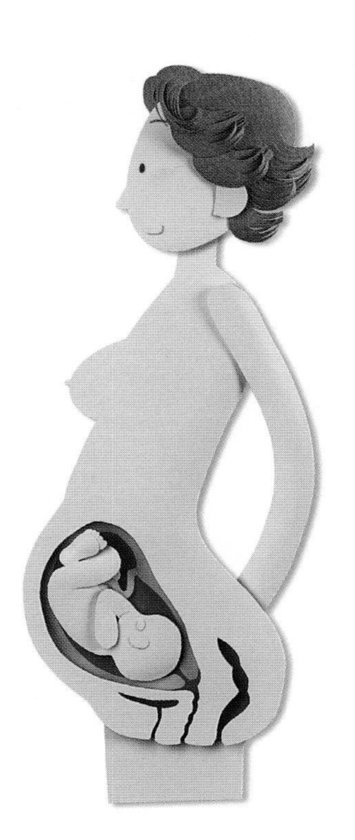

**배가 딱딱해지거나 뭉치는 것 같은 느낌이 들어요**

배가 땅기는 느낌이 들기도 하고 자궁이 몰리는 듯한 느낌과 함께 딱딱하게 뭉치면서 하루에 4~5차례 수축이 일어납니다. 이보다 자주 자궁 수축이 일어난다면 조산의 위험이 있으므로 조심하고 안정을 취해야 합니다.

8
개월

생활 메모

# 새로운 변화와 부조화가 나타납니다

## 임신중독증에 주의한다

임신 8개월은 몸에 여러 가지 새로운 변화와 부조화가 나타나기 쉬운 시기입니다. 특히 임신중독증이 되지 않도록 조심해야 합니다. 적당히 움직이되 과로하지 말고 충분히 휴식을 취해야 합니다.

## 불쾌한 소음들을 피한다

8개월이 된 태아는 듣는 기능이 거의 완성되어 있다고 볼 수 있습니다. 따라서 좋은 소리를 들려주기 위해 애써야 하는 만큼 해로운 소리로부터 보호해 줄 필요도 있습니다. 도로에 면한 집에 살고 있다면 방음에 신경을 쓰고 조용한 분위기를 만드십시오.

## 출산에 대한 두려움을 없앤다

불안은 태아의 정서에도 좋지 않은 영향을 미치므로 출산에 대한 두려움을 떨치는 마음의 훈련을 시작해야 합니다. 출산시 산모가 해야 할 가장 중요한 일은 '잘 낳을 것이라는 믿음'을 갖고, 두려움이 없는 자세로 고통을 자연스럽게 받아들이는 것입니다. 같은 고통이라도 마음가짐에 따라 그 무게가 달라지기 때문입니다.

## 역아라면 이때 바로잡아 준다

이 시기까지 머리를 위로 고정한 상태인 태아를 역아 또는 골반위라고 합니다. 역아 확인은 외진이나 초음파, 내진 그리고 태동의 위치에 따라서도 어느 정도 가능합니다. 만약 8개월 후반이 지나도록 역아라면 의사와 상담한 뒤 무리하지 않은 범위 내에서 태아의 위치를 바로잡아 주십시오.

## 혈액 순환을 돕는 체조를 꾸준히 한다

출산이 다가오면서 임신부들은 대개 부종을 경험하게 됩니다. 따라서 부종을 예방하는 체조를 규칙적으로 하십시오. 또 비타민 $B_1$이 부족하면 부종이 심해질 수 있으므로 곡류, 간 등 육류 내장, 달걀노른자, 콩, 땅콩 등을 많이 섭취할 수 있도록 식단을 짜는 것도 부종 예방에 도움이 됩니다.

# 외식은 잘 선택해서 드세요

## 외식, 이런 기준을 세우세요

**하나.** 좋아하는 음식도 한꺼번에 많이 먹지 않기로
**둘.** 일품요리보다는 정식으로
**셋.** 양식보다는 한식, 튀김보다는 볶음으로
**넷.** 탄산음료보다 보리차나 생수로
**다섯.** 동물성 지방은 가능한 피하기로
**여섯.** 칼로리가 높은 패스트푸드도 제외하기로
**일곱.** 염분이 많은 찌개류는 덜어 먹고 국물을 남기기로
**여덟.** 구우면서 먹는 고기류나 여럿이 먹는 음식들은 정해진 양만 먹기로

## 생선의 DNA손실, 이렇게 하면 줄일 수 있어요

생선 요리는 조리 시간을 최소화하고 생선 속 지방이 밖으로 흘러나오지 않도록 하는 것이 가장 중요해요.

**하나.** 생선의 경우는 회로 먹는 것이 가장 효과적인 DNA 섭취 방법이다.
**둘.** 말려서 가공하는 방법도 DNA 손실을 줄일 수 있다.
**셋.** 석쇠나 그릴에 구워 익히는 방법도 바람직하다.
**넷.** 조릴 때는 30분 이상 불 위에 올려놓지 않는다.
**다섯.** 생선찌개는 간을 싱겁게 해서 국물까지 다 먹는 것이 좋다.
**여섯.** 기름을 사용해서 튀기거나 굽는 조리법은 생선 지방과 DNA의 손실을 가져오므로 가급적 피하는 것이 좋지만, 불가피할 때는 튀김옷을 두껍게 입혀 재빨리 튀겨낸다.

8 개월

이 달의 레시피

# 꼭 채소를 곁들여 드세요

## 부추볶음과 불고기

재료 소고기 600g, 실부추 1단, 무 갈아 익힌 것 5큰술, 잣가루, 참기름 1큰술, 식용유 1큰술

소고기 밑간 양파즙 3큰술, 포도주 1큰술

소고기 양념 진간장 4큰술, 설탕 1½큰술, 꿀 1/2큰술, 다진 파 2큰술, 다진 마늘 1큰술, 후추 약간

실부추 양념 실고추 약간, 통깨 약간, 기름 1큰술, 소금·후추 약간

무 양념 식초 1큰술, 설탕 1/2큰술, 마늘 1작은술, 겨자초장 1큰술, 소금 약간

조리방법

1. 소고기에 소고기 밑간을 한다.
2. 소고기 양념을 잘 섞어 1을 양념한다.
3. 팬에 참기름과 식용유를 넣고 양념된 고기를 구워 접시에 담는다.
4. 실부추를 썰어 실부추 양념으로 양념하여 기름에 살짝 볶는다.
5. 무 갈아 익힌 것에 무 양념을 넣어 양념한다.
6. 고기를 얹은 후 부추를 접시 가장자리에 두르고 잣가루를 뿌려 마무리한다.
   무 갈아 익힌 것을 찍어 먹으면 훌륭하다.

## 무 샐러드

재료 무 300g, 샐러리 1대, 당근 60g

소스 소금 2작은술, 설탕 4큰술, 사과 300g, 식초 2큰술, 올리브 오일 1컵

조리방법

1. 무, 샐러리, 당근은 모두 채썬다.
2. 소스의 재료를 믹서에 간다.
3. 1의 재료를 약 10분간 얼음물에 담갔다가 물기를 제거한 후 2의 소스를 얹는다.

## 치킨 샐러드

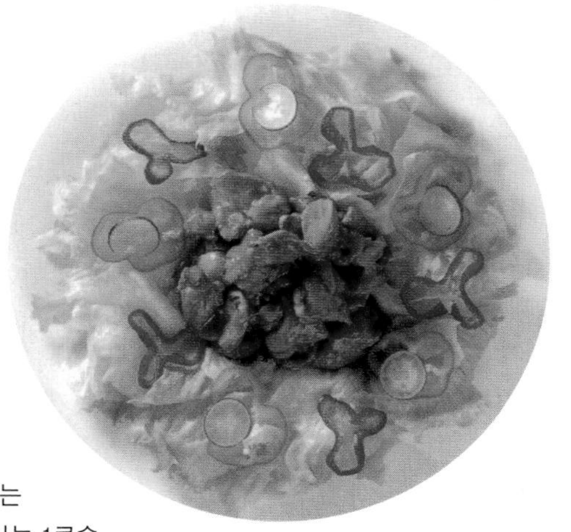

재료 닭고기 400g, 양상추 1/2포기, 피망 1개, 레몬 1/2개, 버터 1큰술

닭고기 밑간 소금·후추 약간, 포도주 1큰술, A1소스 1작은술, 우스타소스 1/2큰술 소스 토마토 페이스트 1큰술, 토마토 소스 3큰술, 설탕 1½큰술, 진간장 1/2큰술, 핫소스 1/2작은술, 씨겨자 1작은술

드레싱 케찹 1큰술, 마요네즈 11큰술, 주스(파인 또는 오렌지) 3큰술, 양파 다진 것 3큰술, 다진 마늘 1큰술, 피넛버터 1작은술, 설탕 2작은술, 식초 1작은술, 소금 약간

조리방법

1. 닭고기를 한입 크기로 썰어서 닭고기 밑간에 재운 후 버터에 볶는다.
2. 소스를 팬에 전부 넣고 끓인 후에 1의 익힌 닭고기를 볶아낸다.
3. 양상추는 적당히 자르고 피망은 링 모양으로 썰어 그릇의 가장자리에 담고 가운데에 닭고기를 얹는다.
4. 드레싱을 만들어 닭고기와 같이 먹는다.

8 개월

체크 포인트

# 임신중독증을 체크하세요

## 원인은 무엇인가

임신중독증의 원인은 아직 정확하게 밝혀져 있지 않습니다. 다만 태반 조직에 대한 면역 작용, 칼슘 부족, 유전적 요인 등으로 생기는 증세로만 알려져 있습니다. 무엇보다 임신 그 자체가 원인이 되는 것이므로 임신 상태가 끝나면 증상도 자연히 사라집니다.

## 어떤 증상이 있나

**부종** 임신중독증 때문에 나타나는 부종 증세는 임신중에 일반적으로 나타나는 부종 증세와 양상이 다릅니다. 저녁 무렵에 다리 부근이 붓는 정도가 아니라, 얼굴과 손까지 심하게 붓는 데다 아침에 일어났을 때까지도 부기가 빠지지 않습니다.

**고혈압** 고혈압은 최고치가 140mmHg, 최저치가 90mmHg를 넘는 경우를 말합니다. 혈압이 올라가면 몸이 무겁거나 두통이 나타나고 자간전증과 현기증 등이 나타나기도 합니다.

**단백뇨** 임신중독증이 걸리면 혈액 중의 단백질을 재흡수해야 하는 신장이 제 기능을 못하게 돼 단백질이 소변으로 빠져나오게 됩니다. 소변이 단백질로 빠져나오면 소변색이 누렇게 변하고 냄새가 나기도 합니다. 따라서 임신을 하면 소변 색깔을 체크하는 습관을 갖도록 해야 합니다.

**체중 증가** 일주일에 500g 정도 몸무게가 느는 것은 정상적이지만 한 달에 2kg 이상 증가한다면 임신중독증을 의심할 수 있습니다.

**급격한 피로감** 임신중독증이 되면 간이나 신장, 혈액 순환 등의 기능이 나빠져 보통 때보다 쉽게 피로를 느끼게 됩니다.

**두통과 현기증** 두통과 현기증은 고혈압과 동반해 일어나는 경우가 많습니다. 이런 증상이 보이면 그냥 지나치지 말고 의사에게 상담하십시오.

## 어떻게 예방하나

**염분 섭취를 줄인다** 임신중독증은 신장 기능 저하를 동반하는 것이므로 음식을 짜게 먹지 않도록 해야 합니다.

**저칼로리, 고단백 식사를 한다** 칼로리가 높은 음식이나 밥과 빵처럼 당질이 많이 함유된 식사는 살을 찌게 하므로 피하는 것이 좋습니다. 단백질은 생선이나 콩류 등으로 충분히 섭취하도록 하십시오.

**수분 섭취를 줄인다** 부종이 있고 임신중독증이 우려되면 신장의 부담을 줄이기 위해 수분 섭취를 줄일 필요가 있습니다.

**잠을 충분히 잔다** 그날 피로는 그날 푼다는 원칙을 세우고 충분한 휴식을 취하십시오. 피로 물질이 쌓이면 혈액 순환이 나빠져 태아에게도 좋을 것이 없습니다. 산책이나 각종 태교 역시 일단 피로를 푼 후에 해야 합니다.

## 어떤 치료책이 있나

정기 검진을 거르지 않고 받는다면 기본적으로 체중과 혈압, 소변 검사를 하게 되어 있으므로 임신중독증을 조기에 발견할 수 있습니다.

그렇지만 원래 고혈압이나 당뇨, 신장병과 같은 소모성 질환이 있었던 임신부들은 특별히 조심해야 합니다. 쌍둥이나 그 이상의 다태아를 임신한 경우나 35세 이후의 고령 초산부와 20세 미만의 어린 임신부도 위험성이 높으므로 초기부터 주의를 기울이고 조심해야 합니다.

임신중독증의 치료책은 예방과 조기 발견 그리고 아이를 낳아 임신 상태를 벗어나는 것뿐입니다. 그러나 당장 아이를 낳아야 할 만큼 심각한 경우가 아니라면 의사의 지시에 따라 임신을 계속 유지하도록 하고 심한 경우에는 입원 치료를 할 수 있습니다.

# 임신 후기의 증세들

임신 후기가 되면 크게 성장한 태아의 압박으로 인한 증세들이 많이 나타납니다. 하지만 특별한 문제가 생기지 않는다면 출산 후에는 자연스럽게 없어지는 증세가 대부분이므로 크게 염려할 것은 없습니다.

## 유방의 압통

**원인** 임산부의 호르몬들은 아기에게 먹일 젖을 준비하기 위해 모체의 유방을 발달시키면서 수유 준비를 하게 된다. 유선과 유관은 계속 성장하게 되고 그 안에 젖이 채워져 점점 더 커지고 늘어지게 되면서 통증이 생긴다.
**대처법** 임신 초부터 가슴을 잘 받쳐줄 수 있는 브래지어를 착용하고 자극 없는 비누를 사용해 매일 부드럽게 씻어 준다. 유두의 통증이 심한 경우에는 수분 보습 크림이나 오일로 살살 마사지해 준다.

## 갈비뼈 주변 통증

**원인** 대부분 점점 자라기 시작한 태아의 머리나 다리 부분이 횡경막이나 갈비뼈를 압박하거나 태아가 조금씩 움직여 갈비뼈를 밀기 때문에 생긴다. 쌍둥이를 임신한 경우에는 이런 통증이 더욱 심해져 임산부가 심각한 고통을 받기도 한다. 그러나 태아에게는 해가 되지 않는다.
**대처법** 출산하기 전까지 통증을 완화시키는 방법밖에 없다. 갈비뼈 부위가 압박을 받지 않도록 헐렁한 옷을 입는다. 평소에 자세를 바르게 갖도록 노력하고, 누울 때는 쿠션을 등에 받치고 눕는다.

## 산전 출혈

**원인** 출혈의 원인은 여러 가지가 있다. 전치 태반이나 태반 조기 박리로 출혈이 있을 수도 있으며 성 생활 후에도 출혈이 있을 수 있다. 그러나 모든 출혈이 다 원인이 있어서 생기는 것은 아니다. 원인을 알 수 없는 출혈의 경우도 대개는 모체로부터 오며 태아로부터 오는 경우는 드물다.

**대처법** 산전 출혈이 오면 즉시 의사를 찾아가 출혈의 원인을 알아보아야 한다. 또 소변이 흐르는 듯한 느낌이 들어도 병원을 찾도록 한다. 흐르는 것이 소변인지 조기 파수로 인한 양수인지를 알아보아야 하기 때문이다. 소변을 보고 싶을 때는 참지 말고 자주 보아 방광이 넘치지 않게 해야 한다.

## 시력 장애

**원인** 주로 고혈압이나 당뇨병의 합병증으로 나타나는 경우가 많다. 사물이 둘로 보이고 초점을 맞추는 데 곤란을 느끼며 보려고 하는 시야의 일부분이 보이지 않게 되는 경우가 있다.
**대처법** 이 증세는 고혈압이나 당뇨에 동반되는 증세이므로 원인이 되는 병을 치료해 원인을 제거하는 게 최선이다.

## 정맥류

**원인** 임신 후기에 오면 성장한 태아가 모체의 장에 압박을 가해 심장 쪽으로 흘러가는 혈액의 흐름을 방해하게 된다. 이때 혈류의 정체가 일어남으로써 정맥이 혹처럼 부풀거나 구불구불해진 것이다.
**대처법** 너무 오랫동안 서 있지 않도록 한다. 가능한 자주 두 발을 의자 위나 소파 위에 올려 놓고 휴식을 취하도록 한다. 임산부용으로 나오는 탄력 스타킹을 신는 것도 효과적이다.

## 부종

**원인** 다리 아래 부분의 뼈 주위를 20초 동안 눌렀을 때 눌린 자국이 남아 있으면 부종이 있는 것이다. 정맥류를 가진 임산부는 다른 임산부보다 더 심하게 나타난다.
**대처법** 자고 일어나도 손발이 퉁퉁 부어 있는 심한 경우라면 의사와 의논하여 치료를 받아야 한다. 경미하게 일어날 경우에는 부어 있는 다리를 가능한 한 높게 하고 앉거나 누워 있도록 한다. 그리고 기회가 있을 때마다 휴식을 취하도록 한다.

### 경련

**원인** 주로 혈액 속의 칼슘 농도가 낮아져 생기는데, 가끔은 염분 결핍이 원인인 경우도 있다.

**대처법** 일단 경련이 일어난 부위를 꼼꼼하게 마사지한다. 그리고 편안하게 앉은 상태에서 발가락을 발등 쪽으로 힘껏 젖힌 다음 원을 그리듯 발목을 돌려 준다. 만일 칼슘이나 염분의 농도가 낮으면 담당 의사의 지시에 따라 보충해 주어야 한다.

### 두근거림

**원인** 한껏 커진 자궁이 폐를 압박해 일어나게 된다. 또 임신기에는 자궁으로 영양분을 보내기 위해 혈액의 양이 최대한 증가하므로 전신에 혈액을 보내야 하는 심장의 부담이 커져서 숨이 차고 가슴이 두근거리게 된다.

**대처법** 전반적인 일상 생활을 조심스럽게 한다. 특히 계단을 오르내릴 때는 난간을 잡고 천천히 움직이고, 갑자기 일어나거나 움직이지 않는다.

### 임신중독증, 이런 사람은 더욱 조심하세요

- 35세 이상의 고령 초산부
- 20세 미만의 어린 초산부
- 빈혈증이 있는 사람
- 신장병이 있는 사람
- 다태(쌍둥이)아 임산부
- 가족 중에 경험자가 있는 사람
- 서서 일하는 직장 여성
- 비만인 사람
- 당뇨병이 있는 사람

## 역아를 바로잡는 법

**역아란?** 임신 초기와 중기에는 양수 속에서 자유롭게 움직이던 태아는 예정일이 가까워오면서 머리가 산도인 아랫쪽으로 내려오는 '두위' 자세로 자리잡습니다. 그런데 이 시기가 되어도 머리를 위로 향하고 있는 상태를 역아(골반위)라고 합니다.

**역아 진단법** 임신 30주가 지나면 초음파나 외진 또는 내진 등으로 역아를 판별할 수 있습니다. 또한 태동도 치골 가까이에서 느껴집니다. 하지만 임신 30주 정도까지는 태아의 1/5 정도가 역아인 채로 있다가 30주가 지나면서 자연스럽게 두위가 되는 경우가 많습니다.

**어떤 점이 문제인가** 역아는 출산에 임박해서 그리고 출산 과정 중에 문제가 발생할 가능성이 높습니다. 역아는 발부터 빠져나오기 때문에 양막이 터져 조기 파수가 일어날 수 있고, 그로 인해 진통이 시작되고 조산이 되기도 합니다. 다리 한 쪽만 걸릴 경우 난산이 될 가능성이 있고, 다리와 몸통이 만출된 후에도 가장 큰 부분인 머리의 만출이 지연될 경우 질식의 위험이 있습니다. 그래서 제왕절개를 권하는 경우가 많습니다.

## 역아를 바로잡는 자세

**흉슬위** 배를 압박하지 않는 듯한 기분으로 엎드린 다음 다리를 약간 벌리고 무릎은 직각으로 세우고 엉덩이를 든다. 가슴은 낮추어 바닥에 붙인다.

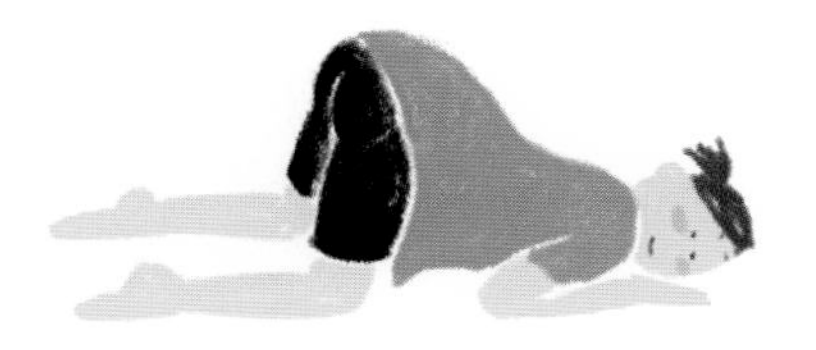

**브리지 자세** 방석이나 쿠션을 30~35cm 정도로 쌓아 허리에 받친 후 위를 향해서 눕는다. 어깨와 발바닥은 바닥에 붙이고 무릎은 세운다.

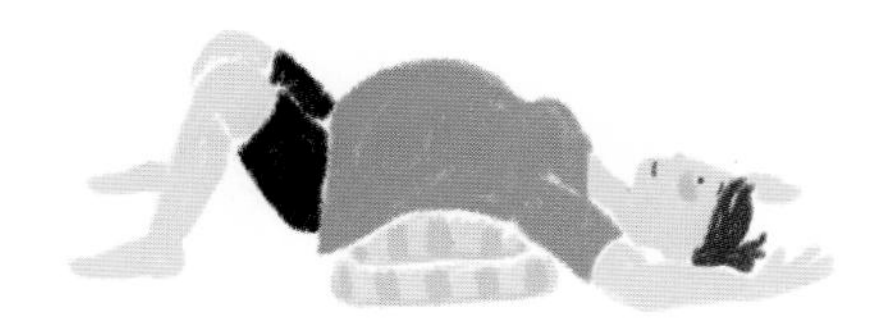

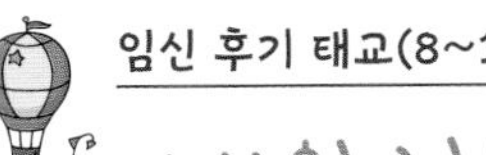

임신 후기 태교(8~10개월)

# 태아의 뇌를 자극하는 다양한 체험을 해보세요

## 8개월(28~31주)

### 소리를 구분해서 들을 수 있어요

태아는 소리의 강약이나 차이를 인식할 수 있을 정도로 청각 기능이 거의 완성됩니다. 그래서 다양한 소리들을 가려 들을 수 있는 능력을 갖게 되지요. 태아는 자연음을 매우 좋아합니다. 태아에게 자연음을 들려주는 방법으로는 산책이 좋습니다. 새 우는 소리, 나뭇잎이 흔들리는 소리, 낙엽 밟는 소리, 시냇물 소리 등 상쾌한 자연음을 듣는 것은 아기와 엄마 모두에게 정서적인 안정감을 줍니다.

### 강렬한 빛은 피하세요

임신 7개월 정도가 되면 태아는 명암을 미약하게나마 느끼기 시작하고, 8개월쯤이 되면 바깥 세상의 밝음과 어두움을 감지할 수 있습니다. 임산부의 배에 눈부신 빛을 계속 비추었더니 태아가 불안함을 느껴 손가락을 빨기 시작하다가 주위를 다소 어둡게 하였더니 손가락을 입에서 떼었다는 연구 보고가 있습니다. 태아가 강한 빛 때문에 스트레스를 받지 않도록 텔레비전이나 컴퓨터 모니터를 오래 보지 않는 것이 좋습니다.

### 태아에게 기억력이 생겨요

임신 8개월에서 9개월에는 대뇌피질이 충분히 발달하기 때문에 태아에게 기억하는 능력이 생깁니다. 따라서 이때 태아에게 음악을 들려 주고 그림책을 읽어 주면 태아는 출산 후에도 그 내용을 기억할 수 있게 됩니다. 또한 엄마가 일상에서 겪은 일들을 태아에게 자세하게 이야기해 준다면 소리를 내어 말로 나타내는 과정을 통해 엄마의 사고 체계도 명확해지고 태아에게 보다 큰 자극을 줄 수 있습니다.

## 9개월(32~35주)

### 행복한 출산을 기다리며 안정하세요

조산을 주의해야 할 시기이므로 무리하지 말고 조용히 휴식하는 것이 좋습니다. 이 시기에는 출산에 대한 부담 때문에 스트레스가 가중됩니다. 이런 정신적인 문제는 신체적인 이상으로 나타날 수도 있으므로 컨디션이 좋지 않거나 기분이 저하된다면 좋은 향을 맡으며 휴식하십시오. 꽃이나 과일 향기를 맡는다든지, 좋아하는 향 제품을 사용하면 몸의 컨디션도 좋아지고 우울함이 사라지는 것을 느낄 수 있을 것입니다.

### 출산에 대한 두려움을 다스리세요

임신 후반기에 들어서면서부터 임산부는 출산에 대한 두려움을 갖게 됩니다. 임산부의 불안은 태아의 정서에도 좋지 않은 영향을 미치므로 출산에 대한 두려움을 떨치는 마음의 훈련을 시작해야 합니다. 같은 정도의 고통이라 하더라도 마음가짐에 따라 그 무게가 달라질 수 있기 때문입니다. 출산에는 고통이 뒤따르는 것이 사실이지만, 이는 능히 이겨낼 수 있는 고통입니다. 대부분의 아기는 산도를 통해 자연적으로 태어나도록 되어 있으며 자신의 힘으로 나올 능력을 갖추고 있습니다. 제왕절개로 낳는 것 역시 이미 검증된 출산 방법이므로 두려워할 필요가 없습니다.

## 10개월(36~39주)

### 이제까지의 태교를 정리해 보세요

본격적인 출산 준비를 하는 때입니다. 출산 예정일이 가까워질수록 출산에 대한 두려움과, 피곤함, 배가 땅기거나 가슴이 두근거리는 등의 신체적 불편함 때문에 태교가 어렵게 느껴질 것입니다. 그러나 이제까지 꾸준하게 시행해 오던 태교를 마음속으로 정리하면서 끝까지 이어가세요.

32~35
주

## 이렇게 생활하세요

### 피로를 자주 풀어 주세요

식사는 조금씩 자주 먹도록 해요.

다리가 아플 때는 누워서 다리를 조금 높게 올려요.

직장 여성은 출산 휴가를 준비하세요.

### 출산 준비 체크하기

입원 준비물을 꼼꼼히 챙겨두세요.

친정이나 지방에서 출산하려면 33주 이전에 병원을 옮기세요.

외출할 때는 의료보험증과 진료 카드를 꼭 챙기세요.

아기 방을 꾸미는 등 아기를 위한 환경을 준비해 주세요.

체조나 호흡법은 남편과 함께 꾸준히 하세요

# 9
# MONTH

## 출산 준비를 확실히 해 두세요

9 개월

# 아기 몸은 이렇게 자라요

### 아기의 모습을 갖추었어요

태아는 체중도 늘고 피하지방이 늘어나 피부가 핑크빛을 띱니다. 얼굴의 주름살도 거의 사라지고 동글동글해져서 겉으로 보기에는 신생아와 거의 다를 바 없을 만큼 성장하게 됩니다. 이 시기에 출산하더라도 태아는 대부분 생존할 수 있습니다.

### 눈을 뜨고 사물을 볼 수 있어요

눈을 깜박거리고 시선의 초점을 조절할 수 있게 됩니다. 또한 시신경이 조금씩 발달하기 시작하여 빛이 너무 밝으면 고개를 돌리거나 하는 반응을 보입니다. 시각뿐만 아니라 미각, 촉각 등 거의 모든 감각이 완성됩니다.

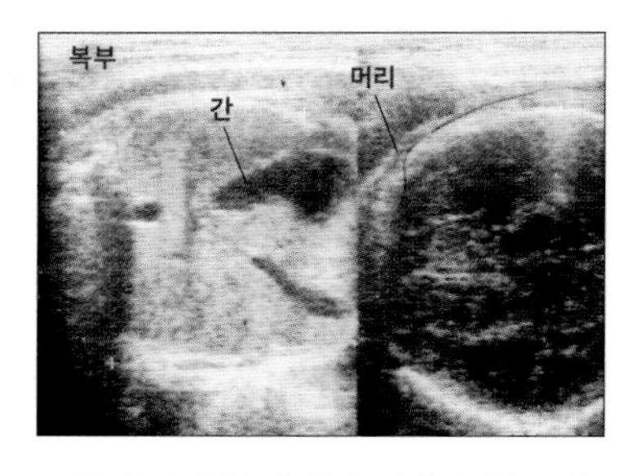


35주된 태아의 초음파 단층 촬영 사진. 왼쪽은 태아의 내장 기관을 찍은 것이고 오른쪽은 태아의 머리를 찍은 것이다.

### 팔다리를 열심히 움직여요

이제 태아는 몸집이 너무나 커져서 자궁 안에서 위치를 바꾸기 어렵습니다. 그러나 팔다리를 활발하게 움직이며 손가락을 꼼지락거리기도 합니다. 손가락을 쪽쪽 빨기도 하는데 이것은 출산 후 엄마의 젖을 빨기 위해 미리 연습하는 것이라고 할 수 있습니다. 출산을 대비해서 머리를 아래로 향한 자세를 잡습니다.

양수를 마시고 걸러서 오줌으로 배설하는데 그 양은 하루 500cc 정도가 됩니다.

## 자궁저가 명치끝까지 올라갑니다

자궁의 높이가 가장 높은 시기입니다. 자궁이 명치 부분까지 올라가므로 위에 심한 압박을 받아 음식을 먹으면 속이 메스껍거나 토할 것 같은 느낌이 들어서 식사량이 줄게 됩니다. 또 심장을 압박하여 숨이 가빠지고 가슴이 쓰리며, 심장의 두근거림이 심해집니다.

## 화장실을 자주 가게 됩니다

자궁이 방광을 압박하기 때문에 요의를 자주 느끼게 됩니다. 화장실에 다녀와도 소변이 남아 있는 것 같은 느낌이 들고 밤에도 화장실에 다녀오느라 제대로 잠을 잘 수 없을 정도가 됩니다. 또 질 분비물도 더욱 많아지므로 자주 씻어서 청결을 유지하고 속옷도 자주 갈아입어야 합니다.

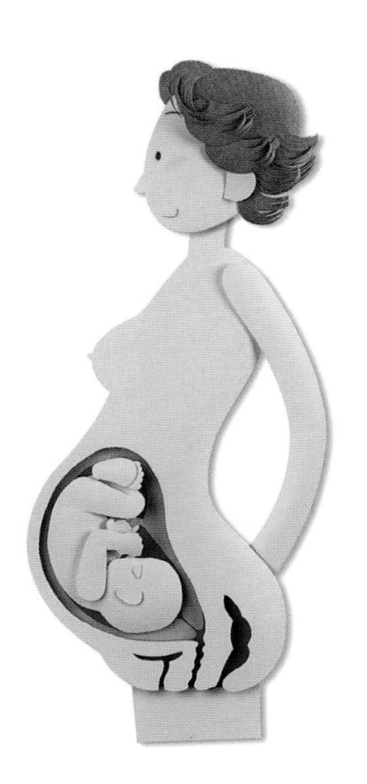

## 자궁 수축 횟수가 잦아집니다

가진통이라고 하는 자궁 수축이 불규칙하게 자주 일어납니다. 이 자궁 수축은 약 30초 동안 지속되지만 임신부는 자궁이 수축되고 있다는 것을 자각하지 못합니다. 이 자궁 수축으로 인해 배가 땅기고 단단해지는 느낌을 받기도 합니다. 커진 자궁을 지탱하느라 다리에 부담이 가서 쥐가 나고 저린 증상이 더욱 심해집니다.

9 개월

생활 메모

# 귀찮아도 꾸준히 움직이세요

### 2주일에 한 번씩 정기 검진을 받는다

아기와 산모가 모두 건강하고 아무런 이상 증상이 없다면 걱정하지 않아도 되지만, 조금이라도 조산의 기미가 있다면 2주에 한 번 검진을 받고 태아와 임산부의 상태에 대해 잘 알고 있어야 합니다.

### 움직일 만큼 움직이고 충분히 쉰다

천천히 움직이면서 할 수 있는 집안 청소나 세탁 등 집안 일을 꾸준히 해서 운동 부족을 해소하세요. 몸을 움직인 후에는 충분한 휴식을 취하세요.

### 식사는 조금씩 자주 하고, 변비를 예방한다

태아가 위쪽으로 많이 올라와 자궁이 명치에 가깝게 위치해서 음식을 많이 먹을 수 없으므로, 입덧 기간과 마찬가지로 4~5회로 나누어 조금씩 먹도록 합니다. 또한 소화 기관의 기능이 떨어져 변비에 걸리기 쉬운 상태가 됩니다. 변비가 되어 배변시 힘을 주다 보면 양막이 터지는 경우도 있으므로, 변비에 걸리지 않도록 조심해야 합니다.

### 요의는 즉시 해결한다

9개월 후반에 접어들면 화장실에 가는 횟수가 급증하게 됩니다. 이때 자궁에 눌려 제 기능을 제대로 수행하지 못하게 된 방광은 세균에 쉽게 감염될 수 있습니다. 따라서 요의를 느끼는 순간 바로바로 해결해 주어야 합니다.

### 모유를 먹일 생각이라면 유방 손질을 잘 해둔다

초유는 갓 태어나 면역성이 부족한 아기를 각종 질병이나 세균으로부터 지켜주므로, 늘 청결히 관리하고 마사지를 게을리하지 않아야 합니다.

### 외출할 때는 진료 카드를 챙긴다

이 시기가 되면 먼 거리나 긴 시간 외출은 삼가도록 하십시오. 그리고 짧은 외출이라 할지라도 집을 나서기 전에 반드시 진료 카드를 챙기도록 하십시오.

# 산후조리 음식, 미리 알아두세요

출산이 가까운 시기이므로 산후조리 음식에 대해 미리 알아두는 것도 좋습니다. 산후조리 기간에는 임신 기간 못지않은 영양 보충이 필요합니다. 출산으로 인해 체력이 많이 소진된 상태인데다 필요한 영양분을 충분히 섭취해야 감염에 대한 저항력도 높아지고 산후 회복이 빨라지기 때문입니다.

### 많이 먹을수록 좋은 미역국

미역국은 산모의 피를 맑게 해 주고 자궁 수축과 젖 분비를 촉진시켜 주기 때문에 산모가 반드시 먹어야 하는 음식이다. 사골국에 끓이거나 홍합이나 멸치 국물에 들깨가루를 듬뿍 넣어 끓이는 등 조리법을 달리해서 하루에 3번 이상 꾸준히 먹도록 한다. 그외에도 부기를 빼주는 호박이나 가물치, 산모에게 좋은 한약을 비롯해 칼슘과 단백질이 풍부한 음식을 먹도록 하되, 지나치게 칼로리가 높은 음식으로 인해 비만이 되지 않도록 유의한다.

### 수시로 마시는 보리차

산욕기 동안에는 땀을 많이 내는 데다 체액이 부족해서 갈증을 많이 느끼게 된다. 따라서 수시로 미지근한 보리차를 마시도록 한다. 여름에도 찬기가 있는 음료를 마셔서는 안 된다.

### 보충해 주어야 할 철분

출산을 하면서 피를 많이 흘렸으므로 이를 보충하기 위해 철분을 보충해 주어야 한다. 곡류, 육류, 생선, 달걀, 야채 등 음식물을 통해 철분을 섭취하고, 임신 중에 먹던 철분제를 계속 복용한다.

### 금해야 할 찬 음식, 딱딱한 음식

산모에게 찬 음식, 딱딱한 음식은 금물이다. 찬 음식은 노폐물이 다 빠져나가지 않은 산모의 혈액 순환을 방해하고, 딱딱한 음식은 이와 잇몸을 약하게 만들어 풍치를 앓게 하기 때문이다.

9 개월

이 달의 레시피

# 소화가 잘 되는 음식을 드세요

## 장어구이

재료 장어 1kg, 장어뼈

장어 소스 간장 1컵, 요리술 1컵, 청주 1/2컵, 설탕 4큰술, 물엿 3큰술, 계피 10cm, 홍고추 3개,
생강 1쪽, 마늘 5쪽, 후추 약간

조리방법

1. 장어는 뼈를 발라 손질한 것을 사고, 뼈는 가져온다.
2. 장어는 깨끗이 닦아 준비한다.
3. 장어뼈는 깨끗이 씻어 끓는 물에 한번 데친 후 다시 물 4컵을 넣고 끓여 1컵 분량으로 졸인다.
4. 장어뼈 졸인 물에 장어 소스를 넣고 반으로 졸인다.
5. 장어를 그릴에 살짝 구워 팬에 넣고 소스를 넣어 졸인다.

장어 손질법

장어는 절대로 물에 씻으면 안 된다. 살 때 깨끗이 손질해 주므로 물로 씻지 말고 키친타올로 한 번만 닦아내고 요리하면 된다. 씻으면 살의 탄력이 없어지고 민물 특유의 흙 냄새가 날 수도 있으니 조심해야 한다.

## 게장

재료 게 3마리, 양파 1개, 대파 1대, 고추 3개

양념 마늘 1큰술, 고춧가루 4큰술, 설탕 2큰술, 간장 3큰술, 소금 2작은술, 참기름 1큰술, 깨 1큰술, 생강 다진 것 1/2작은술,

조리방법

1. 게는 깨끗이 손질하여 적당히 자른다.
2. 양파는 굵게 썰어준다.
3. 대파, 고추도 굵게 채썬다.
4. 양념을 만들어 버무린다.

## 애호박죽

재료 호박 1개, 육수, 쌀 불린 것 1½컵, 새우살 100g, 호박 1/2개, 버섯 다진 것 1/2컵, 소금 약간, 진간장 약간, 조선간장 약간

조리방법

1. 호박에 육수를 1컵 넣어 파랗게 삶아 믹서에 간다.
2. 쌀에 육수 6컵을 넣어 끓이다 쌀이 퍼지면 1을 넣어 끓인다.
3. 팬에 기름을 두르고 손질한 새우살, 호박, 버섯 다진 것을 넣어 살짝 볶고 거의 익었으면 이것을 2에 넣어 끓인다.
4. 소금, 진간장, 조선간장 등으로 간한다.

# 조기 파수, 이렇게 대처하세요

## 조기 파수 원인과 증상

조기 파수는 분만이 시작되기 전에 양막이 먼저 터지는 상태를 말합니다. 임신 후기로 접어들기 전에 파수가 된 경우에는 조기 파수된 지 며칠이나 몇 주 후에 분만이 시작되지만, 후기에 파수되면 24시간 이내에 80~90%가 분만을 시작하게 됩니다. 원인이 늘 확실한 것은 아니지만 자궁 경관 무력증이나 자궁 내 압력이 높은 경우에 많이 나타나며 임산부의 연령, 저체중, 흡연, 체중 증가, 조산 등과 관련이 있는 것으로 알려져 있습니다.

조기 파수의 증상은 양수가 흘러나오는 것인데, 이때 양수와 소변을 잘 구분해야 합니다. 양수는 소변과 냄새가 다르며 검사를 해보면 쉽게 알 수 있습니다.

## 문제와 처치법

양막이 파열되면 유산 혹은 조산과 감염이 일어날 수 있습니다. 조산의 기미가 보이면 진통을 억제하는 방향으로 대책을 세웁니다. 양막 파열과 동시에 조산이 될 경우에는 아기에게 호르몬을 투여하기도 합니다. 양수가 감염된 경우에는 임산부의 체온이 올라가는 증세를 보입니다. 이런 때는 양수를 채취하여 세균 감염 여부를 확인한 후 항생제를 투여합니다.

## 이렇게 대처하세요

1. **샤워는 하지 않는다** 파수된 양수 때문에 몸이 더러워졌다고 생각하고 샤워를 하는 것은 감염의 위험에 노출되는 것이므로 샤워를 해서는 안 됩니다.
2. **두툼한 생리대를 착용한다** 흘러내리는 양수를 막는 가장 손쉬운 방법은 두툼한 생리대를 착용하는 것으로, 더 이상 흘러내리지 않도록 해야 합니다.
3. **곧바로 병원으로!** 후반기에 양수가 터졌다면 곧 아기가 나옵니다. 따라서 시간을 끌수록 위험이 커집니다. 파수가 되면 응급처치 후 곧바로 병원으로 달려가야 한다는 것을 잊지 마십시오.

## 임신중 부인병, 어떤 것이 있나

**자궁 근종** 자궁벽 근육의 근섬유가 증식하여 혹처럼 불거져 나오는 자궁 근종은 불임의 원인이 될 수 있으며, 자궁 경부에 생길 경우 출산을 방해하기도 합니다. 그러나 임신중에 발견된 근종은 임신과 출산에 큰 영향을 미치지 않습니다. 건강한 임산부에 비해 유산이나 조산을 일으킬 확률이 높은 것은 사실이지만 의사의 특별한 지시가 없다면 자연 분만이 가능하며, 근종의 위치에 따라 제왕절개를 할 수도 있습니다.

**자궁내막증** 자궁 내막은 자궁의 안쪽을 덮고 있는 층인데, 이와 유사한 조직이 자궁 안쪽이나 바깥쪽 혹은 난소에 생기는 것이 자궁내막증입니다. 심하면 불임의 원인이 되기도 하는데, 임신을 했다면 출산에 특별한 영향을 미치지는 않습니다. 10개월 간 배란이 억제되므로 자연 치유가 되는 경우도 있습니다.

**양수과다증** 임신 후기에는 양수의 양이 500~600ml가 정상적이며, 1000ml를 넘으면 양수과다증이 됩니다. 태아가 기형인 경우나 태아수종, 또는 양수의 흡수가 잘 이루어지지 않아 생기는 현상입니다. 양수 과다가 되면 구토와 심한 변비가 생기고 조기 파수로 인한 조산의 위험이 있으므로, 직접적인 원인을 찾아 치료를 받아야 합니다. 심하면 입원을 해서 양수를 뽑아내기도 하지만 가벼운 경우는 출산 때까지 특별한 치료를 하지 않아도 됩니다.

**포상기태** 포상기태란 수정란 바깥쪽에 생기는 융모에 이상이 생겨 자궁 속에 포도송이 같은 것이 증식하는 것입니다. 임신이라고 생각되어 초음파 검사를 해 보면 태낭이나 태아는 없고 비정상적인 벌집처럼 생긴 조직이 가득 차 있는 것이 발견됩니다. 임신중독증과 비슷한 증상을 보이는데, 완벽하게 치료하지 않으면 암으로 재발할 가능성이 높으므로 발견했을 때 반드시 완치해 두어야 합니다. 따라서 소파 수술이 불가피하며 증상에 따라서는 2~3번 이상의 수술을 해야 하고, 수술 후 2~3년 정도는 정기적으로 검사를 받는 것이 안전합니다.

**자궁외 임신** 수정란이 자궁이 아니라 난관에 착상하는 것이 자궁외 임신입니다. 자궁외 임신이 되면 유산 가능성이 높고 처치가 늦어지면 난관 파열, 쇼크 등으로 생명이 위험해질 수도 있습니다. 일단 자궁외 임신이 확인되면 빨리 임신 부위 절제 수술을 받아야 합니다. 그러나 자궁외 임신이라도 초기 단계에서 약물 치료를 하는 방법이 있으므로 의사와 상의해야 합니다.

36~39 주

## 이렇게 생활하세요

**출산 스탠바이!**

비상 연락처를 체크해 두세요.

입원용품과 출산용품을 점검하세요.

마음을 조급하게 갖지 말고 편안하게 지내세요.

혼자서 멀리 외출하지 마세요.

출산 예정일에 너무 얽매이지 마세요.

성 생활은 자제하세요.

**진통이 시작되면 이렇게 준비하세요**

가볍게 샤워하세요.

소화가 잘 되는 것으로 식사를 하세요.

10분 간격의 진통이 있으면 빨리 입원하세요.

# 10

# MONTH

아기와 만날 날이 곧 다가와요

10 개월

# 아기 몸은 이렇게 자라요

**배냇털이 빠지고 손톱과 머리카락이 길어집니다**

태아는 배냇털이 거의 빠지고 피부는 산도를 빠져나오기 쉽도록 태지가 약간 남아 있어 부드럽습니다. 피부의 잔주름이 없어지고 통통한 몸매가 됩니다. 머리카락이 2cm 정도 자라고 손톱도 꽤 길어져서 자기 몸을 긁기도 합니다.

**세상에서 살아갈 준비 끝!**

내장과 신경계 기능이 활발해지고 엄마에게서 항체를 받아 면역력이 생깁니다. 폐 기능도 거의 발달하여 세상에서 호흡할 수 있는 상태가 됩니다. 성기를 비롯한 신체 각 기관이 완전히 성숙합니다. 머리를 골반에 넣고 출산을 기다리기 때문에 움직임이 적어집니다.

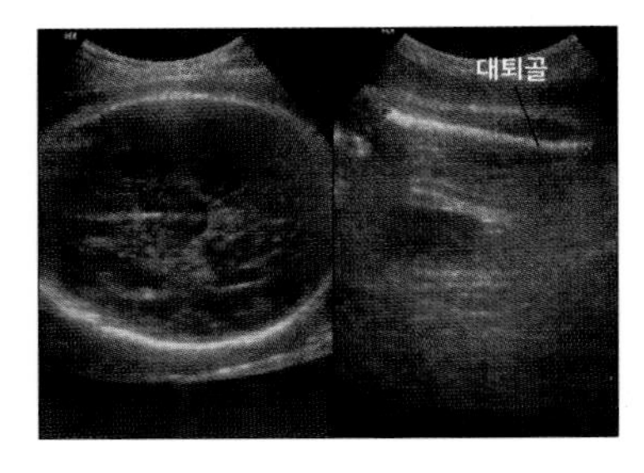

임신 38주된 태아의 머리 단면(왼쪽)과 대퇴부(오른쪽) 사진.

**장 속은 태변으로 가득 차 있어요**

태아의 장 속에는 암녹색 태변이 가득 차 있습니다. 이것은 태아의 장에서 분비된 물질과 배냇털 등이 혼합된 것입니다.

태아는 태변을 분만 중에 배설하기도 하고 출산 후 며칠 후에 배설하기도 합니다. 태아의 장이 최초로 움직이는 때가 바로 이 태변을 배설하는 때입니다.

### 자궁저 높이가 조금 낮아져요

명치끝까지 올라갔던 자궁이 출산이 다가오면 점점 아래로 내려가게 됩니다. 엄마는 이때 아기가 밑으로 처지는 듯한 느낌을 받으면서 호흡도 편하게 하고 소화도 지난달에 비해 잘 하게 됩니다. 태아의 움직임이 적기 때문에 태동도 적게 느낍니다.

### 중심 잡기가 어려워요

배의 무게와 크기는 점점 커지는데 그것이 아래로 처지니까 엄마는 중심을 잡기가 더욱 힘들어집니다. 몸과 머리를 더 뒤로 젖히면서 걷게 되어 벽에 부딪치거나 물건을 떨어뜨리는 일이 잦아집니다.

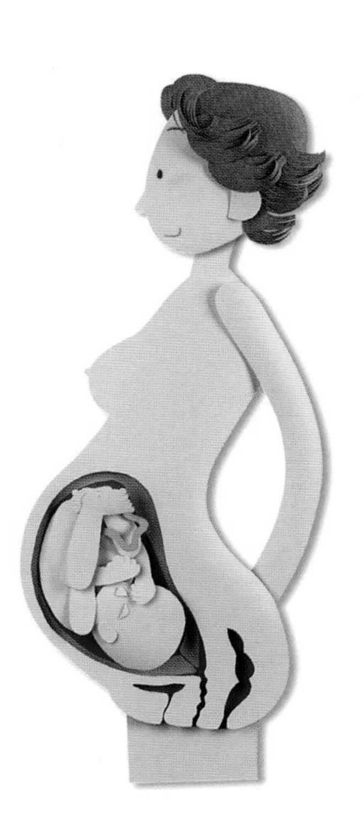

### 출산 신호가 있어요

자궁구가 유연해지면서 점액 분비가 늘어나 축축해집니다. 또 출산이 가까워질수록 아랫배가 땅기거나 통증이 느껴지는 횟수가 늘어납니다.

진통이 불규칙적이라면 아직 출산이 다가온 것이 아니므로 침착하게 호흡법을 연습해 보고 10분 간격의 진통이 오면 병원에 연락하세요.

10 개월

생활 메모

# 출산 준비물을 챙기세요

### 아기 맞을 준비를 끝낸다

아기 자리를 어디에 마련할 것인지, 많아질 아기용품들은 어떻게 수납할 것인지를 미리 생각해 두고, 출산 후 당장 필요한 것들을 체크하고 점검해 두세요.

### 입원할 때 들고 갈 가방을 준비한다

출산할 때 병원에 가지고 가야 할 것들을 꼼꼼히 챙기고, 출산의 징후가 보이면 곧바로 들고 갈 수 있도록 완벽하게 준비하세요.

### 혼자 있을 남편을 위해 메모해 둔다

입원 기간 동안 남편이 혼자 있어야 한다면 생활에 꼭 필요한 것들을 메모해 두세요. 임신 기간 동안 남편으로서 아빠로서 충실하게 지냈다면 필요없겠지만, 아내가 집에 없는 동안 챙겨야 할 것, 연락해야 할 곳 등을 메모해서 눈에 잘 띄는 곳에 붙여 두세요.

### 출산 당일 필요한 전화번호를 미리 적어 둔다

출산 당일 함께 있을 사람이 있다면 걱정이 없지만, 혼자 있어야 할 상황이거나 남편이 함께 병원에 갈 수 없는 상황이라면 병원에 함께 갈 수 있는 사람을 알아보고 연락처를 휴대폰에 저장해 두세요. 급한 경우를 대비해 콜택시 앱을 받아 두거나, 택시 회사의 전화 번호를 알아두는 것도 좋습니다.

### 출산 신호를 체크하되 예정일에 집착하지 않는다

임신 마지막 달이 되면 출산의 여러 징후들을 알고 있어야 당황하지 않고 적절한 조치를 취할 수 있습니다. 출산의 징후들을 잘 숙지한 후 침착하게 대처하도록 하십시오. 예정일이 가까워오면 마음에 불안이 가중되기 쉬운데 예정일에 그다지 집착할 필요는 없습니다. 다만 예정일에서 2주가 넘으면 병원에서 태반 기능 검사와 유도 분만 등을 알아보아야 합니다.

체크 포인트

# 출산을 예고하는 조짐들



### 아기가 골반으로 내려온다

첫 임신인 경우 출산 2~3주 전쯤 되면 아기의 선진부가 산모의 골반 내로 내려앉습니다. 이때가 되면 몸이 가벼워지는 느낌이 들면서 숨쉬기가 한결 편한 대신, 대장이 압박되기 때문에 변비가 되기 쉽고 소변을 자주 보게 되며, 소변 후에도 잔뇨감이 남게 됩니다.

### 태동이 거의 느껴지지 않는다

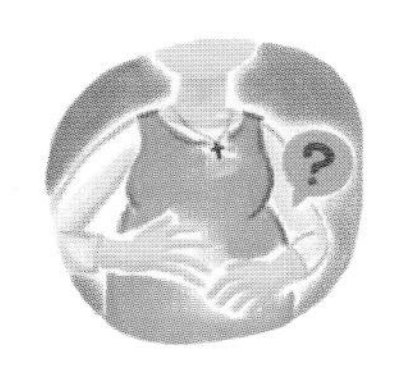

골반으로 내려온 태아는 크고 양수는 적으므로 마음대로 움직이는 것이 어려워 태동이 둔해지거나 덜 느껴지게 됩니다. 그러나 태아가 움직이지 않는 것은 아닙니다.

### 배가 땅기며 가진통이 온다

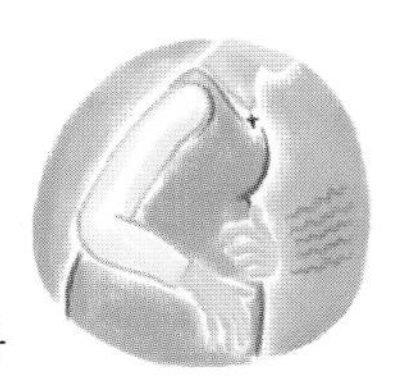

임신 9개월로 접어들 무렵부터는 허리가 아프고 아랫배가 단단해지면서 약한 진통을 느끼게 됩니다. 하루에도 몇 차례씩 일어나는 이런 가진통은 자궁이 출산에 필요한 강력한 수축을 연습하기 때문에 나타나는 것입니다. 이외에도 갈비뼈 부근이나 허벅지 윗부분 등이 심하게 아프기도 합니다.

### 이슬이 비친다

이슬은 진통으로 태아를 밀어내는 힘으로 인해 자궁 경관이 서서히 열리고 태아를 싸고 있는 양막과 자궁벽이 벗겨지면서 생기는 약간의 출혈을 말하는 것입니다. 이슬은 자궁 경관에서 분비되는 점액과 혼합되어 다갈색이 되거나 붉은 기를 띠기도 합니다. 이슬이 비치는 것은 분만이 임박했음을 알려주는 신호입니다.

### 심리적인 변화가 심해진다

출산 전에는 월경 전에 경험하는 것 같은 육체적 정신적 변화가 나타날 수 있습니다. 아주 예민해져서 신경질적이 된다거나 안정을 찾지 못하고 들떠 있거나 출산시 통증에 대한 불안을 느끼게 됩니다.

10 개월

알아두세요

# 이럴 땐 곧바로 병원으로

### 진통이 10~15분 간격으로 올 때

규칙적으로 진통이 시작되면 시계를 보고 진통 간격을 측정합니다. 초산의 경우는 5~10분, 경산일 경우는 진통이 규칙적으로 오면 병원으로 가야 합니다. 그러나 본격적인 진통이 시작된 경우라도 아기가 태어날 때까지는 초산일 경우 평균 10~14시간 정도가 걸리므로 여유를 가지고 차분하게 움직이는 것이 좋습니다.

### 출혈이 생겼을 때

통증이 없이 출혈이 생기면 전치 태반일 가능성이 큽니다. 이것은 태반이 자궁 경부를 막고 있는 상황이므로, 출혈이 생기면 양에 관계 없이 곧바로 병원으로 달려가야 합니다.

### 예정일이 2주일 정도 지났을 때

예정일이 2주일 정도 지나면 태반의 기능이 저하됩니다. 태반의 기능 저하는 태아에게 산소 및 영양 공급을 제대로 하지 못하게 하여, 태아를 가사 상태에 빠지게 하거나 사망에 이르게 할 위험성이 있습니다. 따라서 전문의와 상의하여 유도 분만을 할지, 제왕절개 수술을 할지 결정해야 합니다.

### 조기 파수가 일어났을 때

파수는 자궁문이 열리고 태아가 출산될 준비를 갖추면서 양막이 찢어지고 양수가 흘러나오는 것을 말합니다. 파수는 보통 자궁구가 완전히 열린 출산 직전에 일어나지만, 자궁구가 반쯤 열린 상태에서 조기 파수가 일어날 수 있습니다. 이때는 태아와 양수가 세균에 감염될 위험성이 있으므로 곧바로 유도 분만에 들어가야 합니다. 따라서 조기 파수가 되면 생리대를 댄 후 즉시 병원으로 가야 합니다.

# 자연 분만으로 아기 낳기



## 분만 1기

### 자궁의 수축

5~20분 간격으로 30~60초 정도로 나타나던 초기 자궁 수축이 2~4분 간격으로 60~90초로 줄어들면서 복부를 가로지르는 심한 통증이 반복됩니다.

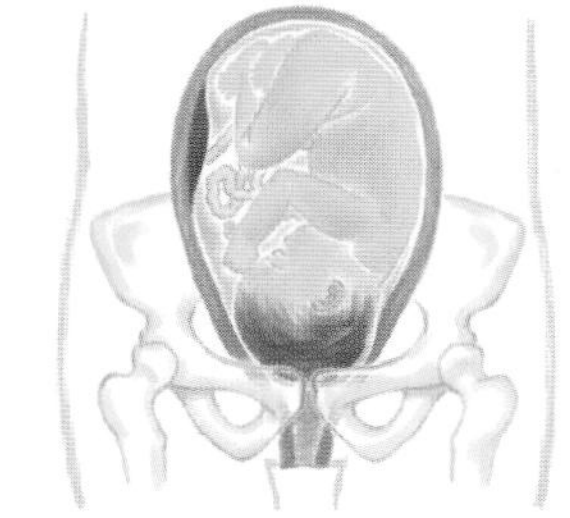

### 자궁 경부의 확장

자궁이 수축하는 사이 2cm 정도 열려 있던 자궁 경부는 4cm 정도로 열리는 준비기, 8cm로 확장되는 진행기를 거쳐, 진통의 절정에 이르게 되는 이행기에는 완전히 다 열려 10cm 정도가 됩니다.

### 힘을 비축해야 하는 임산부

임산부는 라마즈 호흡법 등의 복식 호흡으로 진통을 이겨내면서 마음을 안정시킵니다. 이때 소리를 지르게 되면 공포감과 통증이 더욱 가중될 뿐 아무런 도움이 되지 않으므로 진통을 자연스럽게 받아들이는 마음자세가 중요합니다. 아직은 힘을 주는 시기가 아니므로 가능한 한 몸에 힘을 빼고 진통이 지나가기를 기다리는 것이 좋습니다.

## 분만 2기

### 길고 강하게 힘주기

분만 2기의 진통은 1~2분 간격으로 60~90초 동안 진행됩니다. 이때 의사와 간호사가 힘을 주라는 신호를 하게 되는데, 진통이 올 때는 숨을 충분히 들이마시고 숨을 멈추고 길고 강하게 힘을 줍니다. 이때 힘을 주는 곳은 배가 아니라 엉덩이 부근입니다. 변비 때의 배변 동작을 생각하면서 항문 쪽에 힘을 주어 아기를 밀어냅니다. 분만대 머리에 붙어 있는 막대를 붙잡거나 허리 부분에 있는 손잡이를 끌어당기듯 잡으면 힘을 주는 데 도움이 됩니다.

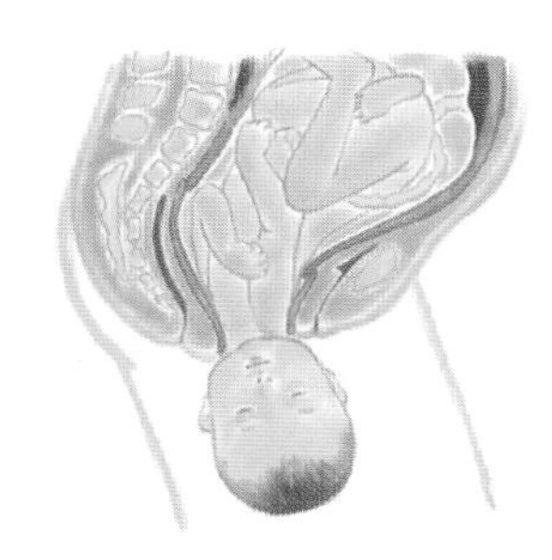

#### 회음 절개

아기가 산도를 빠져 나오기 시작해서 머리가 보이게 되면 회음 절개를 합니다. 회음 절개를 해도 분만의 진통이 너무 심해 절개의 통증은 거의 느끼지 못합니다.

#### 짧고 빠른 호흡법

아기의 머리가 나오면 의료진의 지시에 맞추어 '하, 하, 하' 하는 식으로 짧고 빠르게 호흡합니다. 아기의 머리가 나온 후에는 힘을 주지 않아도 혼자 나오기 때문에 더 이상 힘을 주지 않아도 됩니다. 그러나 이때 힘을 주는 데 기력을 다 썼기 때문에 정신을 잃을 수도 있으므로 차분하게 정신을 가다듬도록 해야 합니다.

#### 아기 태어나다

일단 아기의 머리가 나오면 팔, 몸, 다리는 쉽게 빠져나옵니다. 이때 양수도 한꺼번에 쏟아집니다. 어렵게 산도를 통과한 아기는 첫 울음을 터뜨려 세상에 자신의 탄생을 신고합니다.

### 분만 3기

#### 태반이 떨어져 나온다

태아가 산도를 빠져나온 후 10분 정도가 지나면 약간의 진통과 함께 태반이 떨어져 나옵니다. 태반은 산모가 배에 힘을 주고 간호사가 배를 누르면 쉽게 빠져 나옵니다. 만일 이러한 처치 후에도 태반이 떨어져 나오지 않거나 출혈이 계속되면 위험한 상황이 되므로 손으로 용수 박리하여 제거합니다.

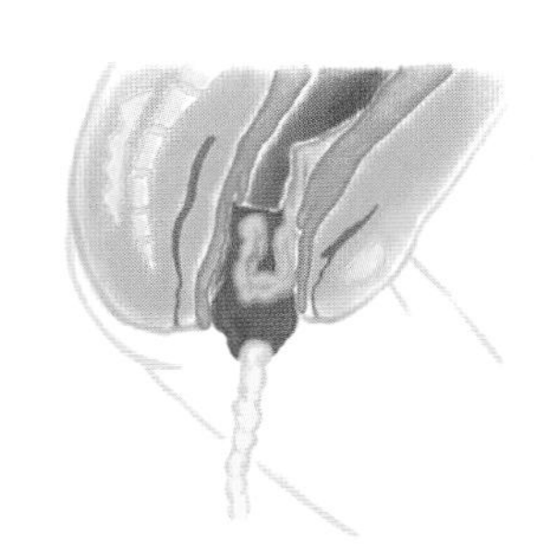

#### 회음 봉합

태반이 완전히 빠져나오게 되면 절개했던 회음을 다시 봉합합니다.

#### 2시간의 경과

분만이 끝난 후 2시간 동안은 최대한의 안정이 필요합니다. 이 시간 동안에 빈혈이 있거나 태반이 큰 경우, 그리고 회음 봉합 부분이 붓거나 터진 경우 과다 출혈이 일어날 수 있는 위험이 있습니다. 또 무리 없이 소변을 볼 수 있는지 여부도 체크해야 합니다. 만일 8시간이 지나도 소변을 보지 못하면 요로 감염 등에 걸릴 위험이 있으므로 도뇨를 해 소변을 빼 주어야 합니다.

### 마지막 관문, 후산통

아기를 낳은 후 자궁은 이전의 크기로 돌아가기 위해 급속도로 수축을 하게 되는데, 이때의 진통을 후산통이라고 합니다. 보통 출산 후 이틀이 지나면 완화되지만, 때로는 분만시보다 더 심한 통증을 겪는 산모도 있습니다.

## 자연 분만 도중 문제가 생겼을 때 처치법

### 유도 분만

유도 분만은 진통, 즉 자궁 수축이 일어나지 않는 산모에게 인위적으로 촉진제를 투여하여 진통을 일으키는 방법이다. 분만 예정일이 너무 오래 지났거나 임신중독증이나 당뇨병이 있는 산모, 양수가 먼저 터져 세균 감염의 위험이 있는 산모에게 시행한다.

### 겸자 분만

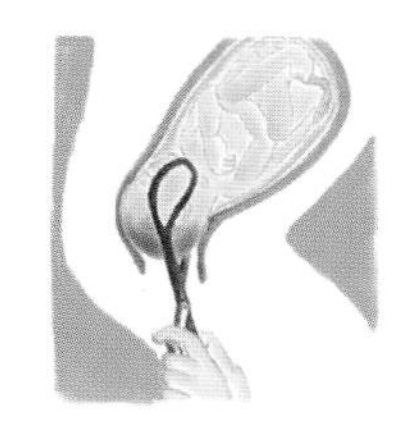

겸자는 가위처럼 생긴 집게를 가리킨다. 겸자 분만이란 말 그대로 겸자를 이용해 머리를 끌어내는 것이다. 아기 머리가 산도를 빠져나오지 못한 채 압박을 오래 받고 있을 경우에 실시하는 것으로 매우 위급한 상황에서의 처치 방법이다.

### 흡인 분만

산도를 통해 아기가 빠져나오는 동안 아기가 약해졌거나 엄마가 탈진해 힘을 주지 못할 때, 또는 자궁의 수축력이 약해졌을 때 진공 흡입기를 아기의 머리에 부착해 꺼내는 방법이다. 흡인에 실패하면 겸자를 사용하거나 제왕절개를 해야 한다.

## 창조주가 기획한 완벽한 시스템, 자연 분만

출산의 고통은 생각하는 것만으로도 두렵고 감당하기 벅찬 일처럼 느껴지지만, 대부분의 임산부와 태아는 출산의 고통을 충분히 받아들일 수 있는 힘을 가지고 있습니다. 자연 분만의 과정은 하나님이 기획해 놓은 완벽한 시스템이기 때문입니다.

임신에서 출산으로 이어지는 모든 과정은 아기와 엄마 그리고 창조주 삼위일체의 힘으로 이루어지는 고도의 메카니즘입니다. 출산의 순간까지 두 몸으로 분리될 수 없는 엄마와 아기의 애착 관계는 기쁨과 고통을 함께 하며 한몸으로 작용합니다. 나갈 준비가 된 아기는 자신의 뇌를 통해 태반에 출발 신호를 전달하고, 이 신호는 호르몬을 통해 엄마의 뇌에 전달됩니다. 아기의 신호를 받은 엄마의 뇌는 자궁의 수축 호르몬 분비를 명령하고 이로 인해 출산의 진통이 시작됩니다. 이 때 아기 역시 머리뼈를 변형시키고 몸을 좁은 산도에 마찰하면서 고통을 겪습니다. 하지만 이 과정에서 아기에게서 노폐물이 빠져나가고 폐로 호흡을 할 준비를 하게 되므로, 엄마의 산고처럼 고통스럽지만 꼭 거쳐야 할 과정이기도 합니다.

아기는 스스로 태어날 힘을 갖추고 있으며 아기와 엄마의 진통은 천하보다 귀한 생명을 참고 기다리는 인내의 한 과정일 뿐입니다. 따라서 산모와 태아의 생명이 위험한 불가피한 경우가 아니라면, 아기가 생명의 법칙에 따라 스스로 태어날 기회를 박탈해서는 안 될 것입니다.

## 자연 분만을 이루는 삼위일체의 힘

**1. 태아의 힘**

출산의 순간이 되면 아기의 머리는 구부러진 산도의 형태에 따라 방향을 바꾸고 커브에 맞춰 몸을 돌리면서 나온다. 이때 5개의 뼈로 되어 있는 아기의 머리는 좁은 산도를 통과하기 위해 뼈와 뼈가 엇갈리면서 길쭉한 모양으로 변한다. 아기는 자기 힘으로 좁고 긴 산도를 통과할 능력을 갖추고 있는 것이다.

**2. 산도의 변화**

아기가 몸 밖으로 나올 자세를 갖추면 산도를 이루는 골반 근육과 치골 결합의 이음새가 풀어지고 산도 주변의 근육이 부드러워져 늘어나기 쉽게 된다. 분만이 시작되면 아기 머리와 만출력으로 산도가 넓어져 간다.

**3. 만출력**

만출력은 자궁 수축과 산모의 힘주기를 말한다. 분만이 다가오면서 자궁이 규칙적으로 수축하게 되고 진통이 오기 시작한다. 자궁구가 열리고 양수가 터져 산도를 씻어내면 태아가 통과하기 쉬운 상태가 된다. 아기가 자궁구까지 내려가면 산모는 반사적으로 힘을 주게 되고 태아를 밀어내게 된다.

# 제왕절개로 아기 낳기

## 제왕절개란

복벽과 자궁을 절개해서 분만하는 제왕절개는 임산부와 태아에게 문제가 있을 때 시행하는 '응급 출산' 방법입니다. 따라서 출산에 따르는 고통을 피하기 위해 무작정 제왕절개를 하는 것은 바람직하지 않습니다.

## 제왕절개를 해야 하는 경우

**임산부가 병이 있을 때** 임산부가 심장병, 신장병, 당뇨병 등의 지병이 있거나, 임신중독증 등의 병이 생겼을 경우, 그리고 자궁 근종이나 난소 종양 등이 있는 경우는 자연 분만이 어려우므로 수술로 출산을 합니다.

**태아에게 이상이 있을 때** 태아의 체중이 4kg이 넘는 것으로 추정되면 아기 머리 역시 클 확률이 높습니다. 이때는 태아가 엄마의 자궁구를 빠져나오기 어려워 난산의 위험이 있으므로 수술을 합니다. 또 아기가 역아이거나 심음, 심박수, 태동이 자연 분만을 견디기 힘들 만큼 약하다고 추정되면 수술을 결정합니다.

**전치 태반** 태반이 자궁의 출구를 막고 있는 전치 태반의 경우도 심한 출혈로 인한 쇼크가 우려될 경우에는 수술을 합니다. 태반의 기능에 문제가 있을 때도 수술을 시도합니다.

**골반이나 자궁 이상** 골반이 지나치게 작아서 자연 분만을 시도할 경우 자궁 파열이 우려될 정도라면 수술을 합니다.

**고령 초산** 산도는 나이와 굳는 정도가 비례합니다. 따라서 난산이 예상되는 고령 초산일 경우에는 수술을 합니다.

**제왕절개 수술 경험자** 제왕절개 수술을 한 경험이 있거나 자궁 근종 제거술, 자궁 성형술 등 자궁을 절개하고 꿰맨 적이 있는 경우, 진통으로 인한 자궁 수축시 자궁이 파열할 우려가 있으므로 수술을 합니다.

## 제왕절개 수술 과정

**분만 예정일 1~2주 전에 수술 날짜를 잡는다**

**검사** 최소 8시간 이상의 금식을 한 후, 혈액 검사, 소변 검사, 간 기능 검사, 심전도 검사 등 수술에 필요한 검사를 합니다.

**준비** 임산부의 체모를 깎고 도뇨관을 끼운 후 배를 소독하고, 마취를 시킵니다.

**절개** 복벽을 세로 또는 가로로 10cm 정도 절개한 후 적당히 벌리고 아기가 들어있는 자궁도 절개합니다.

**아기를 꺼낸다** 아기를 둘러싸고 있는 양막을 자른 후 아기의 머리를 확인한 후 호스로 양수를 뽑아냅니다. 아기의 머리를 먼저 밖으로 나오게 한 후 입 안에 있는 물질을 제거하고 위로 잡아당겨 아기를 들어냅니다.

**태반 제거** 아기가 나온 후 태반을 자궁벽에서 분리하여 들어냅니다.

**봉합** 태반과 양수, 양막 찌꺼기들이 깨끗하게 나오면 자궁과 복벽을 꿰맵니다. 이때 자궁을 봉합하는 실은 몸에서 녹는 것을 사용합니다.

## 제왕절개의 문제점

**태아의 호흡 장애** 제왕절개로 출산을 하면 아기가 호흡 장애를 일으키는 비율이 자연 분만 때보다 훨씬 높습니다. 자연 분만일 때는 산도를 통과하면서 폐가 자극이 되어 호흡이 잘 되는데, 제왕절개 경우에는 그 과정이 생략되기 때문에 호흡 곤란을 일으키게 됩니다.

**수혈에 의한 부작용** 수술을 할 경우는 도중에 피를 많이 쏟게 되므로 수혈이 필요한 경우도 생기는데, 수혈을 하게 되면 간염이나 그 밖의 질병에 감염될 가능성을 배제할 수 없습니다.

**느린 회복** 자연 분만을 하면 6~8시간이 지나면 걸을 수 있고 몇 시간 후에는 식사를 할 수 있습니다. 하지만 수술을 했을 경우에는 움직이는 데 시간이 오래 걸리고 가스가 나올 때까지 금식을 해야 하며, 마취가 풀리면서 수술 부위의 통증도 만만치가 않습니다.

**늦어지는 아기와의 만남** 자연 분만을 하게 되면 즉시 아기를 안아볼 수 있고, 이로 인해 일체감과 안정감 그리고 감격을 누릴 수 있습니다. 그러나 수술을 하게 되면 의식이 돌아오고 회복이 될 때까지 1~2일을 기다려야 아기를 볼 수 있습니다.

**출산 횟수의 제한** 자연 분만으로는 원하는 대로 아기를 낳을 수 있습니다. 하지만 제왕절개를 하게 되면 수술의 한계 때문에 대개 2~3번 정도 출산이 가능합니다.

## 제왕절개를 하게 된다면…

자연 분만을 원했지만 불가피하게 제왕절개를 하게 되는 산모들이 있습니다. 이 경우 산모들은 자신의 의지와 상관없이 벌어지는 상황에 대해 실망감과 더불어 배신감을 느낄 수 있습니다. 하지만 이런 경우일수록 현실을 자연스럽게 인정하고 주어진 상황에 최선을 다하는 자세를 가져야 합니다.

출산에 있어서 가장 중요한 것은 계획된 분만 형태가 아니라 아기와 산모 자신의 안전입니다. 출산 방법은 산모와 아기의 상황에 따라 결정되는 것이므로, 긍정적이고 적극적인 태도로 아기와의 만남을 즐겁게 받아들이도록 하십시오. 자연분만이 어려운 상황에서도 첨단 의학의 힘을 빌어 태어난 아기 역시 창조주의 축복을 받은 귀한 생명입니다.

# Do It Yourself

즐겁게 가꾸고, 행복하게 만들어요

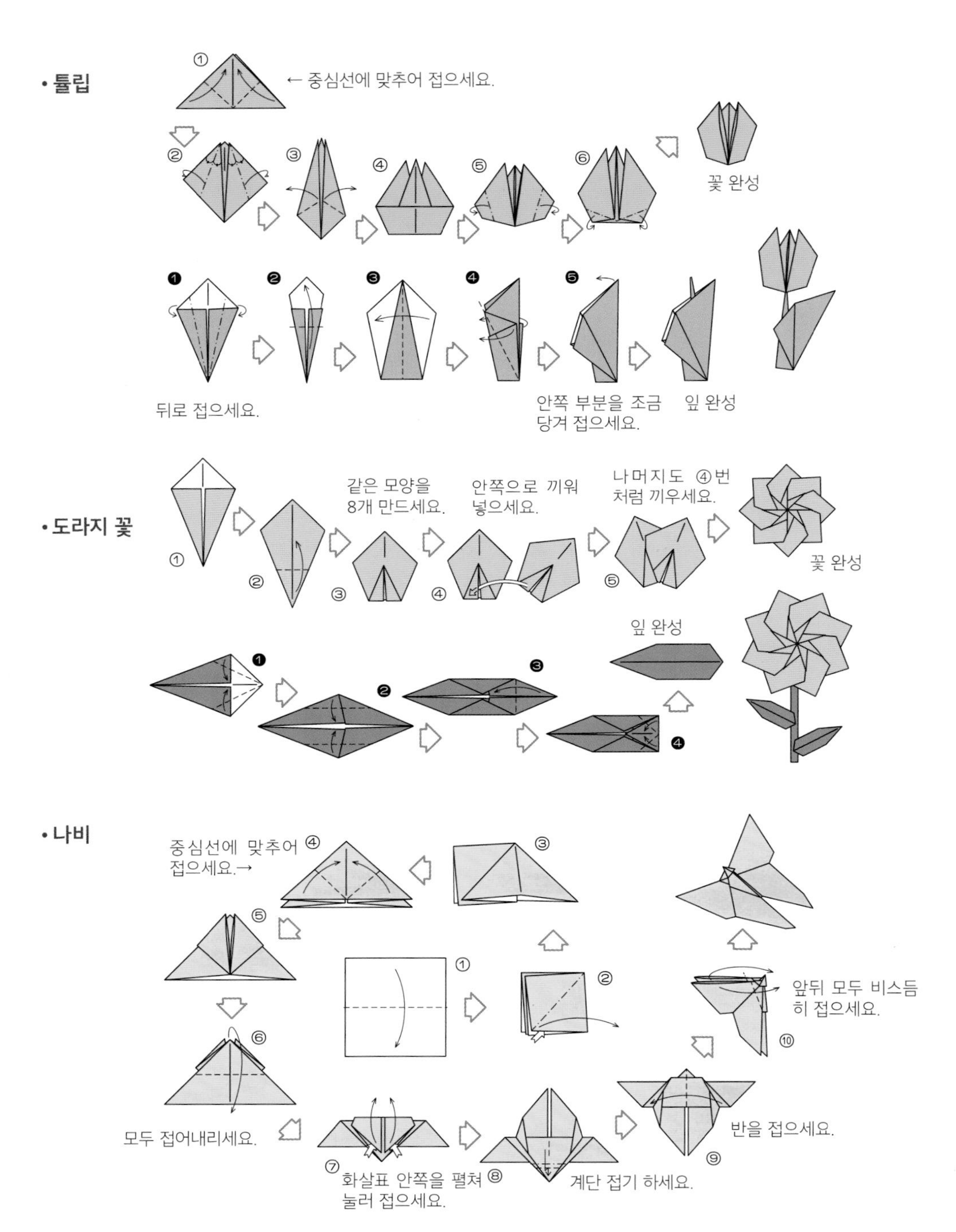
• 튤립
← 중심선에 맞추어 접으세요.
꽃 완성
뒤로 접으세요.
안쪽 부분을 조금
당겨 접으세요.
잎 완성
• 도라지 꽃
같은 모양을
8개 만드세요.
안쪽으로 끼워
넣으세요.
나머지도 ④번
처럼 끼우세요.
꽃 완성
잎 완성
• 나비
중심선에 맞추어
접으세요.→
앞뒤 모두 비스듬
히 접으세요.
모두 접어내리세요.
반을 접으세요.
화살표 안쪽을 펼쳐
눌러 접으세요.
계단 접기 하세요.

# 싱싱한 유기농 채소 키우기

▶ 알아두세요

**깻잎** 쌉사름한 향과 맛이 기분을 향긋하게 해 주는 채소, 섬유질이 많아서 변비 예방에 아주 좋답니다.

**고추** 고추는 비타민 C와 카로틴이 풍부하답니다.

**상추** 비타민과 미네랄이 풍부하여 빈혈을 치료하는 효과가 있어요. 빈혈이 일어나기 쉬운 임신 기간 동안 상추를 많이 먹으면 좋지요.

▶ 키우기 좋은 채소

깻잎, 고추, 상추, 방울토마토, 파, 샐러리, 피망 등

▶ 채소 키우기

1. **모종을 심을 상자를 구한다.** 그냥 화분에 심어도 좋지만 과일가게나 생선가게에서 스티로폼 상자를 구해 재활용하면 좋다. 채소 재배용 상자를 구입해도 된다.

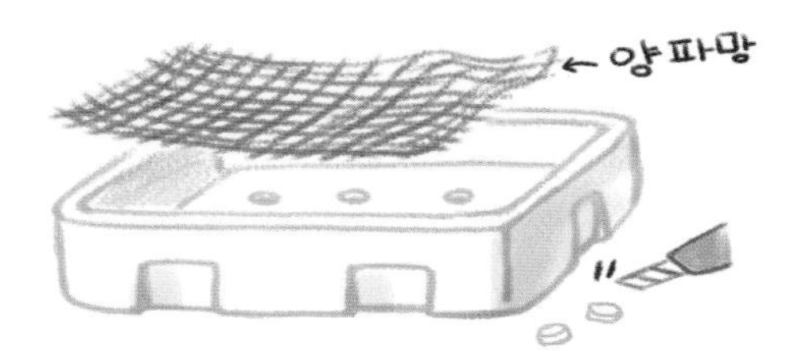


2. **배수 구멍 내기** 물이 빠질 수 있도록 스티로폼 상자에 칼로 2cm 남짓한 구멍을 뚫어 준다.

3. **망으로 배수구 막기** 배수구 위를 양파 담는 망으로 막고 그 위에 작은 자갈을 얹어 주는 것도 좋다.

4. **흙 담기** 화원에서 파는 부엽토도 좋다.

5. **모종 심기** 배수가 잘 되는 곳에 상자를 놓고 일주일에 한 번 정도 물을 흠뻑 준다.

# 서툴러도 귀여운 아기 턱받이

▶ 만들기

1. 턱받이 모양대로 흰색 면을 재단한다.

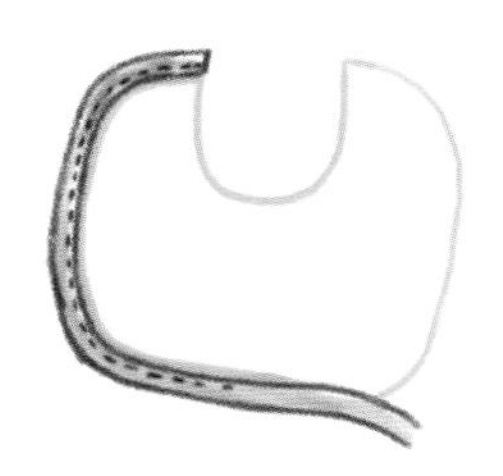

2. 가장자리에 바이어스 테이프를 대고 박는다.

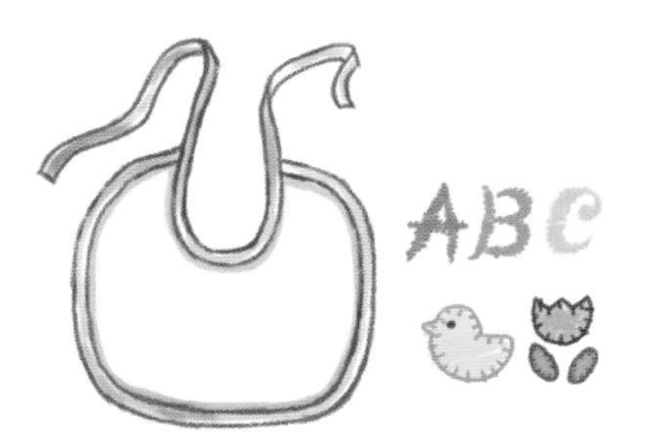


3. 턱이 닿는 부분의 바이어스 테이프는 양 방향으로 길게 해서 묶을 수 있는 끈을 만들어 준다.
4. 자수실로 아기 이름의 이니셜이나 예쁜 모양의 수를 놓아준다.(색깔 천을 덧대어 모양을 만들어도 예쁘다.)

▶ 재료

흰색 면, 바이어스 테이프, 자수실

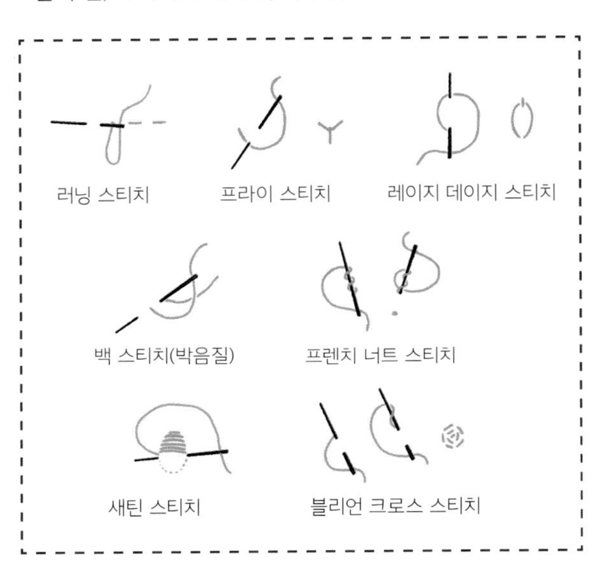


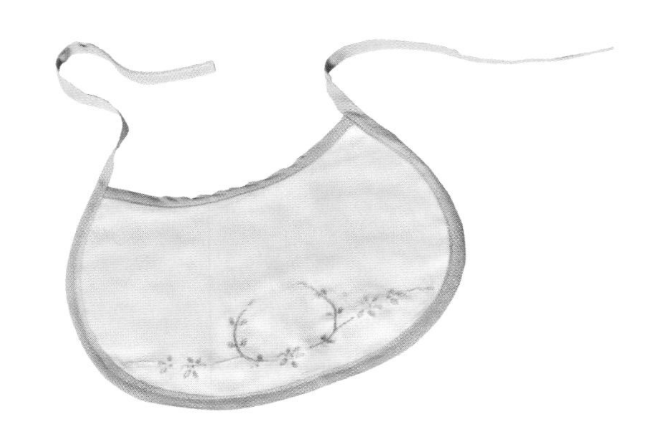

# 알록달록 흔들리는 공중 동물원

▶ **재료**

천, 폼보드지와 색지, 컴퍼스, 연필, 털실 혹은 끈, 솜, 실, 바늘

▶ **모형 만들기**

1. 천에 원하는 본의 그림을 그린다.
2. 같은 천을(다른 천이어도 무방하다) 맞대고 시접 분량을 남기고 본대로 재단한다.
3. 본대로 둘러 박는다. 뒤집어야 할 부분을 남기고 박음질한다.
4. 뒤집은 뒤 솜을 얇게 넣고 꿰맨다.

▶ **몸체 만들기**

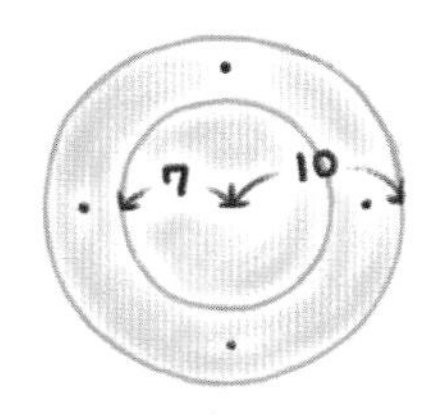

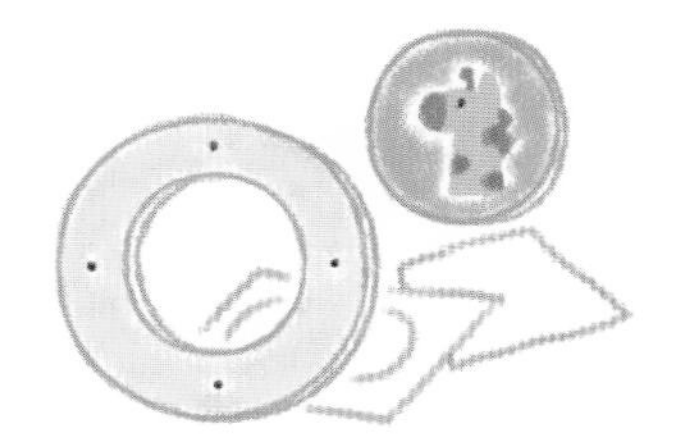

1. 폼보드지로 그림과 같이 ①과 ②를 만든다.
2. ①의 중심에 바늘로 네 군데의 구멍을 뚫는다.
3. 색지로 ①과 ②를 장식한다.
4. 사진처럼 끈으로 모형과 몸체를 연결한다.

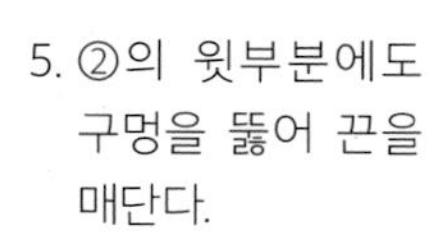

5. ②의 윗부분에도 구멍을 뚫어 끈을 매단다.

6. ②를 균형을 맞추어 ①에 끼우면 완성

# 십자수로 만드는 예쁜 소품들

▶ **재료**

아이다(십자수 전용 천), 실(여섯 가닥으로 되어 있는 실을 두 가닥만 빼내 사용한다), 바늘, 도안

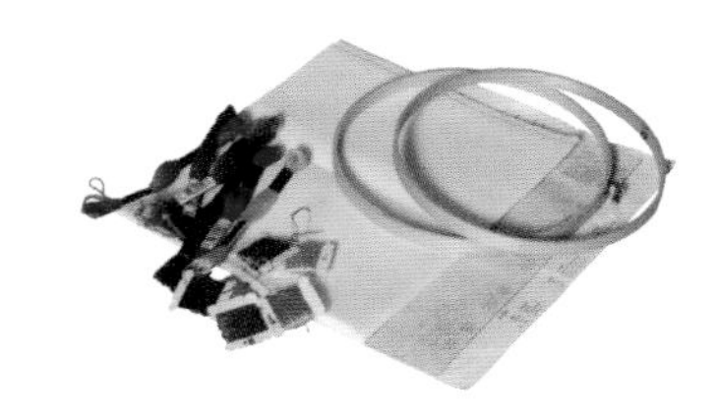

▶ **십자수의 기초**

1. 원단 치수 정하기 : 표시된 전체 스티치 수를 원단에서 정확히 계산해서 원단의 치수를 정한다.
2. 시작 지점은 따로 정해져 있지 않지만 보통 중심칸에서부터 세어 시작하면 편하다.

▶ **기본뜨기**

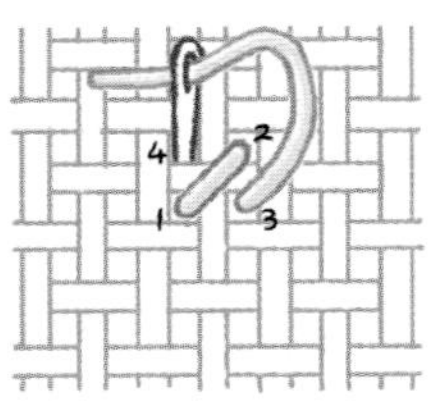

**싱글 크로스 스티치** : 십자수의 기본

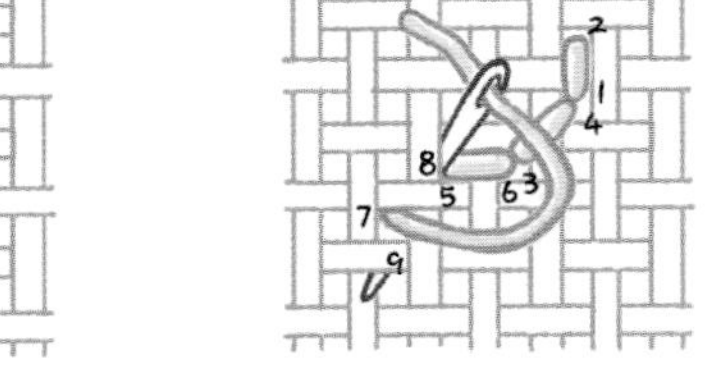

**백스티치** : 박음질과 같은 방법, 실 한 가닥으로 한다.

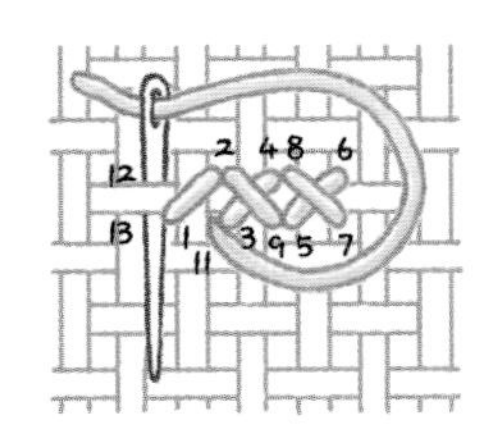

**십자뜨기** : 같은 색이 연속될 때 하는 방법, 한 방향으로 쭉 갔다가 돌아올 때 십자를 만드는 방법

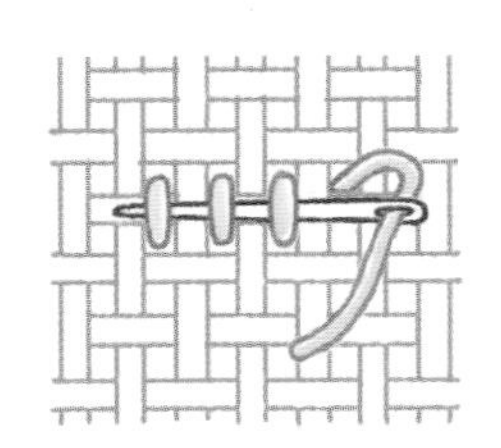

**마무리커팅** : 올풀림을 방지하기 위해 뒷면에서 실 사이로 가로질러 넣은 다음, 잘라 준다

**주의사항**

1. 시작할 때 실끝을 매듭짓지 말고 약 2cm 정도를 남긴다.
2. 실이 꼬이지 않도록 주의한다.

**나만의 작품 만들기**

1. 도안책에서 마음에 드는 도안을 찾는다(십자수 전문점에서 구입할 수도 있다).
2. 도안에 표시된 전체 칸의 수를 세어 원단의 너비를 정한다.
3. 원하는 모양대로 십자수를 놓은 뒤 다양한 소품에 응용한다.

# 창가의 향긋한 허브 정원

▶ 허브를 키우려면 이런 점을 생각하세요

**1. 어떤 용도로 기를 건가요?** 요리나 차로 이용하거나 아로마세라피, 허브 공예 등 허브의 쓰임새는 다양합니다. 어떤 용도로 이용할지 생각해서 쓰임새에 적당한 허브를 고릅니다.

**2. 알맞은 환경을 만들어 주세요** 허브에 따라 월동 여부, 꽃의 개화기 등이 다르답니다. 각각의 특성을 파악하여 알맞은 환경을 만들어 주세요.

**3. 실내에서 기를 때는 햇빛 쬐기와 통풍에 유의하세요** 화분을 햇빛이 잘 드는 창가에 두고, 오전 햇빛은 충분히 받도록 합니다.

**4. 물을 너무 자주 주면 뿌리가 썩으니 흙의 윗부분이 말랐을 때만 주세요.** 봄, 가을에는 2~3일에 한 번, 여름에는 매일 한 번, 겨울에는 일주일에 한 번씩 주는 게 일반적입니다.

▶ 화분에 허브 키우기

1. 모종을 적당한 계절(대개는 봄이나 가을)에 사고 물빠짐이 좋은 흙과 화분도 준비한다.

2. 비닐 화분을 거꾸로 들어 모종을 빼낸 후 상태를 살핀다. 뿌리끝(줄기와 이어진 부분)이 약간 높으면 물빠짐이 좋아진다.

3. 화분과 모종 사이에 흙을 넣고 모종을 안정된 형태로 만든다.

4. 물을 충분히 준 후 2~3일 정도 그늘에 놓아둔다.
5. 햇살 좋고 통풍 잘 되는 장소로 옮긴다.

# 스트레칭

더욱 건강하게, 보다 아름답게

# 태아와 함께 하는 운동

## 임산부 운동, 어떻게 선택해서 어떤 방식으로 할까?

- 어떤 것이 특별히 좋으며, 무엇을 꼭 해야 한다는 생각을 버린다.
- 자신이 좋아하는 것을 선택한다.
- 무리하게 욕심내지 말고 몸 상태, 시간, 비용 등을 고려해 상황에 맞는 것을 택한다.
- 가벼운 운동부터 천천히 시작한다.
- 자신에게 맞는 운동이라고 생각되면 천천히 시간을 늘린다.
- 호흡에 특히 주의하고, 숨이 가쁘거나 통증이 생기면 곧바로 중단한다.
- 긴장을 풀고 몸과 마음이 편안한 상태에서 한다.
- 운동이 끝난 다음에는 반드시 편안한 자세로 쉬며 피로를 풀어 준다.

## 어떤 운동들이 있을까

**체조** 체조는 유연성이 좋아지게 하고 긴장을 풀어 줍니다. 임신 초기에는 간단히 몸을 풀어 주는 체조로 시작해서 중기에 이르면 요통을 예방하고 순산을 돕는 체조로 바꾸어 나가면 됩니다. 임산부 체조 교실을 운영하는 스포츠 센터나 병원을 이용할 수도 있지만 집에서 편안하게 하는 것도 효과가 있습니다. 시간은 하루에 15분 정도가 좋으며, 몸의 근육이 이완되어 있는 편안한 상태에서 해야 합니다.

그러나 임신 경과가 좋지 않거나 조산의 위험이 있는 사람들은 하지 않는 것이 좋고, 피곤하거나 배가 땅기고 몸이 좋지 않은 날에는 중단해야 합니다.

**수영** 건강한 임산부는 임신 16주 이후부터 수영을 할 수 있습니다. 수영은 근육을 강화시켜 주며 순산을 도와줍니다. 물속에서는 마음껏 움직여도 물의 부력 때문에 근육이나 관절에 큰 무리가 가지 않으므로 몸을 다치는 일이 거의 없습니다. 수영을 할

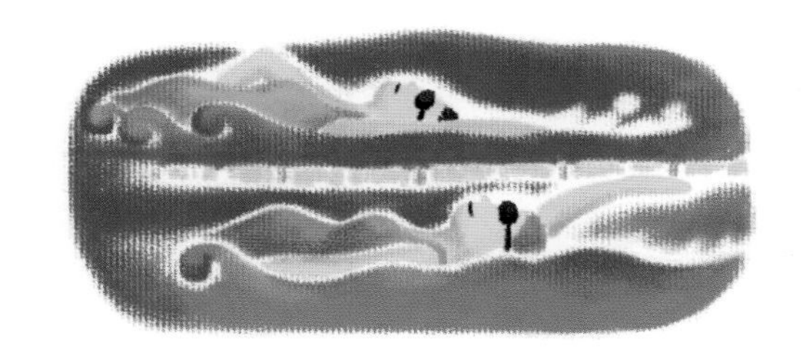

줄 모르는 임산부도 임신중에는 배가 불러 물에 뜨기 쉬우므로 임신 전보다 오히려 수영을 하기가 쉽습니다.

그러나 수영을 시작하기 전에 반드시 담당 의사와 상의해야 합니다. 유산이나 조산의 가능성이 있거나, 고혈압이나 당뇨병, 갑상선 이상, 심장 상태가 나쁜 경우는 수영을 해서는 안 됩니다.

수영을 하는 시간은 하루 30분~1시간 정도, 일주일에 2~3일 정도가 좋습니다. 건강한 임산부라도 수영에 피곤함을 느끼거나 배가 땅기는 증상 등이 있을 때는 즉시 그만두고 물속에서 나와 쉬어야 합니다.

**걷기** 걷는 것은 운동을 좋아하지 않는 사람도 할 수 있는 간편한 운동입니다. 매일 규칙적으로 걸으면 소화와 혈액 순환, 몸매 관리에 도움이 됩니다. 편안한 신발을 신고 엉덩이를 집어넣고 어깨를 활짝 편 다음 고개를 똑바로 들고 적당한 보폭으로 걷도록 하십시오. 출산이 가까워질수록 몸이 무거워져 걷기가 힘들고 요통을 느낄 수 있으므로 무리하지 않도록 해야 합니다.

### 임산부 운동, 이래서 좋아요

- 엔돌핀과 같은 체내 호르몬 분비가 많아져서 우울해지기 쉬운 기간에도 활력을 준다.
- 긴장이 완화되고 신경을 안정시키는 호르몬을 분비시킨다.
- 요통이나 근육 경련, 변비 등의 증세를 완화시킬 수 있다.
- 기력이 증강된다.
- 근육을 탄탄하면서도 부드럽게 만들어 분만을 도와준다.
- 남편이나 다른 가족들과 함께 함으로써 단란한 시간을 보낼 수 있다.
- 출산 후 몸매가 빨리 원상 복귀될 수 있도록 도와준다.

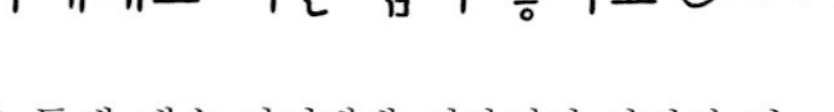


- 운동 중에 나오는 호르몬과 엔돌핀이 태반을 통해 뱃속 아기에게 전달되어 아기의 기분을 즐겁게 한다.
- 배의 근육이 자연스럽게 움직여 태아를 마사지해 준다.
- 혈액 순환이 잘 되어 태아의 성장을 촉진시켜 준다.

# 임신 초기의 체조

**◀ 전신 기능을 살려 주는 고양이 자세**

1. 무릎을 꿇고 두 팔로 바닥을 짚는다.
2. 숨을 내쉬면서 고개를 숙여 목을 어깨 밑으로 넣으면서 등을 최대한 들어올린다.
3. 숨을 들이마시면서 원래의 자세로 되돌아와 앞으로 보고 허리를 낮추려고 노력한다.
4. 이 동작을 3~5회 반복한다.

**▲ 혈액 순환을 돕는 다리 운동**

1. 위를 보고 반듯하게 누운 상태에서 두 무릎을 모아서 세운다.
2. 숨을 들이마시면서 천천히 한 쪽 발을 들어올린 다음 숨을 내쉬면서 내린다.
3. 반대편 다리도 같은 요령으로 올렸다 내린다. 이 동작을 10여 회 이상 반복한다.

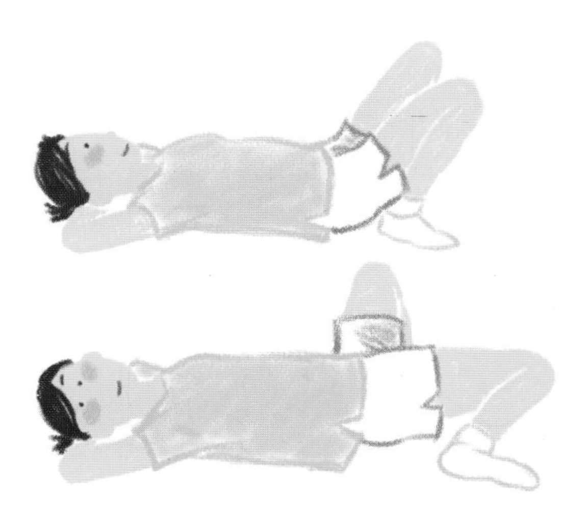

**▲ 요통을 예방하는 허리 들어 틀기**

1. 똑바로 누워 양손을 깍지 낀 다음 머리에 베고 무릎은 세우고 약간 벌린다.
2. 숨을 길게 내쉬면서 양 무릎을 옆으로 눕히고 고개는 그 반대로 돌린 뒤 5초 정도 숨을 참는다.
3. 반대 방향으로 이 동작을 반복한다.

**▼ 엉덩이 힘을 기르는 웅크리고 앉기**

두 다리를 어깨 너비보다 약간 더 넓게 벌린 뒤 천천히 앉아서 1~2분 정도 정지해 있다가 일어선다.

**◀ 골반을 유연하게 하는 꼬아틀기**

1. 두 손을 바닥에 대고 다리를 쭉 펴고 앉는다.
2. 왼쪽 다리를 구부려 오른쪽 다리 바깥쪽에 댄 후 오른쪽 손으로 왼쪽 무릎을 잡는다.
3. 무릎을 오른쪽으로 잡아당기고 몸은 왼쪽으로 비틀어 뒤를 바라본 후 10~20초 정도 정지했다 정면으로 돌아온다.
4. 같은 동작을 반대쪽으로 반복한다.

▼ **전신을 유연하게 해 주는 방아 자세**

1. 두 손을 깍지 끼고 머리 뒤에 붙인 채 무릎을 꿇고 앉았다가 한쪽으로 엉덩이를 빼면서 바닥에 앉는다.
2. 숨을 내쉬면서 반대편 허리를 구부려 팔꿈치가 발바닥 뒤쪽 바닥에 닿게 한다.
3. 숨을 들이쉬면서 제자리로 돌아왔다가 다시 내쉬면서 상체를 왼쪽으로 비틀었다가 다시 오른쪽으로 비튼다. 다리의 방향을 바꿔 같은 동작을 반복한다.

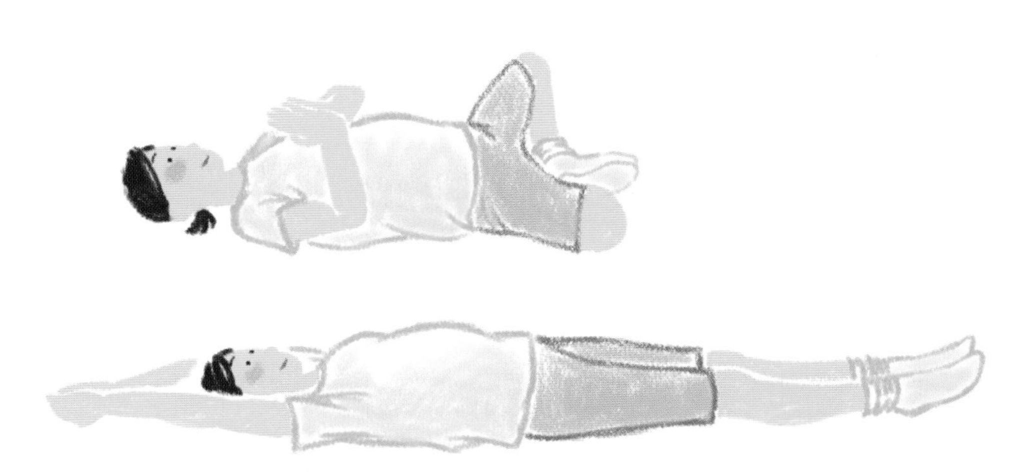

▲ 복근력과 호흡력을 높이는 합장 합족 운동
1. 똑바로 누워 두 손을 가슴 위에서 합장하고 무릎을 구부려 발바닥을 마주 붙이고 양손과 발을 서로 민다.
2. 숨을 들이마셨다가 내쉬면서 손바닥은 머리 위로 다리는 아래로 쭉 뻗는다. 같은 동작을 10여 회 반복한다.

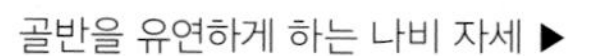

골반을 유연하게 하는 나비 자세 ▶

1. 발바닥을 맞대고 앉아서 양손으로 발을 잡는다.
2. 숨을 내쉬면서 양쪽 무릎이 바닥에 닿도록 구부렸다 올린다. 같은 동작을 10여 회 반복한다.

▲ 늑골과 골반을 바르게 하는 물고기 자세

두 발을 붙이고 반듯이 누운 채 팔은 몸에 붙이고 팔꿈치가 직각이 되도록 세운다. 그 자세에서 숨을 들이쉬었다가 내쉬면서 팔꿈치로 바닥을 누르며 가슴을 한껏 치켜 올린다. 이 상태를 30초 정도 지속했다 가슴을 내린다.

◀ 척추를 교정하는 메뚜기 자세

1. 숨을 들이마시며 한 쪽 다리를 들어올려 5초 정도 정지한다.
2. 내쉬는 숨에 들었던 다리를 내리고 다른 쪽 다리를 같은 요령으로 들어올린다.

**▼ 혈액 순환을 촉진하는 이소메트릭(Isometric) 운동**

1. 허리를 펴고 앉았다가 어깨를 바짝 위로 올려 5초 정도 움츠렸다 내리는 동작을 3~5회 정도 반복한다.

2. 팔을 뒤로 잡고 고개를 뒤로 젖혀 가슴을 최대한 편 자세로 5초 정도 정지했다 제자리로 돌아온다.

3. 가슴을 최대한 움츠려 5초 정도 정지했다 제자리로 돌아온다.

4. 양손을 가슴께에 모아서 5초 정도 힘을 주어 민다.

**산도를 느슨하게 하는 웅크리고 앉기 ▶**

1. 두 발을 어깨 너비로 벌리고 두 손을 편 채 가슴에 붙인다.
2. 숨을 천천히 내쉬면서 앉았다 반동을 주어 일어난다.

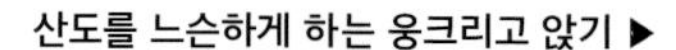

**▼ 피로와 긴장을 푸는 기지개 켜기**

1. 똑바로 누워 머리 위로 손을 뻗고 숨을 들이마시며 오른쪽 무릎을 구부린다.
2. 숨을 내쉬면서 무릎을 왼쪽으로 내려 바닥에 가까이 하고 고개는 반대쪽으로 돌려 몸이 비틀어지게 한다.
3. 반대쪽으로도 같은 동작을 반복한다.

**◀ 넓적다리 근육을 강화하는 안쪽 다리 들기**

한 쪽 손으로 팔베개를 하고 옆으로 누운 뒤 반대쪽 손을 위쪽 다리에 올린다. 바닥에 댄 다리는 구부리고 위쪽 다리는 한껏 뻗는다. 이 동작을 반대쪽으로도 반복한다.

## 순산을 위한 체조

**벽이나 의자를 이용한 자세**

1. 의자 등받이에 손과 이마를 대고 다리를 벌리고 쭈그린 자세로 앉는다. 이 때 골반이 최대한 벌어지게 하는 것이 좋다.
2. 의자 등받이나 벽에 손을 대고 다리를 벌린 채 선 자세도 허리 통증을 완화시켜 준다.

**무릎을 꿇고 엎드린 자세**

책이나 담요 등을 일정한 높이로 쌓고 두 팔을 기댄 후 다리를 벌린 채 무릎을 꿇고 앉으면 골반이나 자궁구가 잘 벌어지게 돕는다.

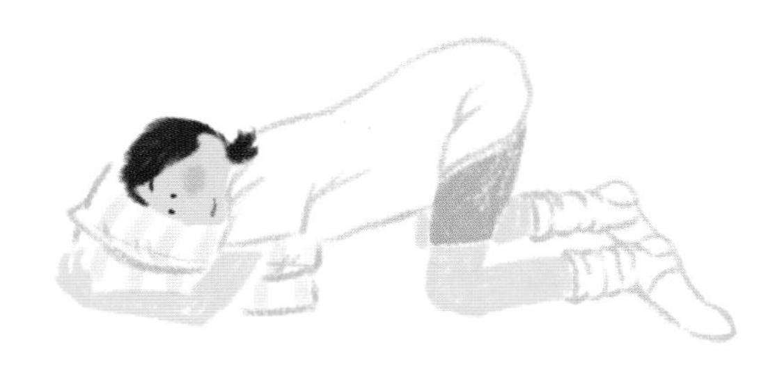

**엉덩이를 들고 머리를 낮춘 자세**

무릎을 바닥에 대고 엉덩이를 든 다음 머리를 베개나 담요에 댄 채 낮게 한다.

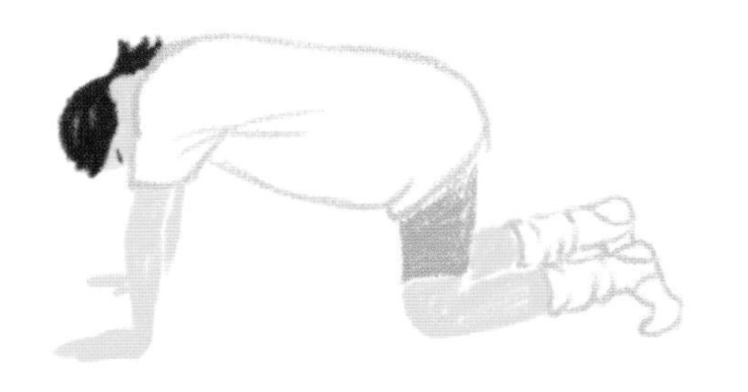

**고개 숙인 고양이 자세**

양 팔과 무릎을 바닥에 대고 고개를 숙인 고양이 자세를 취한다. 허리를 돌리거나 흔들어 주면 더 좋다.

**근육의 힘을 키우는 체조**

1. 다리를 어깨 너비로 벌리고 양손을 깍지 껴서 앞으로 뻗은 후 양 손바닥을 정면을 향하게 한다.
2. 등을 일직선을 한 채 천천히 숨을 내쉬며 양 무릎을 바깥쪽으로 구부렸다 다시 선다.

**엉덩이 근육을 단련하는 체조**

1. 다리를 어깨 너비만큼 벌리고 양손을 머리 뒤쪽으로 깍지를 낀 다음 숨을 천천히 들이마신다.
2. 천천히 숨을 내쉬면서 두 무릎을 앞쪽으로 구부린다.

**통증을 완화시키는 체조**

1. 옆으로 누운 후 한 손은 머리를 괴고 다른 한 손은 가슴 앞 쪽 바닥에 대어 중심을 잡는다.
2. 숨을 크게 들이마시면서 위쪽 다리를 천천히 들어 올렸다가, 숨을 내쉬면서 올렸던 다리를 내린다. 반대편으로도 같은 동작을 반복한다.

**엎드린 자세**

한 쪽 다리를 접고 몸을 최대한 바닥에 많이 닿도록 엎드린 후 전신에 힘을 뺀다.

## 부기와 살을 빼는 체조

**준비 운동**

1. 똑바로 누워 두 팔을 위쪽으로 쭉 뻗으며 머리를 들었다가 머리를 내리면서 팔을 내리고 위로 올린다. 이 동작을 10여 회 반복한다.
2. 똑바로 누워 팔과 다리를 들어올리고 자연스럽게 흔들다가 바닥에 내린 후 숨을 깊이 들이마셨다가 입으로 천천히 내쉰다. 이 동작을 3~4회 정도 한다.

**허리살 빼기**

무릎을 꿇고 앉아 두 손을 머리 위에서 깍지 끼고 좌우로 번갈아 가며 허리를 구부린다. 익숙해지면 허리를 더 깊이 굽힌다.

**다리살 빼기**

1. 두 손을 허리에 받치고 두 다리를 위쪽으로 쭉 뻗는다. 두 다리를 번갈아 가며 구부렸다 차올린다.
2. 두 다리를 서로 앞뒤로 엇갈리게 교차시킨다.

**임신 초기, 중기, 후기의 체조들도 몸매를 가꾸는 데 큰 도움이 되는 체조들이므로 출산 후에도 꾸준히 시행하는 것이 좋습니다.**

# 산후조리

건강한 일상의 회복을 위하여

# 출산 후부터 회복기까지

| | 출산당일 | 2일째 | 3일째 | 4~5일째 |
|---|---|---|---|---|
| 엄마의 변화 | · 출산 3시간 정도 지나면 붉은색 오로가 시작된다.<br>· 자연 분만을 한 경우 자궁이 수축하면서 후진통이 시작되고, 제왕절개를 한 경우는 마취가 풀리면서 수술한 부위에 통증을 느낀다.<br>· 체온이 떨어져 오한을 느끼거나 잠이 많이 온다. | · 오로가 계속된다.<br>· 후진통도 미약하게 계속된다.<br>· 젖이 돌기 시작하면서 유방이 단단해지고 통증이 온다.<br>· 소변과 땀이 많아진다. 약하게라도 요의가 느껴지면 소변을 본다. | · 후진통이 거의 사라진다.<br>· 유방이 커지고 통증이 느껴진다.<br>· 체온이 올라간다.<br>· 자궁 내 점막이 다시 생기기 시작한다.<br>· 제왕절개를 한 경우 가스가 나와 식사를 할 수 있다.<br>· 자연 분만을 한 경우 퇴원한다. | · 오로가 갈색으로 변하면서 양도 조금씩 줄어들기 시작한다.<br>· 모유분비가 많아진다.<br>· 회음절개한 경우 실을 제거한다.<br>· 산후 우울증이 올 수 있다. |
| 아기의 변화 | · 산후 처치를 받고 목욕을 한 후 신생아실로 옮긴다.<br>· 생후 24시간 내에 태변을 본다.<br>· 첫 우유를 먹고 숙면을 취한다. | · 계속 숙면을 취하다 일정한 시간에 초유를 먹는다.<br>· 신생아 황달이 나타난다. | · 초유를 먹는다.<br>· 시간의 대부분을 잠으로 보낸다. | · 신생아 황달이 심해진다.<br>· 아기의 몸무게가 준다.<br>· 암녹색이던 태변이 황색으로 바뀐다. |
| 이렇게 생활하세요 | · 편안한 마음으로 푹 잔다.<br>· 출산 후 6시간 이내에 소변을 본다.<br>· 오로가 나오기 시작하므로 자주 패드를 갈아준다.<br>· 좌욕을 해 분비물을 씻어낸다. | · 분비물이 많아지므로 하루에 두 번 정도 좌욕을 한다.<br>· 천천히 걷거나 발목 운동 등 산욕기 체조를 시작한다.<br>· 미역국이 곁들여진 식사를 충분히 한다.<br>· 정해진 시간에 아기에게 젖을 먹인다.<br>· 유방 마사지를 한다. | · 퇴원 전에 병원에서 젖 먹이기, 기저귀 갈기, 목욕시키기 등의 기초 교육을 받는다.<br>· 출산 후 3일 안에 배변을 하도록 한다.<br>· 몸을 따뜻하게 해주고 조금씩 자주 움직인다.<br>· 기운을 북돋우고 부기를 빼는 식단으로 식사를 하고 수분을 보충한다. | · 유방 마사지를 부지런히 한다.<br>· 무엇보다 안정이 최우선이다.<br>· 집안일은 당분간 주변 사람들의 도움을 받는다.<br>· 배변시 힘을 주지 않는다.<br>· 오로나 진통 등 이상 증상을 세밀하게 체크한다. |

| 6~7일째 | 2주째 | 3주째 | 4주째 | 5~6일째 |
|---|---|---|---|---|
| · 회음절개한 부분이 아문다.<br>· 갈색 오로가 나오긴 하지만 양이 눈에 띄게 준다.<br>· 초유의 성분이 없어진다.<br>· 자궁의 크기가 주먹만 한 정도로 줄어든다.<br>· 임신선과 정맥류가 희미해진다. | · 오로는 갈색이 황색으로 바뀌고 양도 준다.<br>· 유즙 분비가 일정하게 조절된다.<br>· 자궁은 만져도 잡히지 않을 정도가 된다.<br>· 산후 우울증이 심해질 수 있다. | · 분만 때 생긴 상처가 어느 정도 아문다.<br>· 황색의 오로가 거의 없어진다.<br>· 질이나 회음부의 부기가 어느 정도 회복된다.<br>· 산후 우울증이 자연스럽게 치유된다. | · 황색의 오로도 없어지고 임신 전과 같은 흰색의 분비물이 나온다.<br>· 자궁과 성기가 이전의 상태대로 회복된다. | · 자궁의 안쪽도 완전히 회복된다. 하지만 질벽이 위축되어 상처가 날 위험이 있다.<br>· 임신으로 생긴 몸과 마음의 변화에서 어느 정도 회복된다.<br>· 배가 눈에 띄게 내려앉으면서 제자리를 찾는다. |
| · 몸무게가 늘기 시작한다.<br>· 아기에게 눈을 맞추고 이야기할 수 있다. | · 젖을 먹는 양과 배설의 양과 횟수가 일정해진다.<br>· 20시간 정도 잔다.<br>· 젖먹이는 양을 체크한다. | · 신생아 황달기가 없어진다.<br>· 솜털이 빠진다.<br>· 배변의 횟수가 줄어든 반면 1회의 양은 많아진다. | · 밤과 낮을 구분하는 능력이 생긴다. | · 몸에 살이 붙기 시작한다.<br>· 바깥 공기를 마시게 하고 8주가 지나면 일광욕도 시킨다. |
| · 산욕 체조를 적극적으로 시작한다.<br>· 수면 부족이 되지 않도록 휴식을 충분히 취한다.<br>· 집에서의 생활에 익숙해졌지만, 무리하지 않게 주의한다.<br>· 샤워를 할 수 있다.<br>· 찬물을 사용한다든가 허리를 무리하게 사용하는 활동은 금물.<br>· 제왕절개로 아기를 분만한 경우, 퇴원한다. | · 기저귀 갈기 등의 간단한 아기 돌보기를 직접 하기 시작한다.<br>· 몸을 움직이되 지치지 않도록 주의한다.<br>· 무거운 물건을 들지 않는다.<br>· 탕에 들어가는 목욕은 아직 이르므로, 샤워만 간단히 한다.<br>· 무리하지 않을 정도로 집안일을 시작한다.<br>· 모유 분비에 좋도록 영양가 높은 음식을 충분히 섭취한다.<br>· 산욕 체조를 계속한다.<br>· 계단 오르기를 할 수 있다.<br>· 오로 처리나 소독을 꼼꼼히 한다.<br>· 우울증에 대처하기 위해 긍정적인 마음을 갖는다. | · 아기 목욕시키기나 기저귀 빨래 등은 직접 할 수 있다.<br>· 피로를 느꼈을 때는 쉬도록 한다.<br>· 낮잠은 1~2시간 정도, 밤에는 8시간 정도 푹 잔다.<br>· 식사 준비와 가벼운 빨래 등의 집안일을 시작한다.<br>· 아기와 함께 편안하게 생활할 수 있는 분위기를 만든다.<br>· 오랫동안 서 있지 않는다. | · 시간 간격과 양을 일정하게 해서 젖을 먹인다.<br>· 출생 후 첫 검진을 받도록 한다.<br>· 일상적인 생활로 서서히 돌아갈 준비를 한다.<br>· 가까운 곳으로의 쇼핑이나 외출이 가능하다.<br>· 물 속에 몸을 담그는 목욕이 가능하다.<br>· 출산 후 정기 검진을 받아 몸 상태를 진단받는다.<br>· 산욕 체조를 보다 적극적으로 한다.<br>· 버스, 전철, 자동차를 타는 일은 되도록 짧은 시간 동안만 하도록 한다. | · 아기 돌보는 일의 대부분을 혼자서도 할 수 있는 시기다.<br>· 아기와 산책을 나갈 수 있다.<br>· 의사의 허락이 있으면 성생활을 시작한다. 단, 이때에도 임신이 가능하므로 피임에 주의해야 한다.<br>· 집안일을 혼자서도 할 수 있다.<br>· 퍼머를 해도 좋다. 직장 여성이라면 출근 준비를 시작한다.<br>· 가벼운 스포츠나 짧은 여행을 할 수 있다.<br>· 운전과 자전거 타기도 가능하다.<br>· 통증, 출혈, 발열 등이 있을 때는 의사의 진단을 받는다. |

# 일상, 어떻게 지낼까?

**충분히 땀을 낸다**

산욕기에 몸 안의 노폐물이 다 빠져나가야만 노폐물이 굳어서 생기는 질환들에서 벗어나 건강한 생활을 할 수 있다. 땀은 몸 안의 노폐물을 배출해 신장의 부담을 덜어주므로 덥고 답답하더라도 소매가 긴 옷을 입고 이불을 덮어 땀을 빼주도록 한다.

**좌욕은 꾸준히**

좌욕은 출산시 절개했던 회음 부위의 상처가 빨리 아물도록 도와주며, 손상된 질이나 자궁에 세균이 침입하지 못하도록 해준다. 일단 끓는 물로 대야를 소독한 후, 펄펄 끓인 물의 김을 회음 부분에 쏘인다. 이때 약쑥 달인 물이면 더욱 좋다. 또 물을 식혀 소독용 청결제를 섞어 외음부를 씻어낸다. 좌욕 후에는 깨끗한 수건으로 두드리듯 닦아내거나 헤어 드라이기를 사용해 말린다. 좌욕은 하루 3회 정도 2주 간 꾸준히 한다.

**목욕은 천천히**

땀을 많이 내서 몸이 끈적거리고 답답하지만 적어도 삼칠일, 즉 3주 간은 목욕하지 않는다. 따뜻한 물수건으로 전신을 닦아 주거나 속옷을 자주 갈아입는 것으로 위생 문제를 해결한다. 땀을 너무 많이 흘려 참기 힘든 경우에는 일주일 정도 지난 후 미지근한 물로 간단히 샤워한다. 이때도 물을 먼저 틀어 놓아 목욕탕 공기를 충분히 덥혀 두도록 하고 몸을 완전히 말린 후 나온다.

**자극을 피해야 할 머리카락**

머리도 3주 이전에는 감지 않는 것이 좋다. 너무 가렵고 지저분하게 느껴지면 따뜻한 타월로 두피와 머리카락을 닦아낸다. 출산 후 4개월까지는 머리카락이 많이 빠진다. 임신중에 활발했던 호르몬 분비가 중단되면서 머리카락의 성장이 느려지고 모근이 약해지기 때문이다. 따라서 호르몬 분비가 정상으로 돌아오는 6개월 이후까지는 염색이나 파마 등은 피하는 것이 좋다.

### 잠은 온돌방에서, 낮잠은 필수

산욕기에는 안정이 최우선이므로 숙면이 무엇보다 중요하다. 출산 전에 침대를 사용하던 산모라도 출산 후 2주 정도는 따뜻한 온돌에서 자는 것이 좋다. 이 기간 동안은 되도록 많이 자야 하는데, 밤에 아기를 돌보느라 숙면을 취하기 힘들면 낮잠으로 보충하도록 한다. 잠자는 자세는 자연 분만인 경우에는 엎드려 자는 것이 좋다. 자궁 후굴을 막고 자궁 수축에 도움이 되기 때문이다. 제왕절개를 한 경우에는 엎드릴 수 없으므로 수시로 자세를 바꾸어 가며 잔다.

### 하루 20분의 산후 체조

산후 체조는 산후 합병증을 예방하고 몸매 관리에도 도움이 된다. 처음에는 하루 10분 정도로 시작해서 익숙해지면 30분 정도로 늘린다. 과격한 운동은 연골이나 좌골에 손상을 줄 수 있으므로 무리하지 않도록 한다.

### 외출은 3주 후부터, 여행은 무리

첫 외출은 보통 출산 후 3주 후에 하도록 하고, 가능하면 남편과 함께 한다. 외출을 할 때 여름에도 보온이 필수지만 특히 겨울에는 얼굴 외에 신체 부위가 찬바람에 직접 노출되지 않도록 신경을 쓴다. 오랜만에 하는 가벼운 화장은 기분 전환에 좋다. 여행이나 운전은 8주 이후에나 계획한다.

### 아기 돌보기는 기본적인 것만

산욕기 삼칠일 동안에는 무리하지 말고 젖 먹이고 기저귀를 갈아 주는 정도로만 아기를 돌본다. 분만 후부터 일주일 정도 나오는 초유는 면역 물질과 항생 물질을 많이 함유하고 있으므로 반드시 먹이도록 한다. 일단 충분히 젖을 빨게 한 뒤 남은 것은 짜서 보관해 두었다가 먹인다. 젖을 먹일 때는 편안하고 안정된 자세가 되도록 아기를 안은 팔에 쿠션이나 베개를 받치는 게 좋다.

# 꼭 지켜야 할 산후조리법

### 샤워, 일주일은 참으세요

여름철은 덥고 땀이 많이 나기 때문에 샤워 생각이 간절할 수밖에 없다. 하지만 아무리 더워도 산후 7일이 지나기 전에 샤워는 하지 않는다. 7일이 지나 샤워를 할 때도 따뜻한 물로 재빨리 한 후, 욕실에서 몸을 완전히 말리고 나오도록 한다. 머리를 감는 것은 2주 후, 목욕은 적어도 3주가 지난 후에 한다.

### 긴 소매, 양말은 필수

아무리 답답해도 삼칠일까지는 긴 소매, 발목까지 내려오는 옷에 양말을 꼭 신도록 한다. 땀을 많이 흘리게 되므로 몸에 달라 붙지 않고 땀을 잘 흡수하는 면 제품을 입는다.

### 찬바람 접근 금지

여름에 선풍기, 에어컨에서 나오는 찬바람을 쐬는 것은 절대 금지. 창문을 통해 들어오는 바람도 차단한다. 잘 때는 이불을 덮도록 한다. 겨울철에는 특히 손목이나 목덜미 등 바람이 들어올 수 있는 틈새를 잘 감싸 주어야 한다.

### 찬 음식 절대 금물

찬 음식을 먹으면 풍치 등으로 고생하게 된다. 냉장고 안에 넣어둔 야채와 과일도 꺼내 두었다가 냉기가 가신 후에 먹고, 물도 따뜻하게 데워 마신다.

### 온도와 습도의 조화

겨울에는 몸을 따뜻하게 하는 것이 쉬운 편이다. 그러나 상대적으로 습도를 조절하는 일이 소홀히 되지 않도록 신경을 써야 한다. 실내 온도는 22℃ 이하로 떨어지지 않도록 가습기 등으로 조절한다.

### 얇은 옷을 여러 겹

겨울에는 두터운 옷을 입는 것보다 얇은 옷을 몇 개 겹쳐 입는 것이 효과적이다. 상의보다는 하의를 더 두텁게 입어야 전신 온도가 일정하게 유지되며, 특히 양말은 꼭 신어야 한다.

## 산후 유방 마사지

### 젖몸살 푸는 유방 마사지

산후 3~4일 후쯤 지나면 하루에 한 번씩 유방 마사지를 시작하세요. 단, 너무 지쳐 있거나 열이 있는 경우에는 쉬는 게 좋습니다.

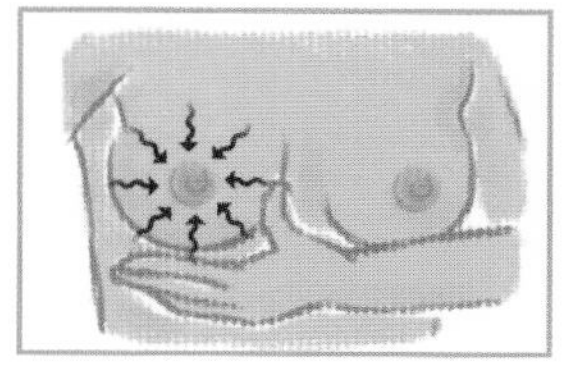

1. 그림에서 보는 것처럼 유방의 위와 아래를 작은 원을 그리면서 부드럽게 마사지한다.

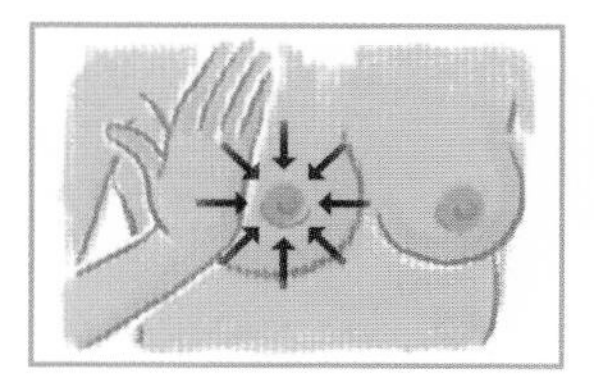

2. 손바닥으로 유방 주변에서 젖꼭지를 향해 마사지하되, 강하게 했다가 약하고 부드럽게 하는 것을 번갈아 반복한다.

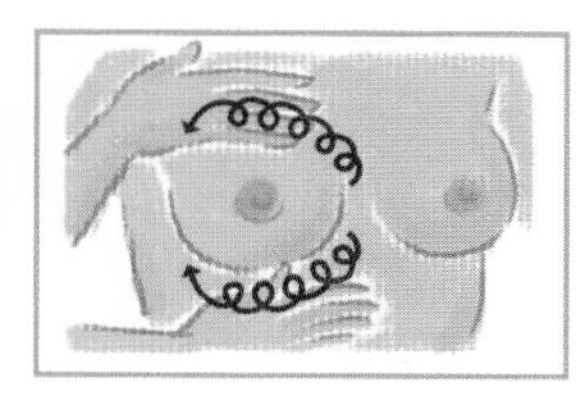

3. 유선 조직을 잡고 유방 주변에서 젖꼭지 쪽으로 문지르면서 마사지한다. 마치 젖을 짜내는 것처럼 강하게 힘을 준다.

### 젖이 잘 나오게 하는 유방 마사지

출산 직후부터 유방 마사지를 하면 유방의 혈액 순환이 좋아지고 새로운 모유를 만드는 데 도움을 줍니다. 이 마사지는 아기에게 젖을 먹이기 바로 전에 하면 효과적입니다.

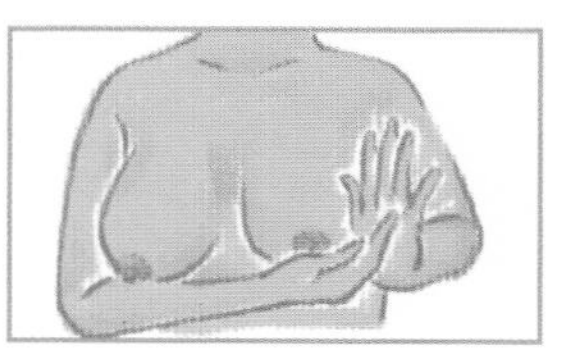

1. 오른손으로 왼쪽 유방 부분을 받쳐든다. 왼손을 유방의 윗부분을 감싸듯이 하되 팔꿈치가 내려가지 않도록 주의한다.

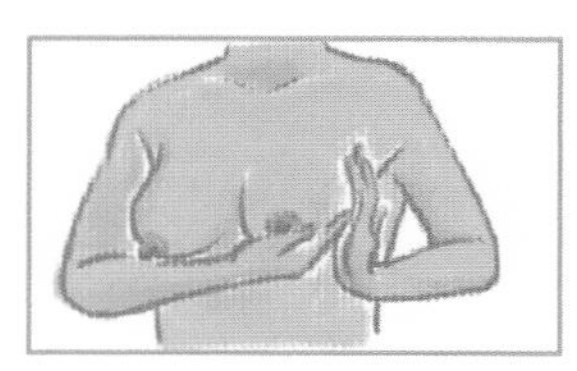

2. 왼쪽 팔꿈치를 올린 상태에서 손바닥을 유방에 대고 가슴을 중심으로 밀어내듯이 천천히 움직이며 마사지한다.

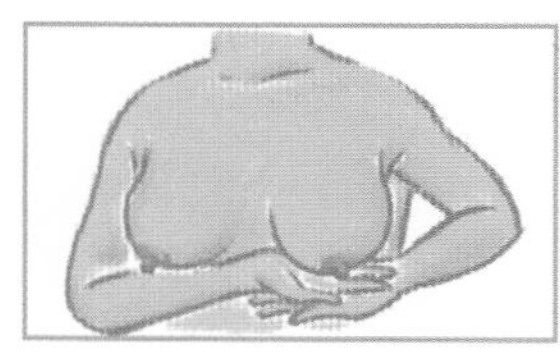

3. 양손을 겹쳐 유방 아래 부분을 받쳐든다.

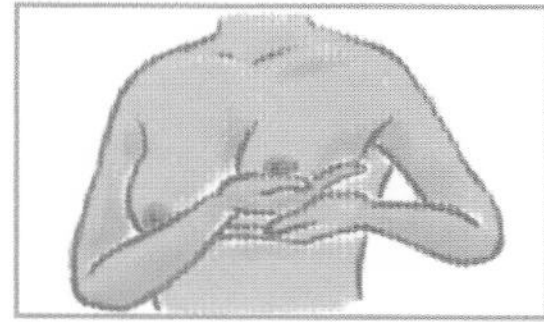

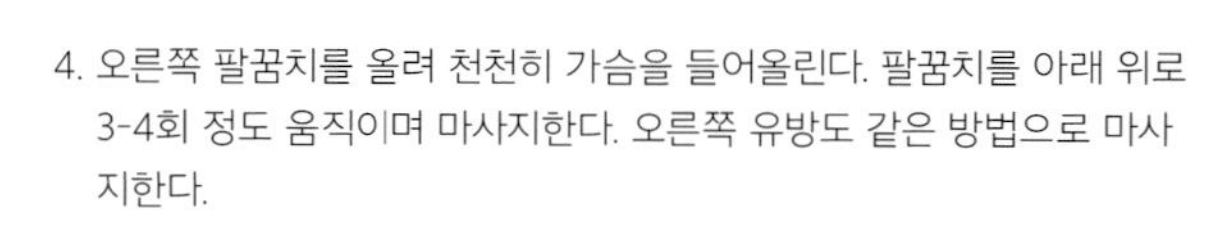

4. 오른쪽 팔꿈치를 올려 천천히 가슴을 들어올린다. 팔꿈치를 아래 위로 3-4회 정도 움직이며 마사지한다. 오른쪽 유방도 같은 방법으로 마사지한다.

# 산욕기, 이런 병에 주의하세요

**태반 잔류**

아기가 나온 후에 당연히 빠져나와야 할 태반이 빠져나오지 않고 자궁 안에 그대로 남아 있는 경우이다. 대개는 출산 직후에 확인이 되기 때문에 적절한 처치를 하게 되지만 아주 작은 태반 조각이라도 남아 있게 되면 산후 10일 정도 후에 출혈을 일으키게 된다. 그러나 일단 출혈이 시작되면 정확한 원인을 알아야 하므로 반드시 검진을 받아본 후 태반 잔류일 경우에는 자궁 수축제나 지혈제, 기계 등을 사용해서 태반 잔류물을 꺼내 주어야 한다.

**회음통**

분만 때 절개했다 봉합한 회음부의 상처가 계속 아프고 땅기는 느낌이 있는 것을 말한다. 산후 2~3일 동안은 걷거나 앉는 동작이 거북할 정도의 통증이 있지만 염증이 없고 정상적으로 상처가 아문 상태라면 서서히 사라진다. 만약 실을 뽑은 후에도 2주일 이상 통증이 계속되면 검진을 받도록 한다. 특별한 이상이 없을 경우 좌욕을 하루에 두 번 이상 하고 패드를 자주 갈아 주며 청결을 유지하면 일반적인 회음통은 치료가 된다.

**산욕열**

분만 과정에서 자궁의 내면이나 산도, 태반이 떨어져 나간 자궁벽 등에 크고 작은 상처가 나게 된다. 여기에 세균이 들어가면서 염증이 생겨 열이 나게 되는데, 이 열을 산욕열이라고 한다. 산후 2~3일경부터 갑자기 오한이 나고 38~39℃ 이상의 발열이 이틀 정도 계속되다 가라앉는다. 만일 일주일 이상 열이 계속되는 정도로 심하면 항생제 치료를 받아야 한다.

산욕열을 다스리기 위해서는 무엇보다 안정이 필수적이며, 영양가 높은 음식을 유동식으로 만들어 먹고 수분 공급도 충분히 해주어야 한다. 산욕열의 예방을 위해서는 평소 염증이 있던 부위를 임신 전에 말끔히 치료하고 임신중에 적당한 운동으로 체력을 길러 주어야 한다.

### 자궁복고부전

출산 후 자궁은 바로 단단하게 수축되어 6주 정도가 지나면 원래의 크기로 되돌아가야 한다. 그런데 이러한 자궁 수축이 제대로 되지 않고 회복이 늦어지는 것을 자궁복고부전이라고 한다. 적색 오로가 2~3주까지 계속되는 특징이 있다. 자궁복고부전증이 있으면 자궁 수축제나 지혈제를 사용한 치료를 받는다. 그리고 치료를 받는 동안은 목욕이나 성 생활을 하지 않아야 한다.

### 치골 통증

하복부 가장 아랫부분에 약간 돌출되어 있는 부분이 치골이다. 이 부분은 임신중에 느슨해져서 아기가 산도를 통과할 때 열리는데, 아기가 클수록 많이 벌어져 통증을 일으킨다. 산후 회복기에도 통증이 계속되지만 산후 12주 이후에는 자연스럽게 낫는다. 복대나 거들을 착용하면 통증을 조금 완화시킬 수 있다.

### 유선염

유선에 유즙이 쌓이거나, 아기의 젖 빠는 힘이 강해 유두의 피부가 벗겨지고 짓무른 부위에 세균이 감염되어 생기는 병이다. 유방이 빨갛게 붓고 딱딱해지면서 열이 나는 듯이 아프다. 심하면 오한이 나고 39℃ 이상의 고열이 나기도 한다. 항생제를 맞고 남아 있는 젖을 다 짜내고 냉찜질을 하면 증세 완화에 도움이 된다. 심하지 않으면 직접 수유를 해도 되지만 심하면 젖을 짜 두었다가 간접 수유를 하도록 한다. 수유 전후에 반드시 유방을 깨끗이 닦아내도록 한다.

### 신우염

방광에 있던 세균이 요도를 통해 신장의 신우로 올라가 생기는 병이다. 갑자기 오한이 나고 열이 나는 증상은 산욕열과 비슷하지만, 신장 부근을 만지면 통증과 압박감을 느끼는 점이 다르다. 일단 수분을 많이 섭취해 세균이 소변과 함께 씻겨 내려가도록 하고, 요의가 있을 때 참지 말아야 한다. 옆으로 누운 자세로 충분한 안정을 취하도록 한다.

# 병은 아니지만 괴로운 증세들

### 훗배앓이

출산 후에도 지속적으로 배가 아픈 현상이다. 이는 출산 후 산후 출혈을 막기 위해 자궁 수축이 일어나기 때문에 나타나는 정상적인 반응이다. 자궁이 수축되면 하혈 가능성이 줄어든다. 모유 수유를 하면 더 심하게 나타나기도 하는데, 이는 아기가 젖을 빨 때 산모에게 옥시토신이라는 호르몬이 분비되어 자궁을 수축시키기 때문이다. 훗배앓이는 3~4일 정도가 지나면 거의 사라지는데, 이런 수축 과정을 통해 자궁은 출산 후 6주가 지나면 거의 출산 전 크기로 돌아간다.

### 빠지는 머리카락

출산 후에는 탈모 증세가 조금씩 나타난다. 보통 출산 후 한 달 정도가 지나면 이전의 상태로 돌아오지만, 해조류나 양질의 단백질 식품을 섭취하면 보다 빨리 탈모증을 해결할 수 있다.

### 나빠진 시력

출산 후 갑자기 눈이 침침해지면서 잘 보이지 않아 걱정을 하는 산모들이 많다. 그러나 이런 증상은 시력이 나빠진 것이 아니라 아기 때문에 밤낮이 바뀌어 안압이 높아졌거나, 피로 때문에 일시적으로 생긴 현상일 경우가 많다. 일단 안정을 취하고 비타민 A와 철분이 많이 들어 있는 간 요리나 철분제를 먹으면 시력을 찾는 데 도움이 된다.

### 흔들리고 시큰거리는 이

임신 기간 중에 관리를 잘못했거나 산후욕 기간에 조리를 잘못하면 이가 흔들리거나 시린 증상이 나타난다. 이렇게 이가 약해지는 걸 막기 위해서는 단단한 음식, 찬 음식을 금하고 칼슘 식품을 섭취해야 한다. 하루에 세 번, 부드럽게 이를 닦는 것은 필수.

### 묵직하고 괴로운 변비와 치질

아기를 낳은 후에는 복압이 내려가서 힘을 제대로 줄 수 없기 때문에 변비나 치질로 고생을 하게 된다. 이를 막기 위해서는 섬유질이 풍부한 야채와 과일, 보리차, 미역국을 많이 먹는 것이 좋다. 변비일수록 규칙적으로 배변을 하는 습관을 들이는 것이 중요하고, 변비약보다는 관장을 하는 것이 낫다.

### 순간적으로 흐르는 요실금

산모들은 출산 후에 대부분 요실금을 경험하게 된다. 재채기를 하거나 크게 웃기만 해도 소변이 흘러나오는 것이다. 출산을 할 때 방광이 압박을 받아 방광벽이 느슨해지고 괄약근이 늘어났기 때문이다. 치료를 위해서 소변을 보는 도중에 2~3회 정도 중단했다가 이어주는 것을 반복하고, 평상시에도 괄약근에 힘을 주어 조여주는 운동을 계속하면 효과가 있다.

### 산후우울증

출산 후에 나타나는 우울증은 산모라면 누구나 조금씩은 경험하는 증상이다. 평소에는 아무렇지도 않게 지나갈 수 있는 말이나 상황에 상처를 받아 마음이 울적해진다. 아무런 의욕도 생기지 않으며, 늘 몸이 좋지 않고 피곤을 심하게 느끼게 된다. 그뿐 아니라 별다른 이유 없이 남편은 물론이고 심지어 아기까지 미워지는 경우도 있다.

이런 증상이 나타나는 것은 임신중에 분비되는 호르몬 중 특히 프로제스테론이라는 호르몬이 출산 후에 급격히 줄어들어 정서 상태가 불안정해지기 때문이다. 대부분의 경우는 출산 후 3일 이내에 생겨서 2주 정도면 자연스럽게 회복이 되는데, 의외로 2주 이상 우울증에 시달리는 사람도 있다.

이런 경우 산모가 우울증에서 벗어나기 위해서는 주변 사람들, 특히 남편의 이해와 도움이 절실하게 필요하다. 별다른 이유 없이 짜증을 내고 울적해 하는 아내가 자신도 어쩔 수 없는 상황에 빠져 있다는 것을 이해하고, 어느 때보다 세심하고 다정하게 보살펴 주어야 한다.

산모 역시 육아와 가사에 대한 과중한 부담감에서 벗어나야 한다. 어렵고 힘든 문제들이 있다면 누구보다 남편에게 솔직하게 털어놓고 도움을 청해야 한다. 기분 전환을 위해서 쇼핑을 하거나 가까운 교외로 나가보는 것도 좋다. 새로운 환경에 적응하는 것이 어렵고 아기를 잘 키울 수 있을까 하는 두려움이 밀려올 때는, 모든 것을 하나님께 맡기고 자신이 할 수 있는 것에 최선을 다하는 청지기의 마음을 떠올리는 것도 우울함과 불안을 떨쳐 버리는 데 도움이 된다.

# 영양이 풍부하고 먹기 편한 음식으로

## 시금치 연두부스프

재료 시금치 150g, 대파 1대, 연두부 1모, 마른새우 50g, 뜨거운 육수 3컵, 소금 1큰술, 마늘 2쪽, 참기름 약간, 물녹말 2큰술, 식용유 2큰술

조리방법

1. 시금치, 대파, 연두부, 마른 새우를 손질한다.
2. 팬에 식용유 2큰술을 두르고, 파, 다진 마늘, 마른 새우를 먼저 넣어 향을 낸 후, 손질한 시금치를 넣어 볶아준다.
3. 소금, 뜨거운 육수를 넣어 끓으면 녹말을 풀고 연두부를 넣고 참기름으로 마무리한다.

## 호박죽

재료 늙은 호박 600g, 찹쌀가루 7큰술, 물 1/2컵, 설탕 8큰술, 소금 약간, 대추채, 잣

조리방법

1. 호박을 냄비에 넣고, 물을 호박이 잠길 정도까지 부은 후 삶는다.
2. 찹쌀가루에 물 1/2컵, 설탕, 소금을 넣고 끓인다.
3. 호박 삶은 것을 믹서에 간 후 2를 넣어 끓인다.
4. 대추채, 잣을 넣고 마무리한다.

## 새송이 구이와 해물볶음

재료 전복 2마리, 가이바시 4개, 오징어 1마리, 새송이 버섯 200g, 날치알 50g, 다진 야채 (양파, 새송이버섯의 머리부분, 피망)1/2컵, 마요네즈 3큰술, 참기름 1/2큰술, 소금, 후추 약간

해물 밑간 참기름 1/2큰술, 소금, 후추 약간, 포도주 1큰술

해물 양념 고추기름 1/2큰술, 간장 ½큰술, 설탕 1작은술, 겨자초장 1작은술, 마요네즈 1작은술, 참기름 1/3작은술, 녹말가루1/2큰술

기름장 참기름 1큰술, 들기름 1큰술, 식용유 1큰술, 소금 약간

조리방법

1. 전복, 가이바시, 오징어를 손질해서 해물 밑간 을 넣고 양념한다.
2. 해물 양념에 1을 넣어서 살짝 볶아낸다.
3. 기름장을 조금씩 부어가며 새송이를 구워준다.
4. 다진 야채를 살짝 볶은 후 날치알을 넣어 볶다가 불을 끄고 소금, 후추 약간, 마요네즈 3큰술, 참기름 1/2큰술을 넣어 양념한다.

## 황태구이

재료 황태 2마리, 실파 약간, 식용유, 들기름

양념장 고추장 2큰술, 간장 1½큰술, 설탕 1큰술, 마늘 1큰술, 참기름 1큰술, 통깨 1큰술, 고춧가루 2큰술, 물 4큰술

조리방법

1. 황태는 머리를 자르고 20분 가량 물에 담가 손질한다.
2. 양념장을 만들어 물기 뺀 황태에 얹는다.
3. 프라이팬에 식용유와 들기름을 넉넉히 두르고 지진다.
4. 실파를 얹어 마무리한다.

# 건강을 위한 체중 관리법

## 체중 관리를 위한 일상 생활 포인트

**규칙적인 생활을 한다** 산후조리 기간에는 회복되지 않은 몸 상태와 불규칙한 수면, 한밤중의 수유 등으로 생활 리듬이 깨지기 쉽습니다. 그러나 이런 기간이 오래 지속되는 것은 건강을 해치고 몸매 관리에도 방해가 됩니다. 가능한 빨리 수면과 식사 시간을 규칙적으로 되돌리고 적당히 몸을 움직이는 것이 좋습니다.

**변비를 없앤다** 아기를 낳은 후에는 변비가 생기기 쉬우므로 습관이 되기 전에 고쳐야 합니다. 변비가 있으면 피부가 거칠어지고 배가 나오기 때문입니다. 아침마다 공복에 물을 마시거나 섬유질이 풍부한 음식을 섭취하는 것, 규칙적인 배변 습관을 갖는 것 등이 변비 예방에 도움이 됩니다.

**체중계를 가까이 둔다** 체중계를 가까이 두고 규칙적으로 체중을 체크하는 것도 체중 조절에 도움이 됩니다. 산후 6개월을 넘으면 체중 조절이 어려우므로 4개월 이전까지 원하는 체중으로 되돌리는 것이 좋습니다.

## 체중을 조절하는 식생활 포인트

**식단의 칼로리를 낮춘다** 칼로리가 많은 지방 식품 등을 제한하고 해조류와 야채 등 식물성 단백질과 칼슘, 비타민, 무기질이 많이 든 식품으로 영양을 섭취하십시오.

**간식을 피한다** 빵, 과자 등 탄수화물과 당분, 지방이 많이 들어 있는 간식류는 다이어트의 적입니다. 특히 기름지고 단 음식은 모유가 잘 나오지 않게 하므로 수유 기간에는 피하는 것이 좋습니다.

**얼굴과 몸의 부기를 뺀다** 부기를 제때에 빼주지 않으면 그대로 살이 되기 쉽습니다. 청둥호박, 율무, 시금치, 양배추, 다시마 등을 많이 먹고 부기와 군살을 빼는 체조를 꾸준히 하십시오

# 신생아

우리 집에 내려온 천사

## 건강한 아기의 생체 리듬은 이렇습니다

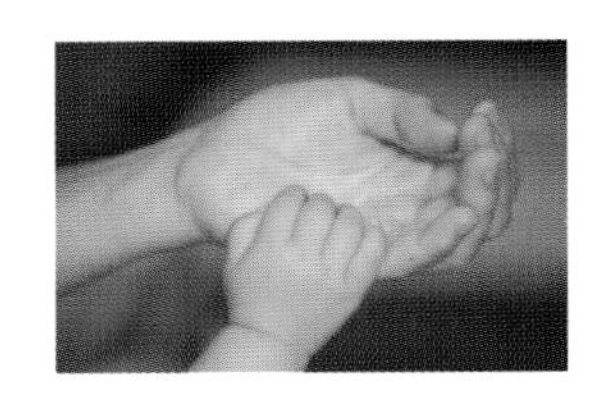

**맥박** **어른의 2배 정도 빨라요**

신생아의 맥박수는 1분에 120회 전후입니다. 우유를 먹인 직후나 몸이 따뜻할 때는 맥박수가 더 늘어납니다. 특별한 환경상의 변화가 없었는데도 맥박이 갑자기 빨라진다면 의사를 찾아야겠지요.

**호흡** **태어난 지 10~12시간이 지나야 배로 숨쉴 수 있어요**

아기는 열 달 동안 태반을 통해 호흡해 왔으므로 태어난 직후에는 가슴으로 숨을 쉬는 흉식호흡을 하다가 복식호흡으로 옮겨갑니다. 한 번의 호흡으로 들이마실 수 있는 산소의 양이 적으므로 1분에 약 40~50회의 호흡을 해야 합니다. 배에 가만히 손을 대고 호흡을 측정해서 1분에 60회가 넘거나 30회가 안될 때는 의사의 진찰을 받는 게 좋습니다.

**체온** **37°C, 어른에 비해 높은 편이에요**

신생아의 체온은 37°C로 어른보다 높고, 아직 체온 조절 능력이 부족해서 외부 환경의 영향을 많이 받습니다. 체온이 너무 높거나 너무 낮으면 감기에 걸리기 쉬우므로 실내 온도에도 신경을 많이 써야 합니다.

**대소변** **4~5일간은 흑녹색의 태변을 보지요**

신생아는 흑녹색의 태변을 봅니다. 엄마 뱃속에 있을 때 양수와 함께 흘러들어간 세포나 태지 등이 장 속에 쌓여 있다가 배설되기 때문입니다. 아기의 변은 건강 상태를 알 수 있는 중요한 척도가 되므로 잘 살피는 것이 좋습니다. 신생아의 배뇨 횟수는 하루에 약 15~20회 정도인데, 생후 1개월 전까지는 소량의 결정체나 혈액이 섞여 나오기도 하지만 차츰 사라지므로 걱정하지 않아도 됩니다.

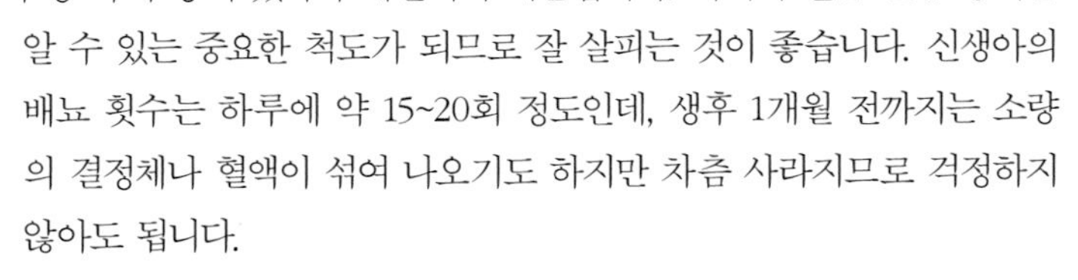

### 체중 갓 태어나면 3.3kg 전후, 살짝 빠졌다가 다시 늘어요

신생아의 평균 몸무게는 3.1~3.3kg. 3~4일 지나면서 태변이나 소변, 피부를 통한 수분 증발 등으로 200~ 300g 정도 줄었다가, 그 이후로 다시 늘기 시작합니다.

### 수면 먹는 시간을 빼면 '아기는 수면중'

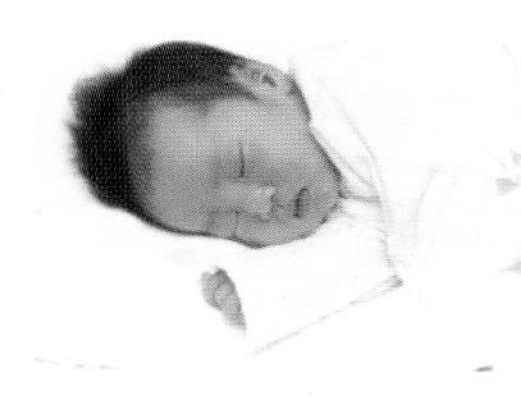

신생아는 하루에 18~20시간 정도 잡니다. 깊이 잠드는 아기가 있는가 하면 얕은 잠을 자는 아기도 있어요. 잠시 깨면 젖을 먹지요. 한 달 정도 지나면 생활 리듬이 생겨, 5~6시간 자고 한참 동안 놀기도 합니다. 가끔은 낮과 밤이 바뀌어 엄마 아빠를 고생시키는 아기도 있지만, 백일을 지내면서부터 제자리를 잡는답니다.

### 울음 의사를 표현하는 유일한 방법이에요

배가 고프건, 졸리건, 기저귀가 젖었건, 어딘가 불편하건 모두 울음으로 표현하기 때문에 울 때마다 이유를 잘 살펴야 해요. 아기가 불편해 할 아무런 이유가 없는데도 계속 운다면 병원에 가 보아야 합니다.

## 신기한 아기의 반사 능력

신생아는 태어날 때부터 신기한 반사 능력을 가지고 있습니다. 무의식적으로 일어나는 이러한 반사 능력은 2~3개월 정도가 지나면 자연스럽게 사라집니다.

**파악 반사** 아기의 손바닥에 손가락을 대면 갑자기 힘을 주어 꽉 잡는데, 쥐는 힘이 아주 강해서 잡아당기면 아기가 두 손에 매달려 올라올 정도이다.

**일으키기 반사** 아기의 두 손을 잡고 일으키는 시늉을 하면 아기도 몸을 일으키려고 힘을 쓴다.

**흡철 반사** 아기의 입술 끝에 손가락을 대면 얼굴을 돌려 빨려고 한다. 배가 고플 때는 아주 강하게 나타난다.

**모로 반사** 아기의 머리를 손으로 받치고 살짝 들어올렸다가 갑자기 내려놓으면, 팔과 다리를 벌렸다가 두 팔로 껴안는 듯한 시늉을 한다.

**보행 반사** 아기의 양 겨드랑이를 감싸고 일으켜 세우면 발을 뻗는다. 몸을 앞으로 기울여 주면 발을 교대로 내뻗기도 한다. 태어날 때부터 걸을 수 있는 능력이 있음을 증명하는 것이다.

# 아기 목욕, 이렇게 시키세요

## 하루 한 번은 목욕해야 해요

아기의 피부는 땀과 분비물이 많고 외부 물질의 침투에 대한 저항력은 낮아서 피부 위에 남아 있는 땀이나 세균 등이 침투하기도 쉽습니다. 그래서 땀띠도 많이 나고 피부가 짓무르거나 트러블이 발생할 수 있으므로, 하루에 한 번은 꼭 목욕을 해야 합니다.

## 이런 점은 주의하세요

- 실내 온도도 목욕물 온도만큼 중요합니다. 먼저 실내 공기를 따뜻하게 해 두십시오.
- 목욕물의 온도는 엄마의 팔꿈치를 담가 보아 따뜻하다고 느껴질 정도가 좋습니다.
- 온도계로 측정할 경우 여름에는 36~38°C, 겨울에는 39~40°C가 적당합니다.
- 목욕 시간은 5~10분 정도가 적당합니다. 아기에게 열이 있거나 예방 접종 직후, 젖을 먹은 직후에는 피하십시오.
- 아기가 욕조에 있을 때는 절대로 뜨거운 물을 추가해서는 안 됩니다.
- 목욕에 필요한 헹굼물, 수건, 옷, 기저귀 등을 미리 준비해 둡니다. 목욕을 시키던 중에 필요한 물건을 찾으러 가느라 아기를 혼자 두어서는 절대로 안됩니다.

## 목욕 후 피부 손질하기

**피부** 계절과 아기 피부 상태에 따라 베이비 로션이나 파우더 등을 발라준다.
**코** 코딱지가 있는 경우 면봉으로 입구 쪽에 나와 있는 것만 꺼낸다.
**귀** 귓불 주위의 물기는 가제로 닦아내고 귀지는 면봉으로 입구에 나온 것만 꺼낸다.
**손톱** 아기 전용 손톱 가위를 사용해 수시로 잘라 준다.

## 목욕 후 옷 입히기

**내의** 1. 윗옷을 아기 머리 위로 끼워넣는다
2. 소매를 넓게 벌리고 아기 팔을 소매에 끼운다

3. 윗옷을 정리해 준다
4. 바지를 다리에 끼운다
5. 바지를 허리 위까지 올리고 조인 곳이 없는지 매만져 준다

**우주복** 이불 위에 옷을 펴서 깔고 그 위에 아기를 눕힌다
1. 발과 다리를 먼저 끼운다
2. 아기 팔을 소매에 끼운다
3. 우주복의 좌우를 여미고 다리부터 단추를 채운다

## 아기 목욕 시키기

1 기저귀나 타월로 몸을 감싼 후, 비스듬히 세워 발부터 천천히 물 속에 담근다.
2 아기가 놀라서 울거나 버둥대더라도 천천히 가슴 부분을 물로 씻어 물과 친숙하게 만든다.

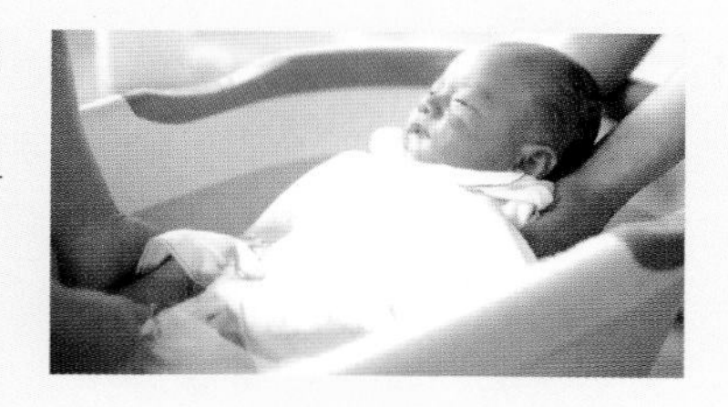

3 아기가 편안해지면 얼굴을 눈과 볼, 턱 순으로 씻긴다. 이 때 가제 손수건을 사용해도 좋지만 그냥 엄마 손으로 문질러 주는 것이 더 친밀감을 줄 수 있다.

4 머리는 비누를 묻혀 원을 그리듯 살살 문질러 감긴다.
5 몸은 목, 가슴, 겨드랑이, 배, 허벅지 순으로 씻으며 내려온다. 살이 겹쳐치는 부분은 더욱 세심하게 씻도록 한다.

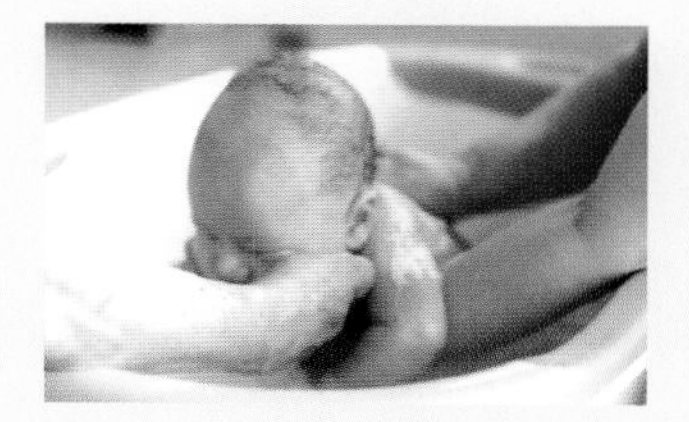

6 등과 엉덩이를 닦을 때는 아기가 놀라지 않도록 천천히 몸을 돌린 후, 아기가 미끄러지지 않도록 목 아랫부분을 단단히 받친다.

7 몸을 다 씻었으면 미리 준비한 따뜻한 물로 헹구어낸다.
8 헹구기가 끝나면 큰 타월로 몸 전체를 감싼 후 두드리듯 물기를 닦고, 머리의 물기도 부드럽게 닦는다.

## 뽀송뽀송한 피부 만들기

### 피부 마사지

마사지에서 가장 중요한 것은 엄마손이 아기에게 닿아 있는 것입니다. 손에는 전체 4분의 3의 감각 신경이 분포되어 있을 뿐 아니라, 마사지를 하는 동안 스킨십을 통한 사랑의 대화를 나눌 수 있습니다. 아기의 성장과 뇌 발달에도 도움을 줍니다.

### 마사지 준비하기

- 손과 방을 깨끗하고 따뜻하게 하세요.
- 수유하기 직전이나 직후는 피하세요.
- 여분의 타월이나 기저귀, 갈아 입힐 옷 등을 준비하세요.
- 엄마가 먼저 편안하고 안정된 자세를 취하세요.
- 마사지를 하는 동안 아기와 이야기를 하듯 눈을 맞추어 주세요.
- 울거나 보채면 억지로 하지 마시고 가볍게 쓰다듬은 다음 불편한 점이 있는지 살펴보세요.

### 우는 아기, 이렇게 달래세요

울음은 아기의 의사 표현 방법입니다. 엄마는 우는 이유를 빨리 파악해서 대처해야 합니다. 아기가 울면 일단은 젖을 먹일 시간이 되었는지를 확인하고 기저귀를 살펴봅니다. 배가 고파 울 때에도 기저귀가 젖어 있으면 기저귀를 먼저 갈아준 뒤에 수유합니다. 그래야 편안한 상태에서 기분 좋게 젖을 먹을 수 있습니다.

졸려서 잠투정을 할 때는 칭얼거리거나 화가 난 듯이 웁니다. 이런 때는 아기를 안고 살살 흔들어 주거나, 이불 위에 편안히 눕히고 가슴이나 등을 토닥여 주거나, 조용하고 규칙적인 음악을 틀어 주거나 자장가를 불러 주면서 재웁니다.

아프거나 크게 놀랐을 때는 아기의 울음소리가 날카롭고 자지러지게 웁니다. 이런 때는 아기를 품에 안고 천천히 진정시켜 줍니다. 만약 30분 이상 울음을 그치지 않고 발작적으로 운다면 병원에 가서 진찰을 받아보는 것이 좋습니다.

단순히 안아달라고 울 때도 있습니다. 이런 때는 안아 주거나 침대를 흔들어 주며 말을 걸어 주는 것이 좋습니다. 안아달라고 우는데도 장시간 그대로 두면 불만족한 상태가 지속되어 신경질적인 성격으로 굳어질 수 있습니다.

# 마사지 순서

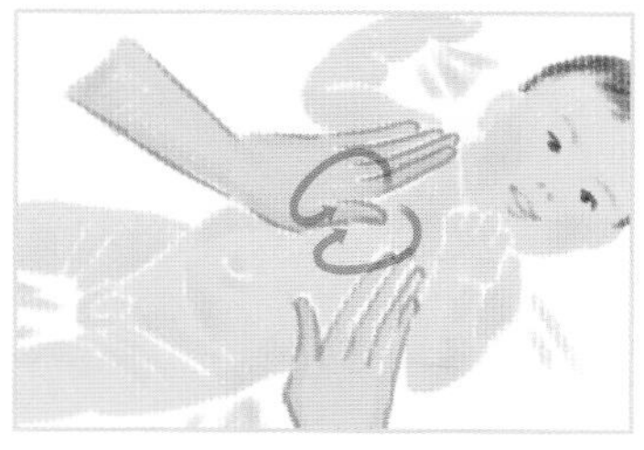

### 가슴

손에 오일을 바른 후 중앙에서 바깥쪽으로 밀었다가 하트 모양을 그리며 중앙으로 돌아온다.

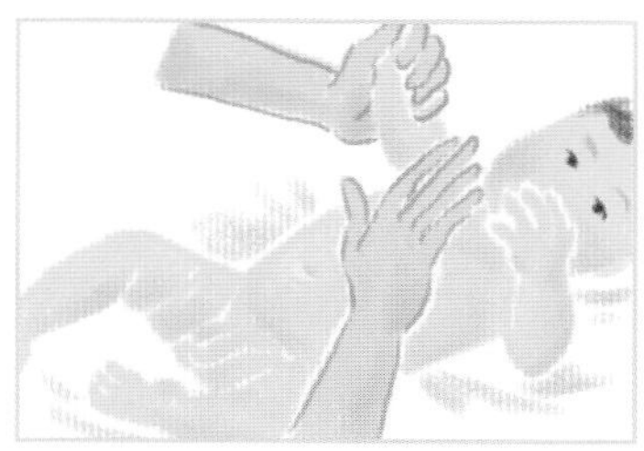

### 팔

팔을 들어올려 겨드랑이 부분을 문지르고 두 손으로 어깨와 손을 왔다갔다 하며 가볍게 당긴다.

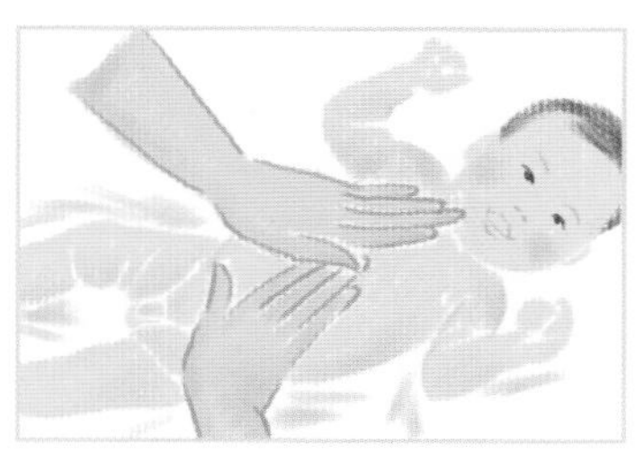

### 배

위에서 아래로 한 차례씩 마사지하고 왼손으로 아기의 발목을 쥐고 다리를 잡은 상태에서 오른손 바깥쪽으로 쓸어내린다. 손가락 끝을 세워 엄마의 왼쪽에서 오른쪽으로 움직여준다.

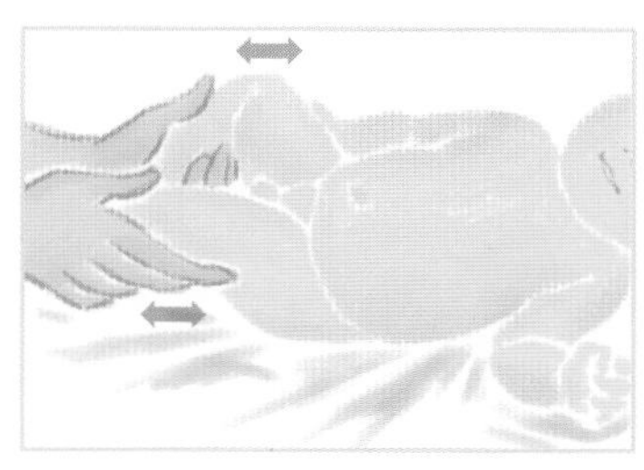

### 다리

다리를 잡고 위 아래로 번갈아 움직여 주고, 무릎과 발목 사이를 양 손바닥으로 잡고 비벼 준다.

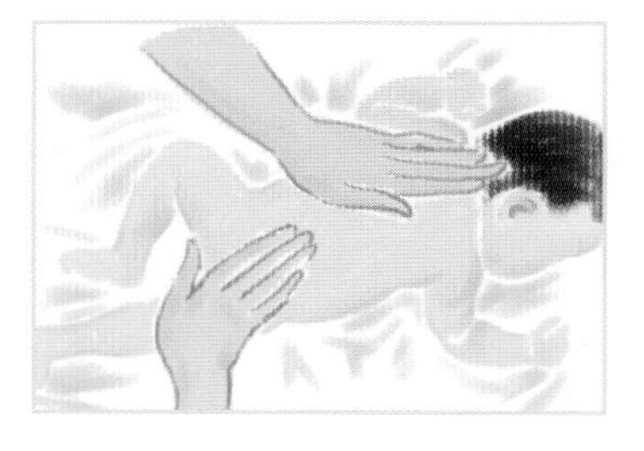

### 등

양손으로 등뼈 마디마디를 눌러 주면서 어깨에서 등아래까지 왔다갔다 하면서 마사지한다. 양손으로 목부터 엉덩이까지 왔다 갔다 반복해서 마사지한다.

# 신생아에게 나타날 수 있는 증세들

신생아들에게는 선천적 이상 증세는 아니지만 흔히 나타나는 몇 가지 증세들이 있습니다. 증상을 잘 살펴보고 대처하면 치료가 되므로 크게 걱정할 필요는 없습니다.

**신생아 황달**

황달은 신생아의 60% 정도가 겪는 증상입니다. 노란빛이 피부 전체에 번지는데 눈자위는 물론이고 머리 부근에서 차츰 다리 쪽으로 내려옵니다. 따로 치료가 필요없는 생리적 황달은 생후 2~3일부터 시작되어 일주일 가량 가다가 사라집니다. 모유를 먹이는 아기에게만 나타나는 황달 증상도 있는데, 2~4일간 모유를 먹이지 않으면 없어집니다. 하지만 질병으로 인해 생기는 황달은 생후 일주일 전에 나타나 갑자기 진행되므로, 이런 증상이 있으면 치료를 받아야 합니다.

**중독성 홍반**

아기의 얼굴, 목, 몸 등에 작고 빨간 발진이 돋아나는 것으로, 신생아의 40~70% 정도에서 발견될 정도로 흔한 증상입니다. 열이나 다른 증상을 동반하지 않으며 일주일 정도 지나면 저절로 사라집니다.

**감염**

신생아는 저항력이 아주 약하기 때문에 감염의 우려가 높습니다. 세균에 감염되면 설사와 황달이 나타날 수 있고, 뇌염과 뇌막염을 유발할 수도 있습니다. 아기가 젖을 잘 먹으려 하지 않고 체온이 37.8℃이상 올라가 열이 나거나 36℃ 이하로 내려가면 빨리 병원을 찾아야 합니다.

**배꼽 염증**

배꼽이 곪으면서 고름이나 피가 나고 주위가 빨갛게 붓거나 악취가 나는 증상입니다. 탯줄이 떨어지기 전에 청결하게 관리하지 못해 곪는 것이므로, 평소 소독을 철저히 하면 쉽게 예방할 수 있습니다.

### 설사

설사는 전염성과 세균성이 있습니다. 전염성은 바이러스에 감염되어 일어나며 몸에 열이 있고 묽고 푸른 설사를 하루에 수차례 합니다. 세균성은 패혈증과 함께 나타나는 경우가 많습니다. 끈적거리고 피가 보이는 설사를 하면 항생체 치료를 받아야 합니다. 설사를 하면 탈수 현상이 나타나므로 수액과 전해질을 보충해 주어야 합니다.

### 저칼슘증

젖을 잘 안 먹고 토하거나 분유의 칼슘과 인산의 균형이 맞지 않으면 나타나는 증세입니다. 저칼슘증에 걸리면 피부가 파랗게 되거나 숨을 못 쉬면서 경련을 일으키거나 손발을 떠는 증세가 나타납니다. 일찍 치료하지 않으면 지능 발달과 성장 발육에 큰 영향을 미칠 수 있습니다.

### 결막염

늘 눈곱이 끼고 눈물을 흘리며 눈동자가 충혈되는 것이 결막염 증세입니다. 분만 과정에서 엄마의 산도에 있던 세균에 감염이 되었거나, 태어나자마자 점안하는 '안약'의 자극으로 인해 생길 수 있습니다. 안약 때문에 나타난 증상들은 이틀 정도면 회복되지만 3일 이후까지 증상이 계속되면 치료를 받아야 합니다.

### 아구창

칸디다균이 신생아 입 안의 점막, 혀, 잇몸 등에 염증을 일으켜 허연 결정체들이 생기는 증상입니다. 먹는 약이나 바르는 약으로 금방 치료할 수 있습니다.

### 중이염

귓속에 염증과 고름이 생기는 것입니다. 출생하기 직전에 걸리기도 하고, 감기 등 다른 병의 합병증으로 생기기도 합니다. 중이염에 걸리면 잘 먹지 않고 보채며 열이 납니다. 염증이 금세 전신으로 퍼질 수 있으므로 즉시 치료해야 합니다.

### 비후성 유문 협착증

위에서 십이지장으로 넘어가는 경계선 부분의 근육이 비정상적으로 비대해져서 음식물이 십이지장으로 가지 못하는 증상입니다. 젖을 먹고 난 후 조금씩 토하다가 심해지면 많은 양을 왈칵 토해냅니다. 생후 1개월 전후의 아기가 이런 증상을 보이면 병원에 가서 처치를 받아야 합니다.

# 선천적 이상 증세들

선천적인 이상 증세들은 조기 발견이 중요합니다. 완전하게 치료하기가 어려운 경우라도 조기에 발견하면 그 증상을 어느 정도 완화시킬 수 있는 것들이 있습니다.

**선천성 심장병**

태아 때 심장이 만들어지는 과정에서 이상이 생겼거나 기형이 된 경우입니다. 임신 중에 엄마가 바이러스 질환을 앓았거나 방사선 치료 등을 한 것이 원인이 됩니다. 심장에 이상이 있으면 심장 뛰는 소리가 이상하고, 혈액 순환 장애로 인해 입술과 손발 끝이 시퍼렇게 질리거나, 호흡 장애, 부종 등을 일으킵니다. 이 경우 전문의와 상의해 수술을 받아야 합니다.

**염색체 이상**

염색체 이상은 염색체의 수나 구조에 문제가 생겨 일어나는 이상 증상입니다. 21번 염색체가 1개 더 많아서 생기는 다운증후군, XX이어야 할 여자 아기 염색체에 X가 하나밖에 없어서 생기는 터너 증후군, 이와 반대로 남자 아기에게 X 염색체가 하나 더 많아서 생기는 클라인펠터증후군이 대표적인 증상입니다. 이 경우는 대부분 치료가 불가능합니다.

**선천성 대사 이상**

신체 내 물질 대사에 필요한 특정 효소가 부족하거나 아예 없어서 나타나는 증세입니다. 대부분 유전적인 요인에서 생기며, 신생아 혈액 검사를 통해 이상 유무를 판단합니다. 치료하지 않고 방치할 경우 정신지체나 성장 발달 장애를 일으키지만 조기에 발견해 식이요법으로 치료하면 어느 정도 치료가 가능합니다.

**선천성 풍진 증후군**

아기가 풍진에 감염되었을 경우, 백내장이나 난청, 심장 기형 등의 장애가 나타나는데 이를 통틀어 선천성 풍진 증후군이라고 합니다. 임신 3주부터 20주 사이에 엄마가 풍진에 감염되면 아기도 감염될 확률이 높습니다. 그러나 임신 20주 이후에는 엄마가 풍진에 감염되어도 태아가 장애를 일으킬 확률은 거의 없습니다.

### 구순열·구개열

구순열은 인중이 세로로 갈라진 증상, 구개열은 입천장이나 잇몸이 갈라진 증상을 말합니다. 남자 아기에게 많이 나타나는 구순열은 수술로 거의 완벽하게 치료될 수 있습니다. 상대적으로 여자 아기에게 많은 구개열도 수술로 치료가 가능하지만 갈라진 정도가 심한 경우는 한 번의 수술로 완치하기 어렵습니다. 구순열 수술은 생후 1~2개월쯤이면 안전하게 할 수 있지만, 구개열 수술은 보통 1년 6개월 정도가 되어야 안심하고 시행할 수 있습니다. 이런 증세가 있는 신생아들은 우유가 기관지로 들어가 폐렴을 일으킬 수 있으므로 수유시에 주의해야 합니다. 우유를 먹일 때 아기의 상체를 일으키고, 구멍이 큰 젖꼭지를 사용하는 것이 좋습니다.

## 아기 예방접종

예방접종의 종류와 받는 시기에 대해서는 병원에서 분만 후 퇴원할 때 받는 아기수첩이나 육아수첩에 상세하게 나와 있습니다. 예방접종을 받은 후에는 아기의 반응을 수첩에 잘 기록해 두거나, 예방접종표를 수첩에 붙여두고 접종 후 기록을 남겨 두는 것이 좋습니다.

**접종기간 내에 받는다** 예방접종은 정해진 기한 내에 받도록 합니다. 만일 사정이 생겨 날짜를 지키기 어렵다면 병원이나 보건소에 연락해 상담을 받고 지시에 따르도록 합니다.

**건강 상태가 좋을 때 받는다** 검사를 받는 날 아기 체온을 재보고 열이 나거나 감기, 설사 등의 증상을 보이면 의사와 상담한 후 접종을 뒤로 미루는 것이 좋습니다.

#### 기본 접종

| 연 령 | 대상 감염병 |
|---|---|
| 4주 이내 | 결핵 BCG |
| 1개월 | B형 간염 |
| 2~6개월 | DTP (디프테리아, 파상풍, 백일해) 폴리오, b형 헤모필루스, 인플루엔자, 폐렴구균, 로타바이러스 |
| 12~15개월 | 홍역, 유행성 이하선염, 풍진, 수두, |
| 12~36개월 | A형 간염, 일본 뇌염 |
| 15~18개월 | 디프테리아, 파상풍, 백일해 |

#### 추가접종

예방 접종은 1회 접종으로 끝나는 것과 1~4차까지 시차를 두고 추가 접종이 이루어지는 것들이 있습니다. 추가 접종 백신의 종류와 시기는 접종 병원의 안내에 따르면 됩니다.

**접종 후 몸 상태를 관찰한다** 접종 당일은 목욕을 피하고 병원에서 알려주는 주의사항을 잘 지키도록 합니다. 접종 후 2~3일 간은 아기의 몸 상태를 주의 깊게 관찰하고, 접종 후에는 주사 맞은 부위가 빨갛게 부어오를 수도 있고, 몸이 처지며 나른한 증상이 나타나기도 합니다. 만일 38°C 이상 고열이 나거나 경련 같은 이상 증세가 나타나면 바로 병원에서 진찰을 받아야 합니다.

# 묵상

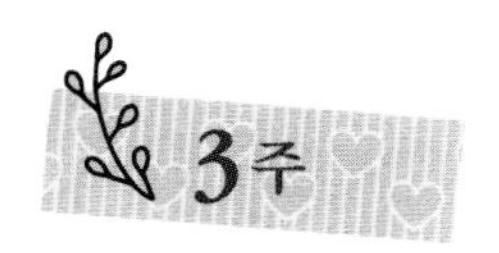

# 3주

**MON** 하나님이 이르시되 빛이 있으라 하시니 빛이 있었고(창 1:3)

하나님께서 말씀하셨습니다. "빛이 있으라!" 그러자 이제껏 없던 찬란한 빛이 어두운 공간을 환하게 밝혔습니다. 그리고 그 빛 가운데 뛰놀 생명들을 말씀으로 창조하셨습니다. 그 놀라운 일이 바로 당신에게 일어났습니다. 생명의 잉태는 하나님의 복잡하고도 신비한 섭리가 살아 움직이지 않고는 불가능한 일입니다. 인간의 의지로 되는 일이 아니기 때문입니다. 태중의 아이로 인해 기뻐하고 모든 것을 하나님께 맡겨야 하는 진정한 이유가 바로 여기에 있습니다. 하나님은 한 생명을 천하보다 사랑하십니다. 당신도 그 천하보다 귀한 생명이며, 바로 그 귀한 생명이 또 한 생명을 잉태한 것입니다. 자신과 아기를 귀하게 대하고 기쁨으로 묵상을 시작하십시오.

**기도** 생명을 주신 하나님, 앞으로 아기와 제 모든 것을 온전히 주님께 의탁합니다. 창조주의 손길로 우리를 인도해 주십시오.

**TUE** 믿음으로 사라 자신도 나이가 많아 단산하였으나 잉태할 수 있는 힘을 얻었으니…(히 11:11)

이미 월경을 끝내 물리적으로는 아이를 가질 수 없었던 사라가 이삭을 잉태한 사건은 모든 크리스천들에게 감동을 줍니다. 사라 자신도 처음에는 '잉태'의 소식을 듣고 웃었을 만큼 이 사건은 기적이었습니다. 그런데 사실은 사라의 잉태만이 기적이 아닙니다. 기적은 멀리 있지 않습니다. 당장 당신 자신에게 일어난 잉태가 곧 기적입니다. 사람들은 평범한 일로 생각하고 있지만, 하나님이 일으키신 기적이 아니면 아기가 엄마의 뱃속에서 그렇게 안전하게 자랄 수 없기 때문입니다. 하나님께서 당신과 함께 계시다면 기적 역시 당신에게 늘 일어나고 있는 것입니다.

**기도** 하나님, 주님의 축복하심이 제 잔에 차고 넘칩니다. 이 기쁨이 아기에게도 전달되길 간절히 원합니다.

**WED** 믿음은 바라는 것들의 실상이요 보이지 않는 것들의 증거니 선진들이 이로써 증거를 얻었느니라(히 11:1-2)

믿음에 대해 이보다 더 정확하게 표현한 구절은 없습니다. 그렇습니다. 믿음은 바라는 것들의 '실체'이며, 보이지 못해 알 수 없는 것들의 유일한 '증거'입니다. 우리는 하나님께서 세상을 지으신 것을 보지 못했지만 '믿음'으로 모든 세계가 하나님의 말씀으로 지어진 줄을 압니다. 믿음은 볼 수 없는 한계를 능히 극복합니다. 아기에 대한 믿음도 마찬가지입니다. 우리는 아기가 어떻게 자라게 될지 알 수 없습니다. 낳을 때의 상황에 대해서도 장담할 수 없습니다. 그러나 당신에겐 믿음이 있습니다. 주께서 처음부터 끝까지 함께하실 것이라는 믿음, 아무도 증명할 수 없는 미래의 일에 대한 확고한 믿음, 그것이 바로 앞으로 일어날 일의 실상이자 증거입니다.

**기도** 살아가는 날 동안 믿음 안에서 견고하여 흔들리지 않게 하시고, 그 믿음을 아기에게 값진 유산으로 물려줄 수 있기를 간절히 원합니다.

**THU** 천사가 그에게 이르되 사가랴여 무서워하지 말라 너의 간구함이 들린지라…(눅 1:13)

제사장 사가랴와 그 아내 엘리사벳은 나이가 많아 소망이 없음에도 계속 하나님께 자녀를 위해 간구하였습니다. 그리고 마침내 하나님께서 그들의 기도에 응답하여 자녀를 주셨습니다. 당신도 자녀를 위해 하나님께 기도하셨습니까? 기도하는 사람에게 주어지는 하나님의 응답은 큰 은혜인 동시에, '하나님이 나와 동행하신다'는 표시입니다. 앞으로 더욱 구체적인 기도 제목들을 준비하십시오. 그리고 이전보다 더욱 큰 믿음으로 기도하십시오. 하나님은 당신의 기도를 하나도 놓치지 않고 들으십니다. 하나님과 당신 사이에 직통전화를 개통하십시오. 기도는 당신이 아이에게 줄 수 있는 최상의 선물입니다.

**기도** 이전보다 더욱 간절함으로 기도할 수 있도록 저를 붙들어 주십시오. 그래서 뱃속의 이 아이가 엄마의 기도와 함께 자라가게 하여 주십시오.

**FRI** 나는 하나님 앞에 서 있는 가브리엘이라 이 좋은 소식을 전하여 네게 말하라고 보내심을 받았노라(눅 1:19)

임신이라는 소식을 처음 듣던 그 순간을 기억해 보세요. 왠지 모를 두려움이 없지는 않았지만, 무엇과도 바꿀 수 없는 행복과 평안함을 누렸을 것입니다. 그것은 자녀만이 줄 수 있는 기쁨입니다. 당신을 향한 하나님의 마음이 바로 그와 같습니다. 당신이 하나님의 자녀가 된 그 순간, 하나님도 당신으로 인한 기쁨으로 가득 차셨습니다. 앞으로 태아가 자라가는 매 순간 당신은 다른 어떤 것과도 비교할 수 없는 기쁨을 맛볼 것입니다. 그 기쁨을 느낄 때마다 당신을 길러 주신 부모님의 마음과, 당신을 향한 하나님의 마음을 가슴으로 알게 될 것입니다. 임신을 전해주던 천사의 그 기쁜 소식처럼, 오늘 하루 당신의 말과 행동이 다른 사람들에게 기쁨이 되도록 해 보세요.

**기도** 주님, 이 아이가 저에게 기쁨이 된 것처럼, 저도 주변의 모든 사람들에게 기쁨이 되게 해 주세요.

**SAT** 마리아가 이르되 주의 여종이오니 말씀대로 내게 이루어지이다…(눅 1:38)

한 생명도 하나님의 계획 없이 태어나는 법이 없습니다. 공중의 새와 들에 핀 백합화도 주관하시는 주님께서 가장 귀한 한 아이의 생명을 계획 없이 잉태하게 하시지는 않으셨습니다. 당신과 당신의 아이를 향한 하나님의 인도하심을 믿으십시오. 마리아는 처녀로서 임신을 하는 충격적인 사건 앞에서도 "말씀대로 내게 이루어지이다"라는 위대한 고백을 했습니다. 당신 앞에 놓인 어려움이 마리아에게 일어났던 일보다 더 심각한 일이라고 생각됩니까? 경제적인 문제이든, 관계의 문제이든, 건강의 문제이든 우선 하나님께 내려놓고 하나님의 인도하심을 신뢰하십시오. 주님은 그 하신 말씀을 반드시 이루십니다.(눅 1:37, 45)

**기도** 주님, 제가 해결해야 할 문제들을 주님 앞에 내려놓습니다. 오늘 하루와 앞으로의 모든 날들을 하나님 손에 의탁합니다.

# 묵상

**MON** 보라 네 문안하는 소리가 내 귀에 들릴 때에 아이가 내 복중에서 기쁨으로 뛰놀았도다(눅 1:44)

생명은 잉태되는 그 순간부터 인간으로서의 존엄성을 갖습니다. 또한 태아는 엄마와 떼려야 뗄 수 없는 긴밀한 관계가 있습니다. 태아와 엄마는 서로 살과 피를, 생명을 나누는 사이입니다. 그리고 영적인 교감도 함께 나눕니다. 엘리사벳이 마리아의 방문을 받아 성령 충만할 때에 뱃속의 태아도 성령 충만하여 뛰놀았습니다(눅 1:41). 성령 충만한 엄마를 둔 태아는 복이 있습니다(눅 1:42). 성령 충만한 엄마의 기쁨을 태아도 느낍니다. 엄마가 슬퍼하고 고민하면 태아도 뱃속에서 같이 운다는 것은 여러 가지 임상실험을 통해 이미 입증된 사실입니다. 그래서 태교가 중요한 것입니다. 당신은 지금 성령 충만하십니까, 아니면 근심 충만하십니까?

기도 주님이 맡기신 이 아이가 성령의 임재하심 가운데 자라날 수 있도록 제가 늘 성령 충만하게 붙들어 주십시오.

**TUE** 내 마음이 하나님 내 구주를 기뻐하였음은(눅 1:46, 47)

성령으로 잉태하였을 때 마리아의 반응은 두려움이나 거부감이 아니라 바로 찬양이었습니다. 찬양은 하나님께 감사하는 사람에게서 터져 나오는 최초의 반응입니다. 아기를 가졌다는 사실을 처음 알았을 때 당신은 어떠셨습니까? 당신의 삶 속에는 이러한 찬양이 있습니까? 뱃속의 아이에게 엄마의 찬양하는 목소리를 들려주십시오. 소리를 내어 찬양하는 것이 어색하다면 먼저 찬양을 들으십시오. 찬양에는 사람의 영혼을 일으켜 세우는 신비한 힘이 있습니다. 좋아하는 찬송가나 복음성가를 늘 들으십시오. 평소에 즐겨 부르는 찬양을 직접 녹음하여 들어보는 것도 아주 좋은 방법입니다.

기도 주님, 아기와 함께하는 동안 제 영혼과 입술에서 찬양이 떠나지 않기를 원합니다.

**WED** 이웃과 친족이 주께서 그를 크게 긍휼히 여기심을 듣고 함께 즐거워하더라(눅 1:58)

한 아이의 탄생은 단순히 그 아이의 탄생으로 그치는 것이 아니라 가족과 그 가족이 속한 온 공동체의 기쁨이 됩니다. 요한의 탄생은 엘리사벳에게는 주께서 긍휼히 여기심의 표현이었고, 이웃과 친족 공동체에게는 기쁨이었습니다. 이웃과 친족들 모두가 주께서 엘리사벳을 긍휼히 여기심을 알았다는 것은 평소 엘리사벳이 주님 앞에 어떻게 사는가를 잘 알고 있었다는 뜻입니다. 그래서 요한이 태어났을 때 그것이 주님의 은혜인 것을 공동체 전체가 알고 함께 기뻐할 수 있었던 것입니다. 오늘 당신의 모습은 어떻습니까? 당신의 삶은 이웃과 친족에게 하나님을 알리는 그리스도의 향기입니다.

기도 주님, 하나님의 영광과 아기를 위해 제 마음에 그리스도의 향기를 품게 해 주십시오.

**THU** 그가 서판을 달라 하여 그 이름을 요한이라 쓰매 다 놀랍게 여기더라(눅 1:63)

여호와 하나님은 아기가 태어나기도 전에 이미 예수님과 세례 요한의 이름을 지어 놓으셨습니다. 우리는 그 사실에서 하나님께서 독생자이신 예수님과, 주의 길을 예비하는 세례 요한에게 특별한 계획을 가지고 계셨다는 것을 알 수 있습니다. 이름은 그 사람을 대표합니다. 한 사람의 이름에는 그 사람의 이름을 지은 이의 신앙과 소망이 나타나 있습니다. 아이에게 어떤 이름이 좋을지 생각해 보십시오. 만약 부모님의 뜻에 따라 항렬자를 붙여 지어야 한다면 미리 부모님과 상의하십시오. 아이가 어떤 삶을 살기 바라는지 소망을 담아 보십시오.

**기도** 주님, 아기에게 좋은 뜻을 가진 이름을 지어줄 수 있도록 지혜를 주십시오.

**FRI** 예수는 물러가사 한적한 곳에서 기도하시니라(눅 5:16)

많은 크리스천들이 꾸준히 그리고 깊이 기도하기를 소망합니다. 늘 소망한다는 것은 바라는 대로 잘 안 된다는 뜻이기도 합니다. 자동차, 세탁기, 컴퓨터, 휴대폰 등 시간을 벌어주는 수많은 기계들에 둘러싸여 있으면서도 옛날보다 더 시간이 부족한 것이 현대인의 모습입니다. 당신은 어떻습니까? 너무 바빠 기도할 시간이 없습니까? 기도하지 않아도 마음의 중심을 아시는 주님께서 다 알아서 해주시리라 믿으십니까? 예수님도 이른 새벽 미명과 늦은 저녁 시간을 구별하여 기도하셨습니다. 주님은 자투리 시간이 아니라 가장 소중한 시간을 주님께 드리기 원하십니다. 기도를 위해 시간을 구별하십시오. 가장 소중한 시간을 주님을 위해 드리십시오.

**기도** 주님, 가장 귀한 시간에 주님과 만나기를 원합니다. 제가 분주함과의 전쟁에서 승리할 수 있도록 도와주세요.

**SAT** 너희 중의 누가 망대를 세우고자 할진대 자기의 가진 것이 준공하기까지에 족할는지 먼저 앉아 그 비용을 계산하지 아니하겠느냐(눅 14:28)

조그마한 주택 하나를 짓는 데에도 얼마나 많은 설계도가 필요한지 모릅니다. 제대로 집을 짓는 사람이라면 무턱대고 콘크리트부터 붓지 않고 설계도면을 먼저 살피게 마련입니다. 임산부의 생활에도 계획과 설계가 필요합니다. 태교는 어떻게 할지, 태아와 산모를 위한 식단은 어떻게 짜야 할지, 출산은 어디에서 어떤 방법으로 할지…. 몸이 더 무거워지고 힘들어지기 전에 미리 계획하십시오. 주위에서 이미 출산 경험이 있는 분들의 도움을 구하고 귀를 기울이십시오. 준비된 임신과 출산으로 어머니가 되는 축복과 기쁨을 평안히 누리십시오.

**기도** 주님, 제가 할 수 있는 최선을 다해 태아와 저에게 가장 좋은 계획을 세우기를 원합니다. 저에게 지혜를 주시고 적절한 조언을 줄 수 있는 손길들을 허락하여 주소서.

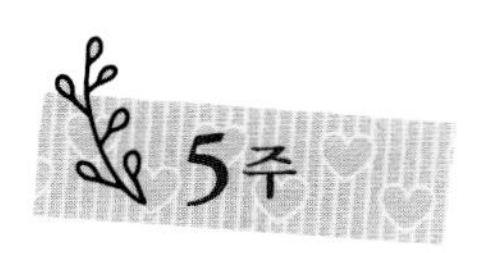

# 5주

**MON** 남에게 대접을 받고자 하는 대로 너희도 남을 대접하라(눅 6:31)

탈무드에 나오는 유명한 이야기 중에 굴뚝 청소를 하고 나온 두 사람에 관한 물음이 있습니다. 한 사람은 깨끗한 채로 나왔고 다른 사람은 더러운 채로 나왔는데 누가 깨끗하게 씻게 되겠느냐는 물음입니다. 정답은 깨끗한 사람이 씻게 된다는 것입니다. 서로 상대방을 통해 자기가 깨끗한지 더러운지를 살펴보기 때문이지요. 사람은 서로가 서로에게 거울입니다. 상대방에게 비치는 모습을 통해 자신을 바라보게 됩니다. 모든 사람에게는 그를 창조하신 하나님의 형상이 있습니다. 그리스도인의 삶은 나 자신 속에서, 그리고 다른 사람들 속에서 그 하나님의 형상을 발견하는 삶입니다.

**기도** 주님, 다른 사람들이 나에게 뭔가 해 주기를 바라기보다 제가 그들을 위해 할 수 있는 일을 하기 원합니다. 사람들이 저를 통해 선하신 하나님의 형상을 볼 수 있는 삶을 살기 원합니다.

**TUE** …내 어머니와 내 동생들은 곧 하나님의 말씀을 듣고 행하는 이 사람들이라 하시니라(눅 8:21)

세상 무엇과도 바꿀 수 없는 소중한 존재가 잉태되면서 부부 사이에는 예전보다 더욱 강력한 사랑의 띠가 둘려질 것입니다. 그러나 자칫 잘못하면 이러한 사랑도 가족 이기주의로 흐를 수가 있습니다. 나 중심, 내 가족 중심으로만 생각하게 되는 것이지요. 그러나 주님은 혈연 중심으로 생각하는 것에서 벗어나라고 말씀하고 있습니다. 예수님은 육신의 어머니와 동생보다 하나님의 말씀을 듣고 행하는 사람들이 친부모와 친형제라고 말씀하십니다. 내 가족에게서 눈을 돌려 당신의 사랑이 필요한 사람들을 돌아보십시오. 당신이 사랑을 나누고 있는 그 사람이 바로 당신의 형제요 친척입니다.

**기도** 주님, 이 순간 제 도움이 필요한 사람이 없는지 생각나게 하시고 제가 할 수 있는 구체적인 것으로 그 사람을 도울 수 있도록 사랑의 마음을 주십시오.

**WED** …나의 사랑하는 자들아 너희가 나 있을 때뿐 아니라 더욱 지금 나 없을 때에도 항상 복종하여 두렵고 떨림으로 너희 구원을 이루라(빌 2:12)

'예수님은 비 오는 수요일 저녁 예배에 오신다'는 말을 아십니까. 왜 하필이면 '비오는 수요일'일까요. 비오는 날은 집 밖에 나서기가 싫어집니다. 빗물이 튀는 거리를 걷는 것도 불편하고 우산을 들어야 한다는 것도 귀찮습니다. 더구나 수요일이면 한 주의 중간이라 슬슬 피곤이 쌓이고 휴일은 아직 이틀이 남아 있는, 즐거움이라고는 없는 날입니다. 이런 날의 예배는 드리면 좋지만 안 드려도 그만이라고 생각하기 쉽습니다. 중요하지만 귀찮거나 하기 싫은 일을 해야 할 때 한 번쯤 기억하십시오. 예수님은 비 오는 수요일 저녁 예배에 오실지도 모른다는 것을. 하나님의 열심은 비오는 수요일 저녁에도 쉬지 않는다는 것을.

**기도** 하나님, 저에게 주어진 모든 날들이 언제나 축복임을 압니다. 제가 하나님께 드리는 마음도 날씨의 흐리고 개임에 따라 흔들리지 않게 해 주세요.

**THU** 예수께서 이르시되 너희는 나를 누구라 하느냐…(눅 9:20)

예수님은 제자들에게 물으셨습니다. "너희는 나를 누구라 하느냐?" 오늘 당신에게도 동일하게 물으십니다. "너는 나를 누구라 하느냐? 다른 사람이 말하는 나 말고, 네가 말하는 나는 누구냐? 너의 머리와 지식이 아니라 네 가슴은, 네 삶은 나를 누구라 하느냐?" 주님은 물으십니다. "네 입술 말고, 아무도 없는 은밀한 곳에 있을 때 네 행동은 나를 누구라 하느냐?" 주님은 계속하여 물으십니다. "너의 지갑은 나를 누구라 하느냐? 너의 시간은 나를 누구라 하느냐? 네 표정과 네 인격은 나를 누구라 하느냐?" 당신의 입술, 당신의 행동, 당신의 지갑, 당신의 시간은 과연 예수를 누구라고 고백하고 있습니까?

**기도** 예수님, 제가 주님을 주님으로 고백하는 그 고백처럼 저의 돈과 시간이 사용되는 그곳에서도 주님의 주권이 드러나도록 도와주십시오,

**FRI** 믿음으로 아벨은 가인보다 더 나은 제사를 하나님께 드림으로 의로운 자라 하시는 증거를 얻었으니…(히 11:4)

가인과 아벨이 드렸던 제사에 대해 창세기는 그다지 자세한 정보를 주지 않습니다. 확실한 것은 하나님께서 아벨의 제사만 받으셨다는 사실입니다. 그 이유를 히브리서 기자는 '제물'의 차이가 아니라 '믿음'의 차이 때문이었다고 이야기합니다. 하나님께서는 '제물의 형식'이 아니라 '믿음의 제물'을 받으셨던 것입니다. 많은 크리스천 여성들은 임신 사실을 알게 되는 순간부터 태교를 위한 말씀 읽기와 묵상에 들어갑니다. 이때 주의해야 할 것이 있습니다. 꾸준히 읽는 말씀과 간절히 드리는 기도의 초점이 어디에 있는가를 분명히 해야 합니다. 오로지 머리 좋고 똑똑한 아기를 낳아 부귀영화를 누리게 할 목적으로 말씀과 기도를 사용하는 것은 아닌지 점검해 보십시오.

**기도** 하나님, 참된 믿음의 제사를 드리는 어머니가 될 수 있도록 저를 붙들어 주십시오.

**SAT** 주의 말씀은 내 발에 등이요 내 길에 빛이니이다(시 119:105)

대도시에서는 어두운 길을 만나기가 쉽지 않습니다. 곳곳에 네온 사인이 켜 있고, 밤늦게까지 사람들이 돌아다닙니다. 그러나 시골길의 밤은 참 조용합니다. 개구리 울음소리와 빛나는 별들만이 빈 공간을 가득히 메우고 있을 뿐입니다. 시골의 밤길을 걸어본 사람은 알겠지만 그곳은 손전등이 없으면 걷기가 참 힘듭니다. 자칫 잘못 발을 디디면 넘어지기 일쑤입니다. 우리의 인생길도 그렇습니다. 한치 앞도 바라볼 수 없는 그 인생길을 비추어줄 빛이 있다면 얼마나 마음이 놓이겠습니까. 그 빛이 바로 주님의 말씀입니다. 내 발의 등이요 내가 가는 길의 빛이 바로 주님의 말씀인 것입니다. 태 속에서부터 아이를 주님의 말씀으로 양육시킨다면 그 아이의 손에 빛을 쥐어 주는 것과 같습니다. 어두울수록 등불을 끄지 마십시오.

**기도** 하나님, 주님께서 주신 새로운 생명에게도 늘 함께하셔서 그 아이가 주님을 사랑하고 주님의 말씀을 의지하고 살 수 있도록 도와주십시오.

**MON** …그가 그리스도로 말미암아 우리를 자기와 화목하게 하시고 또 우리에게 화목하게 하는 직분을 주셨으니(고후 5:18)

'결혼은 상대방을 알아가는 과정'이라는 말이 있습니다. 결혼 후에 모든 것이 완벽하게 되어 동화에서처럼 '행복하게 오랫동안' 사는 게 아닌 것입니다. 서로 다르기 때문에 부딪힐 수밖에 없습니다. 그래서 부부가 일심동체가 되기 위해서는 서로를 있는 그대로 인정하고 이해하는 것이 중요합니다. 행복한 가정생활을 위해 원칙을 세우십시오. 여기 몇 가지 예를 소개하겠습니다. 1. 하나님이 왜 지금의 배우자와 결혼하게 하셨는지 상기하라. 2. 상대의 감정을 존중하며 대화하라. 3. 문제가 있다면 속으로 앓지 말고 함께 풀어보라. 4. 경제 관리를 신중하게 잘하라. 5. 극단적인 말, 상처 주는 말을 삼가라.

기도 하나님, 살아가면서 다툼을 피할 수는 없는 것 같습니다. 그러나 오랫동안 감정이 상해 있지 않도록 도와주시고, 서로를 이해할 수 있도록 저희들의 마음을 열어 주세요.

**TUE** 동행 중에 있는 줄로 생각하고 하룻길을 간 후 친족과 아는 자 중에서 찾되 만나지 못하매 찾으면서 예루살렘에 돌아갔더니(눅 2:44-45)

요즘에도 생각보다 많은 아이들이 길을 잃고 미아가 되거나, 실종되는 일이 발행하고 있습니다. 아이들을 찾고 있는 부모의 심정은 말로 표현할 수 없겠지요. 경황 없이 많은 사람들에 휩쓸리느라 어린 예수님을 잃은 마리아의 심정도 그랬을 것입니다. 마리아가 성전의 선생들 가운데 있는 예수님을 찾은 것은 사흘이 지난 후였습니다. 그 사이에 마리아와 요셉의 가슴은 까맣게 타들어가 버렸을 것입니다. 예수님은 부모와 떨어졌어도 의젓했으나, 지금 부모를 잃어버린 아이들은 애타게 부모를 찾으며 울고 있을 것입니다. 오늘은 잃어버린 아이들과 그 부모들을 위해 기도해 주십시오. 당신의 간절한 기도가 큰 힘이 될 것입니다.

기도 하나님, 엄마를 잃고 헤매는 아이들을 지켜주시고 하루라도 빨리 엄마품으로 돌아올 수 있도록 인도해 주십시오.

**WED** 그의 누이가 바로의 딸에게 이르되 내가 가서 당신을 위하여 히브리 여인 중에서 유모를 불러다가 이 아기에게 젖을 먹이게 하리이까…(출 2:7-9)

모세는 자기 민족에게서 등을 돌리면 편안하고 화려한 삶을 살 수 있었습니다. 그러나 그는 '잠시 죄악의 낙을 누리는 것보다 하나님의 백성과 함께 고난받기'(히 11:24-25) 를 택했습니다. 모세를 이렇게 위대한 민족의 지도자로 양육한 사람은 바로 그의 어머니였습니다. 딸의 지혜로운 처신으로 자신의 품에서 모세를 기를 수 있게 된 어머니는 젖을 먹이고 말을 가르치면서 하나님에 대한 경외심과 자기 민족에 대한 사랑을 가르쳤을 것입니다. 그래서 그는 약간의 어려움만 생겨도 모세를 원망하고 엇길로 나가는 민족들을 이끄느라 온갖 고생을 하면서도, 자기 민족을 구하기 위해 하나님께 끝까지 매달릴 수 있었습니다. 태교와 유아기의 교육은 이렇게 중요합니다.

기도 주님, 아기와 더불어 제가 어머니로서 잘 빚어지도록 인도해 주세요

**THU** 믿음으로 애굽을 떠나 왕의 노함을 무서워하지 아니하고 곧 보이지 아니하는 자를 보는 것 같이 하여 참았으며(히 11:27)

모세는 보이는 사람보다 보이지 않는 하나님을 두려워하는 사람이었습니다. 성경은 그러한 모세의 태도를 '보이지 아니하는 자를 보는 것같이 하여 참았'다고 표현하고 있습니다. 눈앞에서 엄청난 권력을 휘두르는 자를 두려워하지 않으려면 큰 용기가 필요합니다. 그리고 그 용기는 견고한 신앙에서 나옵니다. 당신은 누구를, 혹은 무엇을 가장 두려워하십니까? 하나님에 대한 믿음이 있는 사람은 당장 내 눈앞에서 권세를 누리고 있는 자를 숭배하지 않습니다. 믿음을 가진 사람은 보이지 않는 하나님을 마치 보는 것처럼 생각하며 그 권위에 복종하는 사람들입니다. 하나님 외에는 그 어떤 것에도 지배당하지 마십시오.

**기도** 하나님, 제가 하나님을 더 두려워함으로 당장 눈에 보이는 그(것)에 대한 두려움에서 벗어나 모세처럼 당당히 설 수 있도록 도와 주십시오.

**FRI** 모든 사람은 결혼을 귀히 여기고 침소를 더럽히지 않게 하라 음행하는 자들과 간음하는 자들을 하나님이 심판하시리라(히 13:4)

예수님께서는 이혼 증서 한 장을 써 주는 것으로 이혼의 모든 절차를 끝내고 얼마든지 다른 여자를 아내로 맞아들일 수 있다는 율법에 반기를 드셨습니다. 그런데 그런 예수님께서도 간음만은 이혼 가능 사유로 인정하셨습니다. 그만큼 결혼 생활에 있어서 몸과 마음의 정결함이 소중하기 때문입니다. 아내가 임신해 있는 기간 동안 남편은 성적인 욕구를 충분히 해결하지 못해 불만을 가질 수 있습니다. 그래서 자칫 간음의 유혹에 이끌릴 수 있습니다. 그러나 그것은 하나님 앞에서 서약한 혼인과 사랑의 신성함을 배반하는 행위입니다. 힘들수록 부부간의 솔직하고 충분한 대화를 통해 서로를 격려하도록 하십시오.

**기도** 하나님의 축복인 임신 기간이 저와 남편을 더 친밀하게 만들고 더 이해하게 만드는 시간이 되게 해 주십시오.

**SAT** 예수께서 대답하여 이르시되 주 너의 하나님을 시험하지 말라 하였느니라(눅 4:12)

사탄은 예수님을 미워하는 자가 아닙니다. 예수님을 시험하는 자입니다. 사탄은 혈기가 왕성한 시절의 예수님을 세상에 대한 가장 근본적인 욕망을 미끼로 시험하려다 실패했습니다. 그러나 이제는 예수님을 믿는 자들 가운데 나타나 '예수님을 시험해 보라'고 유혹합니다. 가끔씩 아기의 건강과 안전한 출산에 대해 두려움을 갖게 하는 것도 예수님을 시험하는 것입니다. 나를 믿고 평안하라는 예수님의 말씀에 의심을 갖게 하는 것이 곧 예수님을 시험하는 것입니다. 의심과 불안이 믿음의 가장 큰 적이라는 것을 사탄은 누구보다 잘 알고 있습니다. 주님의 평안으로 단단히 무장하고 사탄의 올무에 걸려들지 마십시오.

**기도** 하나님, 제가 불안과 의심으로 주님을 시험하지 않게 해주십시오. 믿음에서 오는 평안을 누리게 해 주십시오.

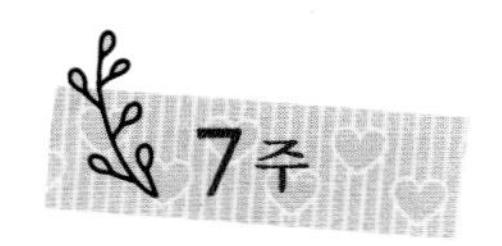

**MON** 긍휼을 행하지 아니하는 자에게는 긍휼 없는 심판이 있으리라 긍휼은 심판을 이기고 자랑하느니라(약 2:13)

예수님께서는 산상수훈을 통해 '긍휼히 여기는 자는 복이 있나니 저희가 긍휼히 여김을 받을 것임이요'(마 5:7)라고 말씀하셨습니다. 내가 누군가를 긍휼히 여기면 그 마음이 다른 누군가에 의해 다시 나에게로 돌아올 것입니다. 돌봐줄 사람 없는 병자에게 준 한 그릇의 죽은, 입덧으로 고생하는 나에게 새콤하고 향긋한 봄나물 무침 한 접시가 되어 돌아올지 모릅니다. 긍휼히 여기는 기쁨을 아는 사람만이 긍휼히 여김받는 축복을 제대로 누릴 수 있습니다. 하나님께서 우리를 긍휼히 여기사 독생자로 우리를 구속하셨듯이 매사에 긍휼함을 가지면 품어 안지 못할 것이 없습니다. 긍휼은 냉정한 심판을 초월하는 힘입니다.

**기도** 하나님, 가장 가까이에 있는 사람들에게 먼저 긍휼의 마음을 베풀게 하시고, 그리하여 심판하고자 하는 마음을 이기고 승리하는 삶을 살 수 있도록 축복해 주십시오.

**TUE** 그러나 더욱 큰 은혜를 주시나니 그러므로 일렀으되 하나님이 교만한 자를 물리치시고 겸손한 자에게 은혜를 주신다 하였느니라(약 4:6)

사막에서 조용히 수도하며 사는 한 사람이 있었습니다. 그에게는 특별한 점이라고는 없었습니다. 그런데 어느 날 어둠의 장막이 내린 으슥한 시간에 누군가가 그의 오두막으로 들어왔습니다. 눈을 들어 보니 사탄이었습니다. 잠시 그를 쏘아보던 사탄이 쉰 목소리로 말했습니다. "나는 너 때문에 정말 못살겠다. 나는 네가 할 수 있는 건 모두 할 수 있지. 네가 찬송하면 나도 찬송하고, 네가 성경을 읽으면 나도 읽고, 네가 기도하면 나도 기도하고…. 그런데 도저히 내가 너를 따라할 수 없는 것이 있다. 바로 겸손이다. 네가 겸손하면 나는 정말 어찌해야 할지 모르겠다."

**기도** 하나님, 제 마음에 사탄을 굴복시킬 수 있는 가식 없는 겸손이 자랄 수 있도록 저를 지켜 주십시오.

**WED** 우리가 다 하나님의 아들을 믿는 것과 아는 일에 하나가 되어 온전한 사람을 이루어 그리스도의 장성한 분량이 충만한 데까지 이르리니(엡 4:13)

그리스도의 장성한 분량이란 머리카락이 자라듯이 눈에 보이는 것도 아니고, 그 크기를 측량할 있는 것도 아닙니다. 그리스도의 장성한 분량까지라는 말은 막연하기도 하지만, 불가능한 선이라는 판단이 먼저 듭니다. 하지만 이 말씀이 우리에게 권고하는 것은 그리스도의 장성한 분량에까지 이른 결과가 아니라, 끝까지 그리스도를 향해 나아가는 자세를 가지라는 것입니다. 이것은 그리스도를 아는 것과 믿는 것이 하나가 된 자만이 할 수 있는 일입니다. 내 힘으로는 불가능하다는 것을 알면서도, 예수님께서 나와 함께 어깨를 나란히 하며 가실 것을 알고 또 믿어야 하기 때문입니다. 아는 것보다 믿는 것이 더 중요합니다.

**기도** 하나님, 주님께서 제게 주신 날들이 아무런 성장 없이 정지된 시간들로 흘러가지 않도록 저를 늘 일깨워 주십시오.

**THU** 마음의 즐거움은 얼굴을 빛나게 하여도 마음의 근심은 심령을 상하게 하느니라(잠 15:13)

파랑새를 찾아다니는 치르치르와 미치르 남매의 이야기를 알고 계신가요. 남매는 마법사 할머니로부터 파랑새를 찾아달라는 부탁을 받고 여러 곳을 다녔으나 끝내 찾지 못했습니다. 그런데 그것은 꿈이었고, 꿈에서 깨어보니 자기 집에서 기르고 있는 새가 파랗다는 사실을 발견하게 됩니다. 지금 거울을 한번 보십시오. 당신은 어떤 표정을 짓고 있습니까? 혹시 지금 불행하다고 생각하고 계신가요? 행복은 여기 아닌 다른 곳에 있다고 생각하시나요. 파랑새는 바로 당신 옆에서 발견되기를 기다리고 있습니다.

**기도** 하나님, 주님이 주신 세상의 아름다움을 볼 수 있는 눈을, 지금 내가 가진 행복을 누릴 수 있는 마음을 허락해 주십시오.

**FRI** 예수는 지혜와 키가 자라가며 하나님과 사람에게 더욱 사랑스러워가시더라(눅 2:52)

세상은 부유하며 많이 배워 똑똑한 사람들이 이끌어 가는 것처럼 보입니다. 그러나 오히려 그렇게 엘리트인 그들이 나라를 망치고 경제를 망치는 경우가 허다한 것을 봅니다. 성경은 부와 지식을 겸비한 사람을 성공한 사람이라고 가르치지 않습니다. 예수님은 가진 것이 많은 것도, 학벌이 출중한 것도 아니었지만 누구보다 부유한 삶을 사셨으며 하나님과 사람들에게 사랑받았습니다. 이 세상 어떤 권세와 명예와 부를 누리는 것보다 하나님과 사람에게 사랑받고 사는 것만큼 귀한 것은 없습니다. 아이가 부귀영화를 위해 혼신을 다하여 살기보다는 하나님께 사랑받는 사람이 되기를 기도하십시오.

**기도** 하나님, 이 아이가 세상의 기준에 맞추어 살기보다는 하나님께 초점을 맞추며 사는 아이가 되길 소원합니다.

**SAT** 분을 내어도 죄를 짓지 말며 해가 지도록 분을 품지 말고 마귀에게 틈을 주지 말라(엡 4:26~27)

인간의 연약함을 잘 알고 있는 성경은 우리에게 분을 내지 말라고 하지 않고, 오래 품지 말라고 가르칩니다. 분노가 일어날 때는 억지로 감정을 누르기보다는 분노한 마음을 달래고 가라앉히는 방법을 터득하는 것이 더 현명합니다. 분노를 가라앉히기 위해서는 일단 그 자리를 떠나 잠시 자신의 마음을 바라보는 시간이 필요합니다. 분노의 이유는 여러 가지가 있겠지만 결국은 '내 마음대로 되지 않아서'가 주된 원인입니다. 그런데 내 마음이란 항상 옳지도 않고, 한결같지도 않습니다. 나 자신이 감정에 치우치는 이기적이고 불완전한 인간이라는 것을 인정하고, 상대 역시 똑같은 사람이라는 것을 받아들여야 합니다. 그렇게 마음을 가다듬는 것만으로도 분노는 그날 해가 지기 전에 열기를 내리고 공기 중에 흩어질 것입니다. 그러면 마귀도 틈 타지 못하게 될 것입니다.

**기도** 하나님, 분이 날 때는 그 상태를 스스로 알아채고 잘 통제할 수 있도록 도와주십시오. 그로 인해 다른 죄를 더하지 않도록 지켜주십시오.

# 묵상

# 8주

**MON** …너희 원수를 사랑하며 너희를 박해하는 자를 위하여 기도하라(마 5:44)

사랑받을 만한 이유가 전혀 없는 사람을 무조건 사랑하는 일은 결코 쉬운 일이 아닙니다. 그런데 성경은 한 걸음 더 나아가 우리에게 원수를 사랑하고 너를 핍박하는 사람을 위하여 기도하라고 말씀하십니다. 뱃속에 있는 한 생명은 엄마에게 사랑받을 만한 어떤 행동도 한 적이 없습니다. 하지만 엄마는 태아를 향한 지극한 사랑을 느끼고 감격합니다. 이것은 놀라운 신비입니다. 사랑받을 만한 이유가 없는 사람을 아무런 조건 없이 사랑할 수 있는 힘을 하나님께서 우리에게 주신 것입니다. 하나님께서는 내 영혼을 아무런 조건 없이 사랑하셨습니다. 내가 가진 이 신비한 사랑은 하나님께로부터 온 것입니다. 우리 안에 하나님의 마음이 있다면 혼자서는 할 수 없는 일까지 능히 해낼 수 있습니다.

**기도** 주님, 제 안에 하나님의 사랑을 주심을 감사드립니다. 그 사랑으로 저에게 상처입힌 사람들을 용서하게 해 주십시오.

**TUE** 보라 하나님은 나의 구원이시라 내가 신뢰하고 두려움이 없으리니 주 여호와는 나의 힘이시며 나의 노래시며 나의 구원이심이라(사 12:2)

우리는 하나님께서 만드신 '세상'이라는 태 안에 있는 사람들입니다. 하나님께서는 우리의 삶에 필요한 모든 것들을 적절히 공급하시고 우리를 하나님의 자녀로 성장시키십니다. 우리는 하나님을 신뢰함으로써 완벽한 평화를 맛볼 수 있습니다. 그러나 두려움은 우리의 신앙 생활에 커다란 걸림돌이 됩니다. 두려움은 우리의 발목을 잡아 앞으로 나아가는 것을 방해합니다. 본문은 우리에게 하나님을 의뢰하는 것이 두려움을 없애는 방법임을 알려줍니다. 태아가 엄마를 신뢰하는 것처럼 당신 역시 하나님을 전적으로 신뢰하십시오.

**기도** 하나님, 때때로 밀려오는 두려움에서 해방되기를 원합니다. 제가 약할수록 제 안에 더욱 강하게 임재하시옵소서.

**WED** 내 육체와 마음은 쇠약하나 하나님은 내 마음의 반석이시요 영원한 분깃이시라(시 73:26)

입덧은 임신의 전형적인 증거이기는 하지만 결코 반길 수 없는 고약한 증세입니다. 심한 경우에는 탈수증으로 인해 몸이 쇠약해지는 경우도 있습니다. 그 입덧을 없앨 수는 없지만 완화시킬 수는 있습니다. '얼마나 지나야 이 괴로움에서 벗어날 수 있을까?'만을 생각할 것이 아니라, 아기가 엄마에게 자신을 알리려 보내는 신호라고 생각하고 긍정적으로 수용하십시오. 또 이 괴로움을 이길 수 있는 힘을 달라고 하나님께 간구하십시오. 마음의 평안은 육체의 고통을 이길 수 있는 힘이 됩니다. 하나님께로부터 받은 평안으로 육체의 고통을 이기십시오. 모든 괴로움은 끝날 날이 있습니다. 그리고 그 끝에는 기쁨의 열매가 있습니다.

**기도** 하나님, 제가 입덧으로 인해 몸이 쇠약해지고 음식을 먹지 못하더라도 제 아기의 건강에는 나쁜 영향을 끼치지 않도록 인도하여 주십시오.

**THU** 내가 주께 감사하옴은 나를 지으심이 심히 기묘하심이라 주께서 하시는 일이 기이함을 내 영혼이 잘 아나이다(시 139:14)

이 순간도 당신과 함께 숨쉬고 있는 아기를 머릿속으로 그려 보십시오. 비록 완전한 모양을 갖추지는 않았지만, 아기는 한 인간으로서 부지런히 성장해 가고 있습니다. 이런 것을 생각해 보면 하나님의 창조 사역이 얼마나 신비롭고 오묘한 것인가에 감탄하게 됩니다. 하나님의 이 놀라운 창조사역에 쓰임받았다는 사실을 생각한다면 감사하지 않을 수 없을 것입니다. 하나님께서는 아기의 모든 것을 속속들이 아십니다. 건강은 어떤지, 여자인지 남자인지, 씩씩한지, 차분한지…. 아기에 대해 나보다 더 자세하게 아시는 하나님께서 아기를 지켜주실 것입니다. 우리는 그것을 믿기만 하면 됩니다.

**기도** 하나님, 이 아기가 창조주 하나님께서 자신을 지으신 목적을 깨닫고 하나님의 영광을 위해 살아가는 사람으로 성장하게 하옵소서.

**FRI** 노하기를 더디 하는 것이 사람의 슬기요 허물을 용서하는 것이 자기의 영광이니라(잠 19:11)

마음을 다스리기란 쉬운 일이 아닙니다. 감정이 바람에 흔들리는 갈대처럼 요동하고 있을 때 우리는 그것을 주위 사람들을 향해 분출하기도 합니다. 우리는 주위 사람들에게 내 자신을 드러낼 필요가 있습니다. 그러나 그것이 충동적인 분출을 의미하지는 않습니다. 감정을 다스리는 힘을 간구하십시오. 참을 수 없이 마음이 어지러워지면 잠시 그 자리를 비우시고 마음이 가라앉기를 기다리십시오. 또 감정의 지배를 극복하기 어려워 주위 사람에게 실수를 저질렀다면 감정을 추스르게 되었을 때 용기를 내어 사과하십시오. 그것이 진정 감정을 다스리는 사람입니다.

**기도** 주님, 제 자신이 제 감정을 지혜롭게 다스리기 원합니다. 분노가 아니라 대화와 기도로 감정을 녹일 수 있도록 도와주십시오.

**SAT** 근심하는 자 같으나 항상 기뻐하고 가난한 자 같으나 많은 사람을 부요하게 하고 아무것도 없는 자 같으나 모든 것을 가진 자로다(고후 6:10)

어느 재벌가의 아들이 예수님을 영접했습니다. 그의 아버지는 만일 신앙을 버리지 않으면 재산을 물려받을 생각을 하지 말라고 못을 박았습니다. 그러나 그는 말했습니다. "아버지는 내가 주님으로부터 얼마나 풍성한 유산을 많이 물려받았는지 알지 못합니다." 그는 기꺼이 물질적 유산보다 주님의 부요를 택했습니다. 이것은 주님의 부요를 아는 사람이 아니라, 경험한 사람만이 할 수 있는 선택입니다. 우리가 살고 있는 세상은 재물의 지배를 받고 있기 때문입니다. 하지만 진정 거듭난 그리스도인이라면 그럼에도 불구하고 주님의 부요를 선택해야 합니다. 성경은 사람이 두 주인을 섬길 수 없다고 분명히 말씀하고 있기 때문입니다.

**기도** 하나님, 제 마음을 진정한 주님의 부요로 채워 주십시오. 그래서 세상이 권하는 유혹을 물리칠 수 있도록 인도해 주십시오.

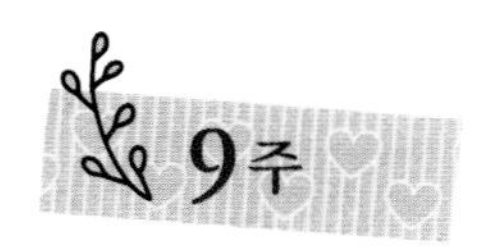

**MON** 여호와의 친밀하심이 그를 경외하는 자들에게 있음이여…(시 25:14)

민감함이란 사람들의 삶의 이면에 숨어 있는 실체들을 보고 듣고 느끼며, 그에 따라 적절한 행동이나 반응을 결정할 수 있는 능력을 말합니다. 많은 사람들이 예수님을 만나고 그의 능력을 목격했지만 그들이 모두 그를 민감하게 느끼고 즉각적으로 반응한 것은 아닙니다. 진정으로 예수님과 만난 사람들은 모두 그의 참모습을 민감하게 알아차린 사람들이었습니다. 민감함은 친밀함 가운데서 나옵니다. 늘 그를 주시하는 자만이 느낄 수 있는 것입니다. 언제나 하나님과 친밀함을 유지하고 민감하게 반응하십시오. 주께서 당신을 끝까지 인도하실 것입니다. 아기가 당신의 움직임과 변화에 민감하게 반응하듯이 말입니다.

**기도** 하나님, 제가 주님을 경외함이 두려움이 아니라 친밀함이기 원합니다. 그리하여 주께 민감하게 반응하며 살게 해주세요.

**TUE** 또 기도할 때에 이방인과 같이 중언부언하지 말라 그들은 말을 많이 하여야 들으실 줄 생각하느니라(마 6:7)

우리는 하나님과의 관계에서 종종 이런 잘못을 저지릅니다. 우리는 하나님의 뜻대로 되기를 원한다고 말하면서도 정작 실생활에서는 우리의 기준으로 생각하고 우리의 뜻대로 되기를 원합니다. 우리의 고백은 공허한 것이 될 때가 많습니다. 그렇게 생각하지도 않으면서 입으로만 그렇게 고백하였기 때문입니다. 결국 하나님께 마음에도 없는 '인사치레용 거짓말'을 한 셈이 됩니다. 형식적인 기도는 하나님과 우리 사이를 갉아먹는 좀과 같습니다. 하나님께 당신의 바라는 바를 정직하게 구하고, 그 이후에는 하나님의 뜻에 겸손히 따르십시오. 하나님께서는 당신의 거창한 기도를 원하시는 것이 아니라 당신과의 친밀한 의사소통을 원하십니다.

**기도** 주님, 저의 기도가 마음 속 깊숙한 곳에 있는 생각을 하나님께 아뢰고 하나님의 뜻에 겸손히 따르게 하는 통로가 되기 원합니다.

**WED** 그러므로 믿음은 들음에서 나며 들음은 그리스도의 말씀으로 말미암았느니라(롬 10:17)

태아와 자신을 위해 매일 시간을 내어 성경을 읽으십시오. 성경 읽기는 신앙 성숙을 위해서만이 아니라 태아에게 영적인 환경을 만들어 준다는 의미에서도 꼭 필요합니다. 성경을 읽을 때는 어떻게 하면 '맛있게 읽을까'를 생각하면서 읽으십시오. 그 방법은 사람마다 다를 수 있습니다. 그러나 어떠한 경우에도 형식적으로 읽는 것이 아니라 꾸준히 정성을 다하여 읽는 것이 중요합니다. 말씀은 당신을 자유롭게 해 주는 무기입니다. 우리 주님께서도 말씀을 무기로 사탄을 물리치셨습니다. 당신이 성경을 읽는 동안 성령님께서는 당신의 마음을 살피시고 상한 부분을 치유하시며 평강으로 인도하실 것입니다.

**기도** 주님, 내 안의 게으름과 싸워 이기게 하시고 하나님의 말씀을 읽는 데 더 열심을 내게 하옵소서.

**THU** 내가 주를 찬양할 때에 나의 입술이 기뻐 외치며 주께서 속량하신 내 영혼이 즐거워하리이다 (시 71: 23)

찬양에는 마음을 밝히는 능력이 있습니다. 다윗의 음악은 악신으로 인하여 번뇌하고 있는 사울을 진정시키는 힘을 지니고 있었습니다. 또한 옥에 갇힌 바울과 실라가 큰 소리로 찬미할 때 옥문이 열리는 기적이 일어났습니다. 무기력하거나 기분이 저하될 때 당신이 좋아하는 찬양을 흥얼거리거나 큰 소리로 불러 보십시오. 의지를 가지고 찬송을 하는 일은 당신이 감기에 걸렸을 때 감기약을 먹겠다고 결심하는 것과 흡사합니다. 찬송은 자신을 치유하는 힘이 있습니다. 우울함이 당신을 지배하지 못하도록 열심히 찬양하십시오. 즐거움과 평강이 넘치는 삶을 선택하고 우울함의 터널을 빠져 나오십시오.

**기도** 하나님, 어두움이 저를 지배하지 못하게 하시고 언제 어디에서든 주님 앞에서 기쁨으로 노래하며 주님을 찬양하게 하옵소서.

**FRI** 하늘을 창조하신 이 그는 하나님이시니 그가 땅을 지으시고 그것을 만드셨으며 그것을 견고하게 하시되…사람이 거주하게 그것을 지으셨으니(사 45:18)

하룻동안 내가 내버리는 쓰레기가 얼마나 되는지 생각해 보신 일이 있습니까? 우리는 끊임없이 쓰레기를 만들며 살아가고 있습니다. 하나님께서 만든 세상이 우리가 만든 쓰레기로 가득 차게 될 지경입니다. 우리는 '손쉽다', '남들도 다 그렇게 한다'는 핑계를 대면서 미래에 이 땅에서 살아가게 될 아이들에게 커다란 잘못을 저지르고 있습니다. 성경은 하나님께서 이 땅을 헛되이 창조치 않으셨으며, 사람에게 파괴하도록 하신 것이 아니라 "거하도록" 하셨다고 말합니다. 일회용품 사용을 최대한 줄이고, 쓰레기 분리 수거를 하는 일 등은 이 세상에 거하게 하신 하나님을 경외하는 것이며, 우리 아이들을 위해 해야 할 마땅한 도리입니다.

**기도** 창조주 하나님, 주님을 경외함이 생활 속의 작은 실천으로부터 출발함을 잊지 않게 하옵소서.

**SAT** 형제를 사랑하여 서로 우애하고 존경하기를 서로 먼저 하며(롬 12:10)

우리는 기쁨, 슬픔, 분노 등 우리의 감정을 드러내는 일에는 익숙하지만 우리 안에 있는 사랑을 표현하는 데에는 서툽니다. 사랑하면서도 그 사랑을 표현하지 않는 이유가 무엇일까요? 우리는 사랑을 표현하는 데 두려움을 느낍니다. 내가 표현한 사랑이 거부당할까 두려워하기도 하고, 또 내가 준 사랑만큼 돌려받지 못할까 봐 두려워합니다. 그러나 사랑을 거부하는 일이 부끄러운 일이지 사랑하는 일이 부끄러운 것은 아닙니다. 그렇게 많은 거부를 당하셨으면서도 쉬지 않고 사랑하시며, 내가 드리는 사랑과는 비교할 수 없을 정도로 큰 사랑을 부어 주시는 하나님을 생각하십시오. 지금 당장 남편이나 가족이나 친구를 위해 사랑의 전화를 걸어 보십시오.

**기도** 주님, 제가 사람을 사랑하는 데 담대하게 해 주십시오. 두려움 없는 사랑으로 주님의 빛을 드러내기 원합니다.

# 10주

**MON** 내가 주릴 때에 너희가 먹을 것을 주었고 목마를 때에 마시게 하였고 나그네 되었을 때에 영접하였고(마 25:35)

세상 모든 아이들은 하나님의 형상으로 저마다 꿈과 소망을 가지고 태어납니다. 그런데 도처에서 영양 과잉과 비만을 걱정하는 이 시대에도 점심을 굶는 아이들이 있습니다. 한참 자랄 나이에 세 끼 밥조차 제대로 먹을 수 없는 이 아이들은, 해마다 수천 억에 이르는 음식 쓰레기를 양산해 내는 우리 사회의 그늘을 보여줍니다. 이 사회에 그늘이 존재한다는 것보다 중요한 것은 예수님이 그늘진 곳에 더 깊은 애정을 보이신다는 것입니다. 주님께서는 우리에게 준 것을 그들과 나누라고 하셨고, 그것이 곧 "나와 나누는 것"이라고 하셨습니다. 이것이 가난한 자들이 항상 우리와 함께 있는 이유입니다.

**기도** 하나님, 어른들의 욕심 때문에 아이들이 굶지 않도록 해 주십시오. 먼저 제 것을 나눌 수 있는 믿음을 주십시오.

**TUE** 대답하되 주여 없나이다 예수께서 이르시되 나도 너를 정죄하지 아니하노니 가서 다시는 죄를 범하지 말라 하시니라(요 8:11)

우리는 모든 일에 율법보다 복음이 우선함을 잘 알고 있습니다. 바리새인들은 율법을 지키는 문제로 예수님을 시험하고자 했습니다. 하지만 그분은 언제나 인간의 근원적인 문제 해결에 초점을 맞추셨습니다. 사람이 율법을 위해 있는 것이 아니라, 율법이 사람을 위해서 있기 때문입니다. 복음은 나와 형제를 판단하고 단죄하는 기준이 아닙니다. 복음은 사람을 변화시키고 자유롭게 하는 힘입니다. 간음한 여인에게 돌을 던지는 것이 아니라 '다시는 죄 짓지 말라'며 새 삶을 열어 주는 것이 복음입니다. 복음을 내 자신과 형제들을 빛으로 인도하는 등불로 사용하십시오.

**기도** 주님께서 선포하신 복음을 형제를 사랑하고 용서하는 데 적용할 수 있도록 인도해 주십시오. 제가 복음을 또 하나의 율법으로 사용하지 않도록 지켜 주십시오.

**WED** 너희는 마음에 근심하지 말라 하나님을 믿으니 또 나를 믿으라(요 14:1)

많은 임산부들이 혹시 아이가 유산되지 않을까 염려합니다. 생각은 우리의 삶을 지배합니다. 우리의 생각이 염려와 걱정으로 가득 차 있다면 우리의 삶 전체가 온통 위험천만한 일로 가득 찬 감옥처럼 느껴질 것입니다. 그것은 아기를 위해서 결코 바람직하지 않습니다. 나무 하나, 꽃 한 그루도 저절로 이루어지는 법은 없습니다. 하나님의 창조 사역은 놀랍고도 신비합니다. 당신의 아이는 스스로를 지킬 수 있는 힘을 가지고 있으며 그 힘으로 성장하고 있습니다. 그 힘은 하나님께로부터 온 것입니다. 유산을 두려워하기보다는 아이가 건강하게 성장하고 있음에 감사하십시오. 그 마음은 아이에게도 그대로 전달될 것이며, 아이가 건강하게 자라는 데 힘이 되어 줄 것입니다.

**기도** 제가 이 생명을 온전히 키우는 어머니로 최선을 다하되, 성장과 출산의 모든 것을 주님께 의탁합니다. 우리와 함께 해 주십시오.

**THU** 형제 사랑에 관하여는 너희에게 쓸 것이 없음은 너희들 자신이 하나님의 가르치심을 받아 서로 사랑함이라(살전 4:9)

노트를 펴서 당신 주위의 사람들을 적어 보십시오. 동역자인 남편과 가족들, 친구들, 선배와 후배들…. 그런 다음에 그 사람들의 이름 옆에 고마운 점을 한두 가지씩 적어 보십시오. 마음도 넉넉히 하고 메모하는 공간도 넉넉히 하십시오. 이들은 모두 감사 제목들입니다. 사랑하고 감사하는 마음은 행복을 가져다줍니다. 존 헨리는 "감사는 최고의 항암제요, 해독제요, 방부제"라고 말했습니다. 당신을 지키시는 하나님께 감사하는 마음, 그리고 당신을 사랑하는 주위 사람들에게 감사하는 마음을 가지고 그것을 표현한다면 당신의 생활은 꽃이 핀 듯 향기로 가득 찰 것입니다.

**기도** 주님, 제게 믿음의 형제들을 주심을 감사드립니다. 제가 살아가는 동안 변치 않고 그 사랑을 잘 가꾸어 나가도록 하겠습니다.

**FRI** 범사에 우리 주 예수 그리스도의 이름으로 항상 아버지 하나님께 감사하며(엡 5:20)

범사라는 말에는 일상에서 일어나는 모든 일이 포함됩니다. 우리는 일상에서 늘 좋은 일만 겪는 것은 아닙니다. 속상한 일이 생기기도 하고, 걱정스러운 상황이 발생하기도 합니다. 기쁘고 좋은 일에만 감사하는 것은 누구나 할 수 있습니다. 그러나 그리스도의 이름으로 감사하는 것은 다릅니다. 나쁜 상황에 처했다 하더라도, 그보다 더 나쁜 상태에 빠지지 않은 것에, 그리고 어떠한 상황에서도 하나님께서 항상 함께하신다는 것에 감사할 수 있습니다. 예수 그리스도의 이름으로 드리는 감사는 먼저 자신의 마음을 변화시키고, 상황을 바라보는 시선을 변화시키고, 마침내 상황을 변화시킵니다. 이것이 감사의 힘입니다.

**기도** 주님, 지금 이대로 모든 것에 감사합니다. 어떤 상황에서도 주께서 저와 함께하시는 것을 믿습니다.

**SAT** 모든 지킬 만한 것 중에 더욱 네 마음을 지키라 생명의 근원이 이에서 남이니라(잠 4:23)

우리는 날마다 각종 광고의 부추김과 현혹 속에 살아갑니다. 그들은 은근한 목소리로 우리에게 "이걸 하면 남들보다 앞설 수 있을 거야"라고 권하거나 호들갑스러운 목소리로 "아니, 아직도 이걸 안 하고 있다니, 너는 분명히 남들보다 뒤떨어질 거야"라고 말합니다. 거대하게 밀려오는 상업 광고의 물결에 휩쓸리지 않고 우리에게 필요한 것을 가려낼 수 있는 방법은 무엇일까요? 본문은 우리에게 무엇보다 "마음을 지키라"고 권고합니다. 냄비와 같이 들끓는 광고들로 인해 불안해질 때 그것을 당신의 마음에 비추어 보십시오. 당신이 하나님 안에 굳게 서 있다면 하나님이 주신 지혜로 그것을 가려낼 수 있을 것입니다.

**기도** 하나님, 저에게 사물을 보는 분별력을 주시고 상업적인 유혹들에 마음을 빼앗기지 않는 현명함을 갖게 하십시오.

**MON** 온갖 노력과 성취는 바로 사람끼리 갖는 경쟁심에서 비롯되는 것임을 나는 깨달았다. 그러나 이 수고도 헛되고, 바람을 잡으려는 것과 같다(전 4:4, 새번역)

성경은 우리에게 다른 사람보다 더 나은 삶을 살겠다고 하는 모든 수고와 노력들이 바람을 잡으려는 것처럼 헛된 것이라고 말합니다. 행복하게 살고 싶다는 욕망과 행복해지기 위한 선한 노력은 죄가 아니지만 그것이 "다른 사람보다 많이 갖고 싶다", "다른 사람 위에 서고 싶다"는 것이라면 바람직하다고 할 수 있을까요? 아이가 어떤 삶을 살기 원하십니까? 다른 사람보다 우월한 삶입니까? 하나님 안에서 다른 사람들과 함께 행복해지는 삶입니까? 진정 부요하고 승리하는 삶은 그리스도 안에 있음을 잊지 마십시오.

**기도** 하나님, 저는 영원한 삶을 소유한 사람답게 살고 싶습니다. 내 안에 있는 이기심을 버리고 그리스도를 닮은 삶을 살도록 도우소서.

**TUE** 여인이 어찌 그 젖 먹는 자식을 잊겠으며 자기 태에서 난 아들을 긍휼히 여기지 않겠느냐 그들은 혹시 잊을지라도 나는 너를 잊지 아니할 것이라(사 49:15)

아기를 갖게 되면서 생활에 큰 변화가 생깁니다. 즐기던 커피를 맘껏 마실 수도 없고 어쩌다 감기에 걸려도 약을 먹을 수 없습니다. 먹는 것, 입는 것 모두 아기를 빼고서는 생각할 수 없게 됩니다. 세상 그 어떤 관계가 어머니와 아기처럼 절대적이겠습니까? 그런데 본문은 어머니가 자기 아이를 잊을 수는 있지만 하나님은 당신을 잊지 않으시리라고 말씀합니다. 당신에 대한 하나님의 사랑은 아기에 대한 당신의 사랑과는 비교할 수 없을 정도로 크다는 말씀입니다. 당신은 이렇게 절대적인 사랑을 받고 있는 사람입니다.

**기도** 세상 어느 누구보다도 나를 사랑하시는 하나님, 그 사랑에 감사드립니다. 내가 받은 사랑을 내 아이뿐만 아니라 다른 이들과 나눌 수 있는 넉넉함을 주시옵소서.

**WED** 그 둘이 한 몸이 될지니라 이러한즉 이제 둘이 아니요 한 몸이니(막 10:8)

임신해서 겪는 어려움 중의 하나는 남편이 자신을 이해해 주지 못한다는 생각이 드는 것입니다. 그래서 우울함이나 외로움에 사로잡히기도 합니다. 임신을 직접 겪지 않는 남편이 아내를 완전히 이해해 주기란 어렵습니다. 따라서 서운함을 품기보다는 나의 육체와 정신이 어떠한 상태인가를 솔직하게 남편에게 설명하는 것이 현명합니다. 본문은 부부가 한 몸이라고 말씀합니다. 부부 사이에 있는 모든 일을 함께 나누어야 하는 동반자임을 알려 주시는 것입니다. 당신에게 일어나고 있는 신체적인 변화와 정신적인 변화들을 남편과 함께 나누십시오. 지금은 그 어느 때보다 남편과 함께 모든 변화와 감정을 나누고 함께해야 할 때입니다.

**기도** 하나님, 임신 기간 동안 일어나는 어려움을 남편과 함께 나누면서 잘 극복하고 기쁨도 함께 누릴 수 있기를 기도합니다.

**THU** 너희가 짐을 서로 지라 그리하여 그리스도의 법을 성취하라(갈 6:2)

"선교지를 향해 떠나기 전 나는 사람들을 찾아다니며 작별 인사를 했지요. 그때 어느 나이 많은 여신도를 방문하게 되었습니다. 그는 내 손을 잡고 나의 눈을 들여다보면서 나직이 말했습니다. '당신이 그곳에 가시면 열병에 걸리지 않도록 기도 드리겠어요.' 그 후 나는 한 번도 열병에 걸린 적이 없어요. 그 더운 열대지방에서 말입니다." 한 선교사의 고백입니다. 선교사를 위한 중보 기도는 구체적이어야 합니다. 그저 인사치레여서도, 중언부언 읊조리는 것이어서도 안 됩니다. 누군가를 위해 하는 기도일수록 정확하고 꾸준하게 기도하십시오. 그것이 짐을 함께 져 주는 일이자 선교 사역을 함께 나누는 일입니다.

**기도** 하나님, ***에 있는 ***선교사를 위해 기도합니다. 그가 더위(추위)를 잘 이겨내게 하시고, 그가 하고 있는 *** 사역이 잘 이루어지기를 기도합니다.

**FRI** 내가 너를 모태에 짓기 전에 너를 알았고 네가 배에서 나오기 전에 너를 성별하였고…(렘 1:5)

눈을 가만히 감고 하나님의 놀라운 피조물인 자신을 떠올려 보십시오. 얼마나 놀랍고 감사한 작품입니까? 하나님께서는 당신을 만드시고 당신을 통해 또 하나의 아름다운 피조물을 세상에 내기로 계획하셨습니다. 당신의 배 위에 손을 얹고 놀라운 속도로 성장하고 있는 태아를 위해 기도하십시오. 하나님께서는 이 태아의 세포 조직 하나하나를 만드시며 머리에서 발끝까지 모든 부분을 보살피고 계십니다. 하나님께 당신과 아이를 의탁하십시오. 생명을 주관하시는 하나님께서 안전하게 지키실 것입니다.

**기도** 생명을 주관하시는 하나님, 부족한 저를 하나님의 생명의 도구로 사용하여 주심을 감사드립니다. 나와 내 아기를 주님의 손에 의탁합니다.

**SAT** 너는 꿀을 보거든 족하리만큼 먹으라 과식함으로 토할까 두려우니라(잠 25:16)

자동차에서 가장 중요한 기관은 브레이크입니다. 브레이크 없이 달리는 차는 죽음을 향해 달리는 것입니다. 달리기 위해서 만들어진 자동차에서 가장 중요한 기관이 브레이크라는 역설적인 사실은 우리에게 많은 부분을 시사해 줍니다. 우리 주위에는 아무 계획 없이 시간의 흐름에 자신을 맡긴 채 되는 대로 살아가는 사람들이 많습니다. 그런 사람들은 자기를 절제하기 힘듭니다. "지나친 것은 모자란 것보다 못하다"는 말이 있습니다. 자기 절제를 위해 스스로를 돌아보는 시간을 마련하십시오. 절제는 본질을 들여다볼 때 생깁니다.

**기도** 하나님, 저의 기도와 묵상이 앞으로 나아가게 하는 바퀴와 멈추게 하는 브레이크의 역할을 조화롭게 감당하도록 도와주십시오.

# 묵상

# 12주

**MON** 너희가 기도할 때에 무엇이든지 믿고 구하는 것은 다 받으리라 하시니라(마 21:22)

오랜 기도 생활을 해온 우리 믿음의 선배들은 하나님께서 기도에 응답하는 방식이 세 가지라고 전합니다. '들어주겠다(Yes)'와 '안 된다(No)'그리고 '기다려라(Wait)'입니다. 그런데 우리의 믿음을 시험하고 포기하게 만드는 것은 'No'라는 확실한 대답보다 'Wait'라는 유보의 응답입니다. 우리는 언제까지 기다려야 할지, 하나님께서 어떤 방식으로 응답하실지 모릅니다. 기다림의 시간이 길어질수록 의심과 절망이 우리를 감쌉니다. 그러나 기다리는 것은 훈련이자 단련입니다. 이 기간 동안 우리는 강해질 수 있으며 구한 것을 받을 준비를 할 수 있습니다. 그리고 충분히 준비된 후에는 받은 것이 더욱 빛을 발하게 될 것입니다.

**기도** 하나님, 저에게 기도로 구하는 소망과 기쁨으로 받아들이는 감사와 의심하지 않는 믿음을 주십시오.

**TUE** 사람이 마음으로 자기의 길을 계획할지라도 그의 걸음을 인도하시는 이는 여호와시니라(잠 16:9)

임신을 확인하고 나서 묵상과 성경 읽기 시간이 들어 있는 일정표를 만들지 않았나요. 태아와 임산부를 위한 자연식 식단표도 만들었을 것입니다. 지금 그 일정표와 식단표를 얼마나 지키고 있습니까. 조금의 융통성도 없이 정확하게 짜 놓은 일정표는 깨어지게 마련입니다. 우리는 예기치 못한 일들 때문에 방향이나 시간이 바뀌는 것을 허용해야 합니다. 일정표는 지키지 못했을 때 자책감을 느끼게 하기 위한 것이 아닙니다. 잠시 어긋났다가 다시 제자리로 돌아오게 하는 것도 일정표의 중요한 역할입니다. 시간을 여유 있게 조율해 가는 연습을 하십시오. 그것은 삶의 일정들을 편안하게 받아들이는 훈련이 될 것입니다.

**기도** 하나님, 시간에 쫓기며 사는 사람이 아니라 시간을 잘 사용하는 사람이 되게 해주십시오.

**WED** 내 아들아 네 아비의 훈계를 들으며 네 어미의 법을 떠나지 말라(잠 1:8)

어느 날 하나님께서 천사 세 명에게 이 세상에서 가장 아름다운 것 하나를 가져오라고 분부하셨습니다. 첫 번째 천사는 예쁜 꽃을 보고는 감탄하며 몇 송이를 가지고 왔습니다. 두 번째 천사는 어머니 품에서 방실방실 웃고 있는 아이의 미소를 보고 반했습니다. 그래서 그 미소를 바구니에 담아 하늘로 올라갔습니다. 세 번째 천사는 어떤 집에서 아이에게 사랑을 쏟아붓는 어머니의 모습을 보았습니다. 그 모습을 넋을 잃고 바라보던 천사는 어머니의 사랑을 바구니에 넣어 하늘로 올라갔습니다. 세 천사는 모두 흡족한 얼굴로 하나님 앞에서 바구니를 열었습니다. 놀랍게도 아름다운 꽃은 말라 버렸고, 아기는 성장함에 따라 그 미소를 잃어버렸습니다. 단지 어머니의 사랑만이 그 고결한 향기를 간직하고 있었습니다.

**기도** 주님, 제가 어머니가 되게 해 주셔서 감사합니다. 남은 임신 기간도 감사하는 마음 잃지 않게 도와주시옵소서.

**THU** 너희가 더욱 힘써 너희 믿음에 덕을, 덕에 지식을, 지식에 절제를, 절제에 인내를, 인내에 경건을, 경건에 형제 우애를, 형제 우애에 사랑을 더하라(벧후 1:5-7)

절제란 어떤 욕구를 조절할 수 있는 의지입니다. 아무리 좋은 것이라도 과하게 취해서 오히려 해가 되는 것을 막는 기능입니다. 임신중에도 절제와 인내가 필요합니다. "입덧으로 음식이 입에 들어가기가 대낮에 별 보기보다 어려웠는데 어느 날인가부터 입덧이 그치고 음식이 눈앞에 아른아른거립니다. 옳거니 싶어 아이를 위한다는 명분으로 이것저것 많이 먹었는데 몸무게가 갑자기 마구 늘고 있습니다." 이 임신부 이야기와 당신은 상관이 없습니까. 욕구를 절제 없이 따라가다 보면 회복하기 어려운 결과를 가져올 수 있습니다.

**기도** 하나님, 저 자신과 아이의 건강을 위해서 절제할 수 있도록 도와주세요. 무엇이든 넘치는 것은 모자람만 못하다는 것을 기억하게 해주세요.

**FRI** 까마귀를 생각하라 심지도 아니하고 거두지도 아니하며 골방도 없고 창고도 없으되 하나님이 기르시나니 너희는 새보다 얼마나 더 귀하냐(눅 12:24)

'임신 4개월. 입덧으로 좀처럼 음식을 먹을 수 없었는데 이젠 어느 정도 완화되고 마음의 여유도 생기게 되었습니다. 빠듯한 살림을 하다 보니 아이 양육비를 어떻게 감당할 수 있을까 걱정되었는데 하늘의 새들을 먹이시는 하나님의 손길을 느끼고 나서 걱정을 거둘 수 있었습니다. 새들은 일찍 일어나 열심히 먹을 것을 찾아다닙니다. 자기 앞에 떨어진 먹이를 날름 주워먹는 것이 아니라 이리저리 찾아다닌다는 사실이 새롭게 다가왔습니다. 주께서 먹이심이 저희의 게으름을 돕는 것은 아니겠지요. 우리에겐 믿음과 부지런함이 모두 필요합니다.' - 어느 임산부의 태교 일기 -

**기도** 하나님, 아이의 양육비 문제로 시험받지 않도록 도우시고, 재정적인 부분들을 지혜롭게 해결할 수 있도록 도와주세요.

**SAT** 여호와 내 하나님이여 내가 주께 부르짖으매 나를 고치셨나이다(시 30:2)

1cm를 넘지 않는 조그마한 씨앗을 흙에 묻으면 그것이 자라 꽃을 피우고 열매를 맺습니다. 그것은 기적에 가까운 경이로움입니다. 아무 주의를 끌지도 않는 그 조그마한 알갱이가 그토록 크게 자라다니요. 그러나 싹이 트는 데는 건강한 토양이 필요합니다. 임신 기간 동안 감기 등등의 병에 걸릴 수 있습니다. 아무리 조심해도 바이러스란 놈은 작은 틈새를 파고듭니다. 아이에게 해가 되지 않기 위해서 약을 금하는 대부분의 임산부들은 그 아픔을 고스란히 겪어냅니다. 그 아픔 역시 씨앗의 아픔일 것입니다. 그러나 그 아픔을 인내하고 기다리면 풍성한 열매를 맺을 수 있을 것입니다. 세상에서 가장 아름다운 열매를 바라보며 기운 내십시오..

**기도** 하나님, 씨앗의 교훈을 생각해 보았습니다. 제가 든든하게 아기를 지키며 제 자신도 잘 돌볼 수 있도록 함께해 주십시오.

**MON** 그의 십자가의 피로 화평을 이루사 만물 곧 땅에 있는 것들이나 하늘에 있는 것들이 그로 말미암아 자기와 화목하게 되기를 기뻐하심이라(골 1:20)

입덧은 뱃속 아이와 엄마의 밸런스를 맞추기 위한 것이라고 합니다. 10개월 동안 한 배를 타기 위해 서로서로 맞추어 가는 과정인 것입니다. 양가 어른들과의 관계, 남편과의 관계도 마찬가지입니다. 몇십 년을 다른 곳에서 살아온 사람들이니만큼 맞춤의 과정을 거치지 않을 수 없습니다. 어른들과의 불협화음, 남편에 대한 섭섭함, 자기를 배려해 주지 않는 주변 사람들로 인해 마음이 상할 수 있습니다. 하지만 문제를 해결하는 방법은 미움이나 분노가 아니라 대화와 이해입니다. 먼저 마음문을 열고 조금씩 시작해 보십시오. 화평의 하나님이 도우실 것입니다.

**기도** 하나님, 사람들과의 관계가 참 힘들 때가 있습니다. 알지만 행하기 힘든 것을 하게 하는 힘이 신앙인 줄 압니다. 저에게 용기와 지혜를 주십시오.

**TUE** 우리가 알거니와 하나님을 사랑하는 자 곧 그 뜻대로 부르심을 입은 자들에게는 모든 것이 합력하여 선을 이루느니라(롬 8:28)

모든 것이 합력하여 선을 이룬다는 말의 '모든 것'에는 좋은 일만 있는 것이 아닙니다. 지금 당장에는 좋지 않은 일, 실망스러운 일, 고통스러운 일도 선을 이루는 일에 합력하는 것입니다. 사람 역시 마찬가지입니다. 내가 좋아하는 사람, 내가 신뢰하는 사람만 합력하는 것이 아닙니다. 평소에 생각지도 못했던 사람, 그다지 친밀하게 느끼지 않았던 사람, 심지어 못마땅하게 생각했거나 싫어했던 사람들까지도 선을 이루는 데 합력하게 됩니다. 하나님은 우리의 좁은 계산 틀 안에서 움직이는 분이 아니십니다. 지금 당장의 상황 때문에 걱정하거나 낙심하지 마십시오. 그분의 능력 안에서 모든 것이 합력하여 선을 이루어갈 것입니다.

**기도** 하나님, 지금 당장의 상황을 보고 걱정하거나 낙심하지 않겠습니다. 모든 것이 합력하여 선을 이루는 것을 믿습니다.

**WED** 예수께서 대답하시되 이 사람이나 그 부모의 죄로 인한 것이 아니라 그에게서 하나님이 하시는 일을 나타내고자 하심이라(요 9:3)

임신부들은 자기 아이가 잘못되진 않을까 하는 두려움을 여러 이유로 느낍니다. 혹시 자신들이 지난날에 저지른 죄 때문에 아이에게 이상이 생기면 어떻게 하나 염려하기도 합니다. 예수님은 "내가 온 것은 양으로 생명을 얻게 하고 더 풍성히 얻게 하려는 것이라"라고 하셨습니다. 생명을 주러 오신 분이 이미 회개한 죄에 대한 대가를, 그것도 아이에게 주실 리 없습니다. 이전의 죄를 진심으로 회개하였으면 죄의 문제는 해결된 것입니다. 과거의 일에 계속 머무르지 마십시오. 하나님의 사랑은 죄를 심판하는 것이 아니라 용서하고 치유하는 것입니다.

**기도** 하나님, 주님이 주신 평안을 누릴 수 있도록 도와주세요. 이미 지난 과거의 일들이 저의 평안을 해치지 않도록 주님의 평안 속에 머물겠습니다.

**THU** …땅이 풀과 각기 종류대로 씨 맺는 채소와 각기 종류대로 씨 가진 열매 맺는 나무를 내니 하나님이 보시기에 좋았더라(창 1:11-12)

여러 가지로 조심하느라 외출을 자제하고 집에만 있으면 생각의 폭이 제한되어 예민해질 수 있습니다. 산책을 하면 자기에게만 집중되어 있는 관심을 조금이나마 밖으로 돌릴 수 있습니다. 풍경을 보면서, 사람을 보면서 자연과 사물을 통해 말씀하시는 하나님을 만나십시오. 나무, 풀, 흙, 노을, 달, 별 등등 하나님께서는 너무나 아름답게 세상을 만드셨습니다. 하나님은 세상을 창조하시고 보시기에 좋아서 흐뭇해 하셨습니다. 그 흐뭇함을 당신도 느껴 보십시오. 아주 작은 일에도 큰 감사를 느낄 수 있는 시간이 될 것입니다.

**기도** 아름다운 세상을 주신 하나님, 그 안에서 주님의 음성을 듣게 해 주십시오. 조화와 순리를 배우게 하십시오. 제 아이도 나중에 주님이 주신 자연을 보고 주님을 찬양하기 원합니다.

**FRI** 형통한 날에는 기뻐하고 곤고한 날에는 되돌아보아라 이 두 가지를 하나님이 병행하게 하사 사람이 그의 장래 일을 능히 헤아려 알지 못하게 하셨느니라(전 7:14)

살다 보면 기쁜 날, 슬픈 날이 교차하게 마련입니다. 살면서 받은 상처들은 사람과 벽을 쌓게 만들고, 하나님에게로도 가까이 갈 수 없게 만듭니다. 미움의 감정들은 자신의 몸과 마음을 갉아먹고 나중에는 주위 사람들에게까지 상처를 주게 됩니다. 사람들은 상처를 대면하는 것을 두려워하여 덮어두려고 합니다. 괜찮은 척, 다 용서하는 척하지만 실은 마음속 깊은 곳에서 증오의 이름으로 썩고 있는 것입니다. 그 증오는 타인과의 문제가 아니라 자기 자신과의 문제입니다. 하나님께서 내 죄를 용서하신 것을 기억하십시오. 당신이 받고 있는 스트레스가 증오의 감정으로 발전하지 못하도록 당신 마음을 지키십시오.

**기도** 하나님, 상처받은 감정은 시간이 갈수록 나쁜 쪽으로 강화되기 쉽다는 걸 압니다. 저의 이 감정이 증오로 변하지 않도록 잡아 주십시오.

**SAT** …엘리사벳이 성령의 충만함을 받아 큰 소리로 불러 이르되 여자 중에 네가 복이 있으며 네 태중의 아이도 복이 있도다(눅 1:41-42)

태아도 희로애락의 감정을 가진다고 합니다. 어머니의 감정을 아이도 느끼므로 엄마가 태중에서부터 신앙으로 양육할 수 있습니다. 어떤 엄마는 새벽기도에 참석하고 말씀을 외우고 아이가 들을 수 있도록 큰 소리로 성경을 매일 읽어주고 찬송도 불러주고 아이와 많은 이야기를 나누었다고 합니다. 시중에는 IQ, EQ가 높은 아이를 만드는 법 등 많은 태교방법들이 소개되어 있습니다. 하지만 무엇보다 그리스도인인 우리들은 우선 하나님의 말씀으로 아이를 양육해야 합니다. 하나님을 의지한다면 어떤 어려움을 만나도 그 시련을 너끈히 극복할 수 있을 것입니다. 모든 것의 주인 되시는 하나님을 의지하는 것이야말로 세상의 어려움을 이기는 강력한 힘이기 때문입니다.

**기도** 주님, 저의 믿음과 저의 편안한 생활만큼 훌륭한 태교가 없음을 압니다. 저를 지켜 주십시오.

**MON** 의인의 아비는 크게 즐거울 것이요 지혜로운 자식을 낳은 자는 그로 말미암아 즐거울 것이니라(잠 23:24)

이 세상에서 가장 무서운 사람이 누구라고 생각하십니까? 그 사람은 권력을 가진 사람도, 돈이 많은 사람도 아닙니다. 그 사람은 자기가 알고 있는 것이 모두 옳다고 믿는 사람입니다. 그런 사람은 무모하고 편협합니다. 삶을 살아가는 데 있어서 중요한 것은 얼마나 아느냐가 아니라 무엇을 아는가입니다. 지혜야말로 세상을 사는 데 꼭 필요한 것입니다. 성경은 하나님을 아는 것이 지혜의 근본이라고 하였습니다. 아이에게 늘 성경 이야기를 들려준다면 굳이 가르치려 들지 않아도 풍부한 지혜를 얻게 될 것입니다.

**기도** 하나님, 제 아이에게 성경을 재미있게 이야기해 주는 어머니가 되기 원합니다. 훈련이 필요한 일이오니 함께 해 주십시오.

**TUE** …또 쓴 뿌리가 나서 괴롭게 하여 많은 사람이 이로 말미암아 더럽게 되지 않게 하며(히 12:15)

사람은 어떤 모양이든 간에 쓴 뿌리를 가지고 있습니다. 또한 상처를 받으면 그 상처를 반드시 보상받으려 하는 습성이 있습니다. 요셉만큼 한이 많은 사람도 없을 것입니다. 그는 아버지의 편애 때문에 형제들에게 미움 받고 종으로 팔려갔습니다. 보디발에게 충성했지만 그의 아내의 모함으로 감옥까지 갔습니다. 하나님은 그의 아픔을 치유하셨습니다. 그러나 요셉 스스로 용서하려는 마음이 없었다면 하나님은 그를 치유하지 않으셨을 것입니다. 임산부가 특정인을 지속적으로 미워하거나 스트레스를 받게 되면 그것이 아이에게 직접적으로 영향을 미친다고 합니다. 당신은 분노와 용서, 어느 쪽을 선택하시겠습니까?

**기도** 주님, 내 안의 쓴 뿌리가 제거되기를 원합니다. 또한 저의 아픔들을 해결함으로써 아이에게 이 악한 감정들이 전달되지 않도록 도와주십시오.

**WED** 게으른 자는 마음으로 원하여도 얻지 못하나 부지런한 자의 마음은 풍족함을 얻느니라(잠 13:4)

임신 기간은 아이를 위한 시간일 뿐만 아니라 임산부 자신을 돌아볼 수 있는 아주 귀한 시간입니다. 공부하느라 10대를 다 보내고 20대 초반엔 회사생활로, 또는 대학생활로 바쁘고 분주했습니다. 물질과 시간에 매여 몸도 마음도 지쳐 자신을 돌아볼 여유가 없었을 것입니다. 이젠 집안을 가꾸고, 요리, 독서, 음악 등을 즐기십시오. 그런데 그러다 보면 한없이 게을러질 수 있으므로 가끔씩은 풀어진 나사를 죄듯 자신을 조일 필요가 있습니다. 자신을 조이는 방법의 하나로 일주일에 하루쯤은 자신을 가꾸거나 분위기를 바꿔 보십시오. 꽃 한 다발로 집안을 화사하게 꾸며도 좋겠습니다. 게으름을 탈출하는 돌파구가 되는 동시에 남편까지 기분 좋게 할 수 있을 것입니다.

**기도** 하나님, 임신 기간 동안 제 자신을 돌아보고 미래를 준비할 수 있도록 도와주십시오.

**THU** 기도를 계속하고 기도에 감사함으로 깨어 있으라(골 4:2)

기도의 사람 조지 뮬러는 응답받는 기도의 조건을 다섯 가지로 나누었습니다. 첫째, 축복에 대한 모든 주권의 유일한 근거는 예수 그리스도의 공로와 중보라는 것을 전적으로 확신하는 것. 둘째, 알고 있는 모든 죄로부터 완전히 떠나는 것. 셋째, 하나님 자신의 서원에 의하여 확증된 하나님의 약속의 말씀에 믿음을 보이는 것. 넷째, 하나님의 기쁘신 뜻을 따라 간구하는 것. 다섯째, 계속 끈질기게 간구하는 것입니다. 어떤 동기를 가지고 기도하느냐는 상당히 중요합니다. 불순한 동기를 가지면 하나님이 응답하지 않으십니다. 자신의 정욕을 위한 기도에 하나님은 응답하지 않으십니다. 기도하기 전에 먼저 자신의 마음을 살피십시오. 그리고 응답받을 기도를 하십시오.

**기도** 하나님께서 이 아이를 세상에 보내신 데는 특별한 뜻이 있음을 압니다. 이 아이가 주님의 뜻을 이루는 삶을 살기 원합니다.

**FRI** 또 이끌고 예루살렘으로 가서 성전 꼭대기에 세우고 이르되 네가 만일 하나님의 아들이어든 여기서 뛰어내리라(눅 4:9)

예수님을 유혹했던 사탄의 속삭임은 '돌로 떡을 만들어라', '성전 꼭대기에서 뛰어내리라', '나에게 절하라'였습니다. 사탄이 우리를 이런 말로 유혹한다면 절대 넘어가지 않을 것입니다. 그것을 모를 리 없는 사탄은 지금 세상의 나팔수들을 동원해 이렇게 외칩니다. '현실적이 되라', '멋있어 보여라', '힘이 최고다'. 얼핏 듣기에 예수님을 유혹했던 사탄의 속삭임과는 전혀 달라 보이지만 실제로는 같습니다. 결국 변하는 세태를 따라 살라는 뜻이기 때문입니다. 유혹은 언제나 달콤하고 승리하는 삶으로 인도하는 것처럼 보입니다. 그러나 주님의 말씀에 등을 돌리고라도, 세속적인 우러름을 받는 자리를 차지하라는 속삭임에 "노"라고 말하십시오. 참된 행복은 그 대답에서 시작됩니다.

**기도** 하나님, 세상의 달콤한 유혹을 물리칠 수 있는 믿음과 의로운 복을 허락해 주십시오.

**SAT** 너와 또 너와 함께 한 이 백성이 필경 기력이 쇠하리니 이 일이 네게 너무 중함이라 네가 혼자 할 수 없으리라(출 18:18)

집안 살림을 맡아 하는 사람은 무엇이 놓여 있는지를 손바닥 들여다보듯 잘 알게 마련입니다. 엄마들은 슈퍼우먼인 경우가 많습니다. 가족들 중 누구도 엄마나 주부만큼 깔끔하게 집안일을 해내기 어렵습니다. 그러나 가정은 주부 혼자서 만들어 나가는 곳이 아니며 엄마 혼자만의 일터는 더더욱 아닙니다. 혼자서 모든 집안일을 다하려고 하진 않습니까? 물론 다른 사람이 하면 서툴러서 일을 망치는 경우도 있을 것입니다. 하지만 그래도 가족들이 당신을 돕도록 하십시오. 아이를 가진 당신은 혼자서 집안일을 하기에 벅찰 것이며. 태아가 성장하는 데는 엄마뿐 아니라 가족 모두의 도움이 필요하기 때문입니다.

**기도** 하나님, 지혜롭게 일을 분담하고 나눌 수 있도록 도와주세요. 가족 구성원 모두가 기쁨으로 이 일에 동참하기 원합니다.

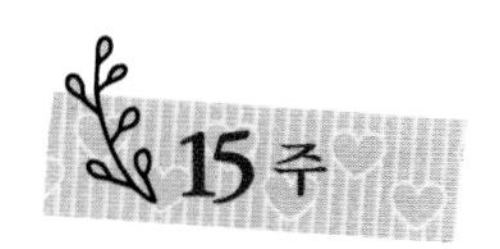


**MON** 여호와께서 그를 황무지에서, 짐승이 부르짖는 광야에서 만나시고 호위하시며 보호하시며 자기의 눈동자 같이 지키셨도다(신 32:10)

모세는 광야에서 하나님의 부르심을 받았으며 40년 동안 광야 생활을 했습니다. 다윗도 사울의 추적을 받을 때 광야로 피신했습니다. 세례 요한도 광야에서 기거했습니다. 그리고 예수님도 40일 동안 광야에서 금식하시며 마귀에게 시험을 받으셨습니다. 아무 풍족한 것이 없는 황량한 그 땅은 외로움의 자리입니다. 쓸쓸하며 조용합니다. 그러나 그 깊은 아픔의 자락 끝에는 우리를 눈동자같이 지키시는 하나님이 계십니다. 그 광야에서 우리는 하나님의 음성을 들을 수 있습니다. 광야에서 말씀하시는 하나님을 만나고, 그 음성을 들으십시오. 그 땅을 통과하면 더욱 성숙해진 자신을 만날 수 있을 것입니다.

**기도** 하나님, 외로움의 자리에서 하나님을 만나기 원합니다. 이 광야를 통과했을 때 보다 성숙한 제가 되기를 원합니다.

**TUE** 믿음으로 모세가 났을 때에 그 부모가 아름다운 아이임을 보고 석 달 동안 숨겨 왕의 명령을 무서워하지 아니하였으며(히 11:23)

모세가 태어났을 때, 히브리인들이 낳은 남자아이를 살려두는 것은 목숨을 걸지 않으면 할 수 없는 일이었습니다. 하지만 모세의 부모는 왕의 법을 두려워하지 않았습니다. 그들에게는 하나님의 법이 왕의 법보다 우위에 있었습니다. 우리는 모세의 부모에게서 담대한 믿음 그리고 최선을 다하는 믿음을 봅니다. 그들에게는 하나님께서 그 아이를 책임져 주실 것이라는 믿음이 있었습니다. 그러나 믿음만 가지고 가만히 앉아 있지는 않았습니다. 그 믿음에 의거해 자신들이 할 수 있는 최선의 노력을 기울였습니다. 이러한 그들의 노력과 하나님의 계획이 만났을 때 모세라는 위대한 지도자가 탄생한 것입니다.

**기도** 하나님, 제가 아기에게 믿음의 본이 되게 해 주십시오. 아기와 함께 저도 그리스도의 장성한 분량에까지 자라기 원합니다.

**WED** 하나님이여 주의 생각이 내게 어찌 그리 보배로우신지요 그 수가 어찌 그리 많은지요(시편 139:17)

인종적 편견을 뚫고 세계 여러 영화제들에서 남우주연상을 받은 덴젤 워싱턴은 한 수상 소감에서 이렇게 말했습니다. “저는 하나님께 감사하려고 이 자리에 나왔습니다. 하나님은 능력 주시고, 축복하시고, 바로잡아 주시고, 꾸짖으시고, 벌 주시고, 가르쳐 주십니다.” 그는 능력과 축복 주시는 것만이 아니라 바로잡고, 꾸짖고, 벌 주시는 하나님께 감사하고 있습니다. 이런 믿음이 인종 차별이 심한 미국 영화계에서 당당하게 인정받고 존경받는 배우로 우뚝 설 수 있게 했을 것입니다. 하나님은 우리가 알 수 없는 여러 가지 방법으로 우리를 이끄십니다. 좋을 일뿐 아니라 나쁜 일도 우리를 이끄시는 방법일 수 있습니다.

**기도** 주님, 제가 주께서 주시는 모든 것이 저에게 필요한 것임을 깨닫고 항상 감사하는 믿음을 주십시오.

**THU** 천국은 마치 품꾼을 얻어 포도원에 들여보내려고 이른 아침에 나간 집 주인과 같으니(마 20:1)

아침부터 일한 품꾼과 한낮에 들어온 일꾼이 같은 품삯을 받는다는 비유는 우리가 납득하기 어렵습니다. 일한 시간과 상관없이 품삯을 지불하는 주인의 계산법을 논리적인 그리스도인들은 받아들이기 힘듭니다. 그것은 이 비유를 대할 때 언제나 자기 자신을 해질 무렵 끼어든 품꾼이 아니라 온종일 고생한 품꾼들과 동일시하는 마음이 전제되어 있기 때문입니다. 그러니 주인의 불공평한 처사에 이의를 제기할 수밖에 없는 것입니다. 그러나 자기 공로대로 구원받는 사람은 아무도 없습니다. 우리 중 누구도 하나님이 요구하시는 삶 근처에도 간 사람이 없기 때문입니다. 그럼에도 불구하고 공평한 기준대로 받아야 한다고 고집한다면 한 사람도 구원에 이를 수 없을 것입니다.

**기도** 저 자신을 언제나 성실하게 일하는 일꾼과 동일시하는 오류를 범하지 않도록 깨우쳐 주십시오.

**FRI** …당신의 달란트를 땅에 감추어 두었었나이다…그 한 달란트를 빼앗아 열 달란트 가진 자에게 주라(마 25:24-28)

한 사람이 고향길을 걷다가 오래된 우물 앞에서 발을 멈췄습니다. 그가 어렸을 때, 아무리 많이 퍼 올려도 마르지 않을 만큼 많은 물이 고여 있던 우물이었습니다. 그러나 뜻밖에도 그 우물은 완전히 말라 있었습니다. 계속 물을 퍼올리지 않아 수맥이 막혀 버렸기 때문입니다. 마치 게으른 종이 묻어두어 아무 유익도 남길 수 없었던 한 달란트처럼 말입니다. 임신과 육아를 핑계로 자신이 가진 달란트를 손이 닿지 않는 장롱 너머에 던져 두지는 마십시오. 그 달란트는 오래 방치한 우물처럼 말라버리기 쉽습니다. 하나님께서 당신에게 주신 달란트가 막힌 우물처럼 되지 않도록 손질해 두십시오.

**기도** 주님, 저는 어떤 상황에서도 주께서 주신 달란트를 지혜롭게 사용하고 싶습니다. 저에게 알맞는 기회를 허락해 주십시오.

**SAT** …하나님께 나아가는 자는 반드시 그가 계신 것과 또한 그가 자기를 찾는 자들에게 상 주시는 이심을 믿어야 할지니라(히 11:6)

한 신학자는 "아무런 도구도 없이 두 눈을 감고 벼랑에서 뛰어내리는 것"이 믿음이라고 정의했습니다. 이것은 일견 무모함을 이야기하는 것 같습니다. 그러나 하나님에 대한 믿음은 무모함이 아닙니다. 그것은 '하나님이 계신 것과 또한 그를 찾는 자에게 상 주시는 이임을 믿는 것'입니다. 그래서 주님의 말씀에 두려움 없이 순종하는 것입니다. 이 믿음이 없이는 그 어떤 것으로도 하나님을 기쁘시게 할 수 없습니다. 그리고 하나님이 계신 것을 믿는다면 어떤 상황에서든 두려워할 이유가 없습니다. 모든 것을 주님께 의탁하는 그 순간 주의 손길을 느낄 것입니다.

**기도** 하나님, 아주 결정적인 상황에서 하나님에 대한 믿음보다 인간적인 판단이 앞서곤 하는 저를 긍휼히 여겨 주십시오.

5

MONTH

# 묵상

# 16주

**MON** 마땅히 행할 길을 아이에게 가르치라 그리하면 늙어도 그것을 떠나지 아니하리라(잠 22:6)

시중에는 태아의 뇌와 감성을 발달시킨다는 수많은 태교 교재들이 갖가지 모습으로 나와 있습니다. 하지만 어떤 것이 태아에게 좋은 태교인지 알기가 어렵습니다. 아마도 아기에게 가장 큰 영향을 미치는 것은 엄마와 아빠의 마음과 생활 방식일 것입니다. 그리고 가장 좋은 태교는 엄마와 아빠가 가진 아기에 대한 사랑을 아기에게 전달하려고 노력하는 것입니다. 효과적인 태교를 위해 힘들이고 고민하지 마십시오. 바른 태교는 아기에게 좋은 부모가 되기 위해 노력하는 것, 하나님께서 진행 중이신 창조 작업을 겸손한 마음으로 돕는 것입니다.

**기도** 욕심이나 허영으로 아기를 대하지 않게 하시고, 아기를 독립된 한 사람으로 인정하고 존중하는 부모가 되게 하옵소서.

**TUE** 사랑이 언제나 끊어지지 않는 것이 친구이고, 고난을 함께 나누도록 태어난 것이 혈육이다.(잠 17:17, 새번역)

성경은 사랑이 끊어지지 않는 것이 진정한 친구라고 우리에게 가르칩니다. 또 요한일서는 우리가 형제를 사랑하는 이유가 하나님께서 우리를 먼저 사랑하셨기 때문이라고 말합니다. 친구는 하나님께서 보내신 선물입니다. 특별히 신앙 생활을 함께 나눌 수 있는 친구가 있다면 더없이 소중할 것입니다. 친구를 사랑하는 것은 하나님을 닮아가는 것이면서 우리 자신을 행복하게 만드는 일이기도 합니다. 여러 가지 일로 마음이 어지럽고 슬프다면 친구에게 도움을 요청하십시오. 친구에게 사랑을 베푸는 기회를 주는 것도 서로의 신뢰를 두텁게 하는 방법입니다.

**기도** 하나님, 마음을 나눌 수 있는 친구들이 곁에 있어서 감사합니다. 우리가 가장 좋은 친구이신 그리스도를 닮은 사랑을 나누게 해주세요.

**WED** 몸은 한 지체뿐만 아니요 여럿이니, 만일 다 한 지체뿐이면 몸은 어디냐(고전 12:14,19)

상대방을 있는 그대로 인정해 주기란 참 어렵습니다. 더군다나 그 상대방이 나와 상반된 의견을 가진 사람이라면 더더욱 그렇습니다. 그러나 성경은 우리에게 다양성이야말로 공동체를 이루는 기초가 되는 것임을 알려줍니다. 하나님께서는 우리에게 다양한 사람들로 이루어진 하나의 공동체를 주셨습니다. 이렇게 다양한 사람들이 하나의 공동체를 섬기는 방법, 그것은 '섬김'입니다. 무지개는 일곱 색이기 때문에 아름답습니다. 나와 다른 사람들을 너그러운 마음으로 이해하고 섬기는 것은 하나님 나라를 아름답게 가꾸는 또 하나의 방법입니다.

**기도** 저에게 서로 다른 생각을 가진 다른 사람을 인정하고 받아들일 수 있는 포용력을 허락해 주십시오. 그를 통하여 나의 생각이 더욱 넓어지고 성장하게 해주십시오.

**THU** 아이 사무엘이 점점 자라매 여호와와 사람들에게 은총을 더욱 받더라(삼상 2:26)

오늘날은 지능지수인 IQ뿐만 아니라 감성지수인 EQ, 사회성지수인 SQ도 중요시 여기는 사회가 되었습니다. 엄마라면 누구나 IQ를 높여서 개인적인 발전을 이루고 EQ를 통해 삶의 보람과 의미를 느끼며 SQ를 통해 더불어 사는 사회를 경험하는 아이로 자라게 하고 싶을 것입니다. 그런데 우리는 본문에서 또하나의 지수를 찾아낼 수 있습니다. 그것은 바로 영성지수입니다. 하나님의 영으로 충만한 축복받은 아이 사무엘은 자라면서 하나님뿐만 아니라 사람들에게도 '더욱' 사랑을 받았습니다. 믿는 자들에게 가장 중요한 것은 영성지수입니다. 당신의 아기가 영성으로 충만하여 하나님과 사람 앞에 사랑받는 아이로 자라게 되기 위해서는 엄마가 먼저 영성으로 충만하여야 할 것입니다.

**기도** 주님, 제 마음을 새롭게 하시고 하나님의 영으로 채우소서. 그리하여 뱃속 아기도 하나님과 사람 앞에 사랑받는 아이로 자라게 하옵소서.

**FRI** 너희는 천지를 지으신 여호와께 복을 받는 자로다(시 115:15)

하나님께서는 우리 인간에게 '감정'이라는 선물을 주셨습니다. 하나님께서는 우리가 풍요로운 삶을 살기 원하셔서 감정을 주셨지만 우리는 가끔 감정의 지배를 받아 도리어 힘든 삶을 살게 되는 경우가 있습니다. 하나님께서는 우리에게 감정을 극복할 수 있는 '의지'도 같이 선물해 주셨습니다. 그분은 우리가 행복하기 원하십니다. 엄마의 감정을 고스란히 전달받고 있는 아기를 위하여, 아니 그 누구보다 자신을 위해 행복한 삶을 사십시오. 아기에게 다정한 말을 건네는 것, 찬양하는 것, 맛있는 음식을 만들어서 나누는 것, 이런 것들이 바로 행복을 선택하는 일입니다.

**기도** 하나님, 우리에게 다양한 감정들을 주셔서 삶의 여러 결들을 맛보게 하심을 감사드립니다. 우리의 감정을 성숙한 행복을 추구하는 데 사용하도록 도와주십시오.

**SAT** 그들이 몹시 근심하여 각각 여짜오되 주여 나는 아니지요(마 26:22)

예수님께서는 잡히시기 전날 밤에 제자들과 성만찬을 행하셨습니다. 주님께서 성만찬 중 제자들에게 "너희 중에 한 사람이 나를 팔리라"라고 말씀하시자 제자들은 매우 근심합니다. 그런데 이상하게도 그들은 다른 누구를 의심하지 않습니다. 오히려 "그것이 혹시 나입니까?"라고 예수님께 되묻습니다. 예수님의 제자들은 예수님을 사랑하면서도 자기 안에 주님을 배반할 가능성이 있음을 보고 두려워한 것이었습니다. 우리 역시 생활 속에서 종종 이런 모습을 보일 때가 있습니다. 주님을 사랑하면서도 가끔 우리는 자신이 주님의 뜻을 저버릴까 봐 두려워합니다. 그것은 겸손함이 아니라 불안함입니다. 무엇이든 미리 걱정하고 두려워하지 마십시오. 그것이 마음의 올무를 만듭니다. 의심은 어떤 모양이라도 버리십시오. 주께서 지켜주실 것입니다.

**기도** 주님, 제 안의 어두움을 주님의 사랑으로 이기게 하옵소서.

**MON** 주의 말씀의 맛이 내게 어찌 그리 단지요 내 입에 꿀보다 더 다니이다(시 119:103)

'당신이 무엇을 먹는지 알려주면, 당신이 누구인지 말해 주겠다. 당신이 먹는 것이 바로 당신이다.' 음식의 중요성을 강조한 이 말은 영혼에도 적용됩니다. 우리의 육체에 음식이 필요하듯이 우리의 영혼에도 양식이 필요합니다. 무엇을 섭취하는가 하는 것이 우리의 건강에 큰 영향을 미치듯이 어떤 글을 읽느냐는 우리의 삶과 생각에 깊은 영향을 끼칩니다. 우리 영혼을 살리는 양식은 하나님께서 주신 말씀입니다. 날마다 성경을 읽고 묵상하십시오. 하나님의 말씀을 읽는 일은 꿀벌의 애벌레에게 여왕벌의 로열젤리를 먹이는 것처럼 아기에게도 생명의 말씀을 먹이는 일입니다.

기도 하나님, 제가 영혼의 허기에 민감한 사람이 되어 하나님의 말씀으로 저와 아기의 영혼을 살찌우길 원합니다.

**TUE** 노하기를 더디 하는 자는 크게 명철하여도 마음이 조급한 자는 어리석음을 나타내느니라(잠 14:29)

조급함은 일의 과정을 중요시하지 않는 마음에서 생깁니다. 과정보다는 결과를 중요시하는 사회 풍토가 우리를 조급증 환자로 만들어 버렸습니다. 그러나 추수를 하기 위해서는 가을까지 기다려야 합니다. 아기가 태어나려면 엄마의 뱃속에서 열 달을 기다려야 합니다. 그런데도 우리는 조급한 마음으로 상처받고 패배주의에 빠질 때가 많습니다. 무슨 일이든지 때가 있는 법이며 그 때를 기다리면서 노력해야지 결과를 얻을 수 있습니다. 원하고 있는 일이 당장 이루어지지 않는다고 낙심하지 말고 지금은 기다려야 할 때라고 생각하십시오.

기도 하나님, 제가 기다림을 통해 성숙한 열매를 보게 해 주십시오. 그 기다림 가운데 주께서 함께하심을 믿습니다.

**WED** 웃시야가 그의 아버지 아마샤의 모든 행위대로 여호와 보시기에 정직하게 행하며(대하 26:4)

본받을 만한 상대가 있다는 것은 행복한 일입니다. 우리는 본받고 싶은 상대를 '거울'이라는 말로 표현합니다. 거울처럼 그 사람의 행실에 나를 비추어 보아 잘못된 점이 있으면 바로잡겠다는 의미일 것입니다. 부모가 되었을 때의 당신의 모습을 상상해 보십시오. 그러려면 먼저 당신이 아이의 눈에 어떻게 비치게 될 것인가를 생각하여야 할 것입니다. 나중에 당신의 아이가 당신을 거울 삼아 본받을 수 있다면 얼마나 큰 행복이겠습니까. 웃시야가 그 부친의 행위를 본받아 하나님께 사랑을 받은 것처럼, 당신의 아이도 당신을 본받아 하나님과 사람들에게 사랑받으며 자라게 되기를 기도하십시오.

기도 하나님, 제가 아이의 거울이 되기 위해 먼저 제 자신을 가다듬게 하시고 하나님 앞에 바로 서는 사람이 되게 하옵소서.

**THU** 너희가 그가 의로우신 줄을 알면 의를 행하는 자마다 그에게서 난 줄을 알리라(요일 2:29)

세상에는 의로운 일을 행하다 고난을 당하는 사람들도 있습니다. 그렇지만 고난에도 불구하고 의를 행하는 사람들은 여전히 나타납니다. 의는 세상에서 나오는 것이 아니라 사랑이신 하나님께로부터 나오는 것입니다. 우리가 하나님의 의를 행할 때 세상은 회복의 기쁨을 누리게 됩니다. 우리가 하나님을 사랑하는 사람이라면 정의를 사랑하는 일을 의무가 아닌 기쁨으로 여겨야 합니다. 세상에 타협하지 않고 의를 행하는 사람들의 모습은 얼마나 아름다운지요. 그들의 삶은 우리 삶에 도전이 됩니다. "너희는 세상의 빛이요 소금이라"고 하신 주님의 말씀에 따라 생활 속에서 정직과 성실을 실천하는 것이 주의 제자된 자의 열매입니다.

**기도** 공의의 하나님, 하나님의 뜻을 생활 속에서 실천함으로 주님의 의를 나타내는 사람들을 축복해 주십시오.

**FRI** 그러나 이 모든 일에 우리를 사랑하시는 이로 말미암아 우리가 넉넉히 이기느니라(롬 8:37)

정체를 알 수 없는 우울함과 슬픔이 밀려와서 우리를 힘들게 할 때가 있습니다. 어떤 때는 지금 내 옆에 있는 사람에 대해 이유 없이 짜증이 나고 미운 감정이 치솟아 오를 때도 있습니다. 그런 때는 기분 전환을 시도해 보십시오. 이전에 즐겁게 찍은 사진들을 꺼내 보거나, 사랑하는 사람들과 함께 걸었던 길을 다시 걷는 것도 좋습니다. 즐거운 기억을 되살리는 일은 당신의 우울한 기분을 날려 버리는 데 도움이 될 것입니다. 본문 말씀처럼 그리스도의 사랑은 모든 것을 이깁니다. 그리고 그 사랑은 당신을 통해 실현될 것입니다.

**기도** 하나님, 제가 외로움과 우울함에 깊이 잠기지 않게 하시고 오히려 처음 사랑을 돌이키는 계기로 삼게 해 주십시오.

**SAT** 이는 그들로 마음에 위안을 받고 사랑 안에서 연합하여…(골 2:2)

태담이 중요하다는 것을 알면서도 많은 임산부들이 태담을 어렵게 여기는 이유는, 아기에게 좋은 말을 해 주어야 한다는 강박관념 때문입니다. 태담을 할 때 억지로 좋은 말만을 골라서 할 필요는 없습니다. 태아를 친밀하고 사랑스러운 친구라고 생각하십시오. 그리고 친구와 대화를 나눌 때와 마찬가지로 그날그날 느끼고 생각한 것들을 아기와 함께 나누면 됩니다. 보이지 않는 하나님께 기도하고 위로받는 것처럼 태아와 대화를 나눔으로써 마음에 위안을 받을 수 있고, 태아의 존재감을 더 깊이 느끼게 될 것입니다.

**기도** 하나님, 저에게 이 세상에서 가장 친밀하고 사랑스러운 친구를 주심을 감사드립니다. 이 아이의 엄마이지만 주 안에서 친밀한 동역자이기도 하다는 사실을 늘 잊지 않게 하옵소서.

**MON** 스스로 속이지 말라 하나님은 업신여김을 받지 아니하시나니 사람이 무엇으로 심든지 그대로 거두리라(갈 6:7)

하나님은 아무런 대가 없이 '은혜'를 베푸시는 분입니다. 그 은혜로 인해 우리는 값을 치르지 않고 영원한 생명을 얻었습니다. 하지만 그 은혜의 법이 인간 사회에 그대로 통용되지는 않습니다. 우리 사회는 무엇이든지 심는 대로 거두는 자연의 법칙이 적용됩니다. 투자하지 않고 풍성히 얻을 수 있는 것은 없습니다. 어떤 일에 시간과 물질과 달란트를 투자해야만 열매를 얻을 수 있습니다. 이런 사실을 잘 알고 있으면서도 투자하기를 망설이는 이유는 그 투자가 원하는 결과로 돌아오지 않을 수도 있다는 두려움 때문입니다. 그러나 자기 자신에게 투자하는 것은 그대로 남아 열매를 맺거나 다른 일의 밑거름이 될 것입니다. 자기 자신을 위해 투자하십시오. 그것이 가장 확실한 투자입니다.

**기도** 주님, 저를 위한 투자에 게으르지 않도록 늘 일깨워 주십시오.

**TUE** 그러나 내 어머니의 태로부터 나를 택정하시고 그의 은혜로 나를 부르신 이가(갈 1:15)

태어나서 첫돌까지 0세인 서양과는 달리 우리나라는 아기를 낳자마자 한 살을 붙여 줍니다. 우리 선조들은 엄마 뱃속에서 있었던 기간도 아기의 생에 편입시켜야 한다는 생각을 가지고 있었기 때문입니다. 오늘 본문을 통해 우리는 하나님께서도 태아를 한 사람의 독립된 인격체로 여기고 사랑하신다는 사실을 확인할 수 있습니다. 바울은 하나님이 자신을 어머니의 태로부터 택하시고 은혜로 부르셨다고 고백합니다. 당신의 아이 역시 벌써 하나님께서 택하시고 쓰시고자 부르셨습니다. 성경을 읽고 기도하고 아기와 신앙생활을 나누는 일은 이렇게 부름받은 일꾼인 아기의 영적인 생활을 돕는 일입니다.

**기도** 하나님, 제 태의 열매를 축복하시고 택하심을 감사드립니다. 하나님이 택하신 사람을 양육하는 자로서의 본분을 잊지 않게 하소서.

**WED** …보는 바 그 형제를 사랑하지 아니하는 자는 보지 못하는 바 하나님을 사랑할 수 없느니라(요일 4:20)

미움이 우리 마음을 사로잡고 있을 때 우리는 그 사람에 대해서 객관적인 평가를 내리기 힘듭니다. 그래서 로웰은 "미워하면 이해할 수 없다"라고 했습니다. 어떤 사람을 미워할 때 그 미움으로 인하여 가장 상처받는 사람은 미워하는 그 사람 자신입니다. 우리 안에 계신 성령이 미움이 죄악이라는 사실을 깨닫게 하시기 때문에 누군가를 미워하는 괴로움 위에 죄책감이라는 짐까지 더해집니다. 무엇보다도 당신 자신의 행복을 위해 미움을 버려야 합니다. 누군가를 미워하고 있다면 그 미움을 다스릴 수 있도록 기도하십시오. 기도가 마음을 변화시킬 것입니다.

**기도** 때로 누군가에 대한 미움으로 제 자신을 상하게 할 때가 있습니다. 이 미움을 버리게 하시고 하나님의 사랑으로 내 마음을 채우게 하소서.

**THU** 나의 영혼아 잠잠히 하나님만 바라라 무릇 나의 소망이 그로부터 나오는도다(시 62:5)

하나님은 인간에게 태내에서부터 바깥의 소리를 들을 수 있는 능력을 주셨습니다. 그러나 인간을 더욱 귀하게 만드는 것은 자기 내면의 소리를 들을 수 있는 능력입니다. 아기가 신기한 듯 바깥의 소리에 귀를 기울일 때, 당신은 반대로 자신의 내면의 소리에 귀를 기울여 보십시오. 누구의 방해도 받지 않고 조용히 묵상하는 가운데 마음의 수면으로 떠오르는 것이 바로 자기 내면의 소리입니다. 누가 떠오르십니까. 무엇이 생각납니까. 그리고 무엇을 원하십니까. 그 마음을 하나님께 보이십시오. 주께서 귀를 기울이실 것입니다.

**기도** 하나님, 늘 아기와 가족들을 위해 기도하면서도 정작 저 자신이 진정으로 원하는 것이 무엇인지는 잊고 있을 때가 있습니다. 저에게 하나님 앞에 투명하게 설 수 있는 믿음과 용기를 주십시오.

**FRI** 예수께서 이르시되 할 수 있거든이 무슨 말이냐 믿는 자에게는 능히 하지 못할 일이 없느니라 하시니(막 9:23)

"사과 속에 있는 씨의 개수는 누구나 셀 수 있지만 씨 속에 있는 사과의 개수는 하나님만이 세실 수 있다"라는 말이 있습니다. 이 말처럼 아기가 어떤 가능성을 지니고 있으며 어떤 사람으로 쓰임받게 될 것인지는 하나님만이 아십니다. 이 아기가 어떤 사람으로 자라게 될지는 알 수 없지만 지금 이 아기가 있는 것만으로도 참 감사한 일입니다. 아기를 통하여 하나님은 당신을 행복하게 하시고 남편과 가족들에게 기쁨을 주셨으며, 아기가 태어난 뒤에는 이 아기를 통하여 하나님의 일을 이루실 것입니다. 아기가 가진 가능성을 믿고 기뻐하십시오. 하나님께서는 당신과 아기를 위해 놀라운 계획을 가지고 계십니다.

**기도** 하나님, 이 아기가 주님의 뜻을 행복하게 따를 수 있게 하소서.

**SAT** 혼자보다는 둘이 더 낫다. 두 사람이 함께 일할 때에, 더 좋은 결과를 얻을 수 있기 때문이다.(전 4:9, 새번역)

안녕? 난 뇌성마비 장애인이야. 휠체어에 의지하고 있는 나를 처음 만나는 사람들은 대개 나의 장애에만 관심을 보이곤 하지. 넌『걸리버 여행기』를 읽어 본 적 있니? 소인국에 걸리버가 나타나자 그들과 다르다는 이유로 두려워하고 배척하여 그를 밧줄로 묶어 버리지. 그러나 걸리버가 그들에게 도움을 주자 그들은 걸리버와 친구가 될 수 있다는 것을 깨닫게 되고, 사람은 서로의 능력이 다르다고 해서 차별을 해서는 안 된다는 것을 알게 되지. 나와 같은 장애를 가진 친구들은 '있는 그대로의 우리의 모습'을 인정해 주길 바래. 그러한 존중과 사랑으로 서로 다가설 때 우리는 우리 속의 본 모습이 서로 다르지 않다는 것을 마음의 눈으로 볼 수 있을 거야. -휠체어 친구 소현이가-

**기도** 아버지께서 지으신 귀한 장애우들이 차별 없이 살아갈 수 있는 사회가 속히 오기 원합니다. 또 그들과 함께 삶을 나누는 제가 되기 원합니다.

**MON** …마음이 즐거운 자는 항상 잔치하느니라(잠 15:15)

5개월을 넘어서면 배와 가슴도 제법 커져서 당신이 임신부인 것을 다른 사람들이 알아챌 수 있을 정도가 됩니다. 미리 준비한 임신복을 입을 때입니다. 옷은 사람의 행동을 지배하는 면이 있습니다. 밝고 편안한 옷은 기분 전환에 도움이 됩니다. 무엇보다 중요한 것은 밝은 마음을 가지는 것입니다. 의식적으로라도 밝은 마음을 가지고 미소를 지어 보십시오. 웃을 만한 좋은 일이 있어서 웃는 것이 아니라, 웃음이 좋은 일을 불러오는 것입니다. 밝음은 밝음을 부릅니다. 내가 먼저 밝아지면 내 주변도 밝아지게 할 수 있습니다.

**기도** 하나님의 사랑으로 제 안을 채워 주십시오. 항상 밝은 모습으로 사람들을 대하게 하시고 그 빛이 다른 사람들에게도 기쁨을 주기 원합니다.

**TUE** 더러운 귀신 들린 어린 딸을 둔 한 여자가 예수의 소문을 듣고 곧 와서 그 발 아래에 엎드리니(막 7:25)

어머니는 사랑과 헌신의 실체입니다. 오늘 본문에는 겸손함과 사랑으로 가득 찬 수로보니게 여인이 등장합니다. 모욕적일 수 있는 상황에서도 이 여인은 딸을 살리기 위해 자신이 당하는 모욕을 개의치 않습니다. 주님께서는 이 여인의 이런 사랑을 칭찬하셨습니다. 부모가 되어 봐야지 부모 마음을 알 수 있다고 합니다. 하나님께서는 당신에게도 어머니가 될 수 있는 기회를 주셨습니다. 그러나 아기를 낳는다고 진정한 어머니가 되는 것은 아닙니다. '나'만 생각하는 어린 마음에서 벗어났을 때 진정한 어머니의 마음을 가지게 되었다고 할 수 있습니다. 어머니는 이 세상을 이어나가는 징검다리입니다.

**기도** 하나님, 좋은 어머니가 되기 위해서는 주님의 인도하심이 필요합니다. 저를 끝까지 인도해 주십시오.

**WED** 진실로 생명의 원천이 주께 있사오니 주의 빛 안에서 우리가 빛을 보리이다(시 36:9)

아기의 움직임을 느끼면 어떤 기분이 드십니까? 마치 작은 천사가 춤을 추는 것 같기도 하고, 예쁜 나비가 날갯짓을 하는 것 같기도 할 것입니다. 우리는 아기가 가진 이 아름다운 생명력을 보고 하나님을 찬양하게 됩니다. 이 작은 천사의 움직임은 자신에게 생명을 주신 하나님을 향한 찬양처럼 느껴지기도 합니다. 하나님은 당신과 아이를 지극히 사랑하셔서 당신에게는 이렇게 아름다운 생명을 주셨고, 아기에게는 소중한 당신을 엄마로 선물하셨습니다. 배에 손을 얹고 이 아름다운 태의 열매를 주신 하나님께 감사 기도를 드려 보십시오. 당신의 행복감을 아기에게 전하십시오. 아기도 당신도 더욱 행복해질 것입니다.

**기도** 하나님, 아기의 움직임을 느낄 때 정말 즐겁습니다. 이 아기도 하나님의 창조 사역을 기억하고 찬양하는 아이로 자라게 하옵소서.

**THU** 믿음으로 노아는 아직 보이지 않는 일에 경고하심을 받아 경외함으로 방주를 준비하여 그 집을 구원하였으니…(히 11:7)

히브리서 기자는 노아가 '아직 보지 못한 일에 경고하심을 받았다'고 말씀하고 있습니다. 아직 보지 못했을 뿐만 아니라 아무런 징조조차 보이지 않는 일에 대한 경고를 받고, 그때를 대비해 어떤 행동을 하라고 요구받는다면 정말 난감할 것입니다. 그에 비해 우리가 요구받고 있는 일의 대부분은 바로 눈앞에 말씀으로 명확하게 주어져 있습니다. 그 말씀이 어떤 복을 가져오는지도 알고 있습니다. 그러나 우리는 그 말씀을 행하는 데 게으르고 때론 무시하기까지 합니다. 당신은 태어날 아기를 위해서 기도하고 행할 것들을 이미 알고 있습니다. 이제 남은 것은 자신에게 주어진 말씀을 감사함으로 행하는 것입니다.

**기도** 주님, 저에게 주어진 것에 감사하며 기쁨으로 행할 수 있도록 도와주십시오.

**FRI** 그러나 너희도 각각 자기의 아내 사랑하기를 자신 같이 하고 아내도 자기 남편을 존경하라(엡 5:33)

어떤 기관에서 남편이 아내에게 가장 바라는 것이 무엇인지 설문조사를 했습니다. 설문조사 결과 '아내에게서 존중받기를 원한다'는 대답이 첫째였다고 합니다. 존중받기 원하지 않는 사람은 아무도 없겠지만 남편은 더욱더 아내에게 존중받고 인정받고 싶어합니다. 남편과 아내는 가장 가까운 사이지만 또한 가장 존중하고 이해해 주어야 할 사이이기도 합니다. 돕슨은 "혼인은 하늘에서 짝지어준 것이지만 관리의 책임은 사람에게 있다"고 했습니다. 결혼 생활을 윤택하게 가꾸어 나갈 책임이 당신과 남편에게 있는 것입니다.

**기도** 하나님, 저희 부부가 함께 있음으로 결혼 전보다 더욱 감사하며, 주님께 더욱 영광을 돌리는 삶을 살도록 도와주세요.

**SAT** …자기 육체를 미워하지 않고 오직 양육하여 보호하기를 그리스도께서 교회에게 함과 같이 하나니(엡 5:29)

임신부는 자신 외에 또 하나의 육체를 보양하는 막중한 임무를 띠고 있습니다. 그 기간 동안 외모가 조금 흐트러지는 것은 조금도 부끄러운 일이 아닙니다. 그것은 누구보다 먼저 보호받아야 할 사람이라는 것을 말해 주는 징표이기도 합니다. 사랑하는 아기의 건강한 생육을 위해 여러 가지 불편함을 기꺼이 참는 것처럼, 외모의 변화 역시 한동안 거쳐야 하는 과정에 불과합니다. 하지만 스트레칭과 가벼운 운동을 꾸준히 시행하는 것은 중요합니다. 그것이 순조로운 출산과 그 이후 몸매 관리로 이어지는 규칙적인 운동 습관을 길러줄 것이기 때문입니다.

**기도** 하나님, 제가 주께서 주신 몸을 건강하고 아름답게 가꾸는 데 게으르지 않게 해 주십시오.

# 묵상

# 20주

**MON** 계획은 사람이 세우지만, 결정은 주님께서 하신다.(잠언 16:1 새번역)

6개월에 접어든 아기의 뇌는 주름이 잡히기 시작합니다. 말단 신경 세포들이 활동하기 시작한다는 뜻입니다. 이때부터 임산부들은 아기의 지능 발달을 위해 여러 가지 노력을 합니다. 그런데 한편으로는 좋은 머리가 곧 행복한 인생으로 연결되어 있지는 않으며, 하나님 나라는 좋은 머리로 들어가는 곳이 아니라는 것도 기억해야 합니다. 아기의 지능이 좋아지도록 태교에 힘쓰되, 더불어 자신의 머리보다 하나님의 능력을 믿는 사람으로 자랄 수 있도록 기도하십시오. 세상의 모든 일은 사람의 머리가 아니라 하나님의 뜻과 계획에 달려 있습니다.

**기도** 하나님께서 우리 아기의 뇌 형성에 섬세하게 관여해 주셔서 하나님과 동행하는 사람으로 커나가길 소망합니다.

**TUE** 토기장이가 진흙 한 덩이로 하나는 귀히 쓸 그릇을, 하나는 천히 쓸 그릇을 만들 권한이 없느냐(롬 9:21)

이 시기의 태아는 하품을 하거나 손가락을 빨면서 쉴새 없이 움직이지만, 그 영혼은 마치 뭔가가 쓰여지기를 잠잠히 기다리는 하얀 백지와 같습니다. 그리고 그 위에 처음으로 뭔가를 그리거나 쓰는 사람은 엄마입니다. 이것은 아기를 자신이 원하는 사람으로 빚으라는 뜻이 아닙니다. 아기를 하나님 나라의 백성으로 빚어가는 분은 토기장이인 하나님이십니다. 엄마는 그 하나님의 작업에 동역자로 참여하는 것입니다. 하나님과의 동역은 어렵지 않습니다. "모든 생각을 사로잡아 그리스도에게 복종(고후 10:5)"케 하면 됩니다. 그다음은 이 세상 누구보다 훌륭한 토기장이이신 하나님께 맡기십시오. 그가 완성하실 것입니다.

**기도** 하나님, 심신과 영혼이 부드럽고 유연하기만 한 아기를 하나님의 손에 의탁합니다.

**WED** 내가 너희에게 행한 것 같이 너희도 행하게 하려 하여 본을 보였노라(요 13:15)

태어날 아기와 자신에게 해로울 만한 습관이 없는지 돌이켜보십시오. 몸이 무겁다는 핑계로 하루의 대부분을 누워서 보내지는 않습니까. 해야 할 일을 최대한 미루고 있다가 급하게 대강 처리하지는 않습니까. 지금부터 조금씩 고쳐 나가지 않으면 자기가 유독 싫어하는 자신의 습관이나 태도를 아기에게서 그대로 발견하게 될 수도 있습니다. 자신의 생활 태도를 고치는 것이 부모로서 본을 보이는 첫 출발입니다. 아이들에게 있어서 엄마 아빠의 말씨와 생활 태도가 곧 교과서이기 때문에 더욱 그래야 합니다. 하나님께서 우리를 위해 친히 육신을 입고 삶의 본을 보이셨듯이 말입니다.

**기도** 하나님, 제가 아기에게 바라는 선한 행동을 제가 먼저 본을 보일 수 있도록 하겠습니다. 주께서 함께 해 주십시오.

**THU** 여자가 그 나무를 본즉 먹음직도 하고 보암직도 하고 지혜롭게 할 만큼 탐스럽기도 한 나무인지라…(창 3:6)

아기용품을 파는 가게에 가 보면 너무나 앙증맞고 예쁜 것들이 우리 눈을 경이롭게 합니다. 사랑스런 아기를 위해서 모든 것을 다 사 주고 싶습니다. 그러나 다시 한번 생각하십시오. 그 많은 것들이 다 아기에게 필요하지는 않습니다. 단지 보암직해서 손에 넣은 후에는 곧 후회가 따르게 마련입니다. 아기에게 사 주는 물건들은 아기에게 필요해서가 아니라 엄마의 만족을 위한 것이 많습니다. 잊지 마십시오. 아기를 밝고 건강하게 키우는 것은 최신의 아기용품이 아니라 사랑과 관심입니다. 그것은 아름다운 물건이 아니라 엄마의 부드러운 손길과 속삭임 속에 있습니다.

**기도** 하나님, 허영심에 이끌려 세상이 권하는 대로 소비하는 어리석은 자가 되지 않도록 지켜주십시오.

**FRI** 네 구속자요 모태에서 너를 지은 나 여호와가 이같이 말하노라 나는 만물을 지은 여호와라…(사 44:24)

여러 종의 나무들이 자라고 있는 숲길을 걸어본 적이 있습니까. 아기와 당신의 건강을 위해 가까운 숲으로 나가 보십시오. 하나님께서 자연을 다스리는 솜씨의 절묘함은 모든 것을 아름답게 만드신 것이 아니라, 조화롭게 만드신 데 있다는 것을 알게 될 것입니다. 하나님께서는 높이 치솟는 나무는 치솟는 대로, 야트막하게 자라는 것들은 그들대로, 줄기가 늘어지는 것은 늘어지는 대로 자라게 하셨습니다. 아기의 성장을 하나님의 솜씨에 맡기십시오. 하나님께서 아기에게 가지고 있는 계획이 무엇인지 우리는 아직 모릅니다. 그러나 그 계획은 그 어느 누가 세워 놓은 것보다 조화롭고 아름다울 것입니다.

**기도** 하나님, 제가 아기를 사랑하는 마음이 하나님의 계획보다 앞서 나가지 않도록 해 주십시오.

**SAT** 예수께서 그들에게 이르시되 내 아버지께서 이제까지 일하시니 나도 일한다 하시매(요 5:17)

평소에는 즐거운 마음으로 열심히 하던 일도 임신 기간 동안에는 힘겹고, 짐스럽게 여겨질 수 있습니다. 하지만 지금 당장 환경을 변화시킬 수 없다면, 그 환경을 대하는 생각을 바꾸는 것이 현명합니다. 일은 하나님의 천지창조로 처음 시작되었으며 신성한 것입니다. 하나님은 첫 일을 시작하신 이후로 지금까지 하나님의 일을 지속하고 계십니다. 우리가 하는 일이 지극히 단순하고 반복적인 것일지라도, 그것은 하나님의 생산활동에 동참하는 것이며 누군가를 돕는 것입니다. 일이란 누군가의 필요에 의해 만들어지기 때문입니다. 일에 끌려다니지 말고 소명과 감사함으로 대하십시오.

**기도** 주님, 저에게 일을 사랑하는 마음과 정복할 수 있는 힘을 주십시오. 이 상황을 지혜롭게 이기고 싶습니다.

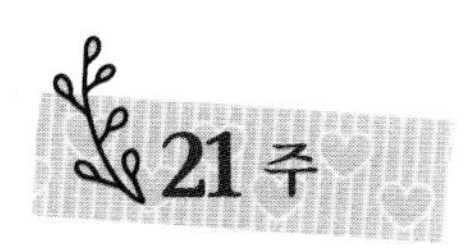

# 21주

**MON** 믿음으로 아브라함은 부르심을 받았을 때에 순종하여 장래의 유업으로 받을 땅에 나아갈새 갈 바를 알지 못하고 나아갔으며(히 11:8)

믿음은 때로 안락함을 버리고 새로운 세계에 도전하는 것을 두렵지 않게 합니다. 아브라함이 하나님의 지시에 따라 고향인 갈대아 우르를 떠날 때, 그때까지 자신을 지탱해 주었던 '본토, 친척, 아비 집'을 떠나야 했습니다. 뱃속에 아기를 기르는 일과 출산, 그리고 그 아기가 믿음의 자녀로 장성하기까지 부모가 걸어야 할 길은 아브라함의 여정과 비슷할 수 있습니다. 아기를 기르기 위해서는 지금까지의 안정된 생활의 틀을 깨야 하며, 임신 이후의 상황에 대해 아무것도 자신할 수 없기 때문입니다. 그러나 믿음의 자녀들에게는 길목마다 하나님의 인도하심과 도움의 손길이 기다리고 있습니다. 어쩌다 잘못된 길로 들어섰다 할지라도 그 길에서 돌이킬 수 있도록 도우실 것입니다.

**기도** 주님, 앞으로 아기와 함께 펼쳐 갈 새로운 환경에서도 담대하게 주님의 인도하심만을 바라고 나아가게 하옵소서.

**TUE** 네 마음을 다하고 목숨을 다하고 뜻을 다하고 힘을 다하여 주 너의 하나님을 사랑하라 하신 것이요(막 12:30)

하나님께 드리는 헌신은 일의 양에 의해 측정되는 것이 아닙니다. 얼마나 많은 일을 하는가가 아니라 얼마나 충실하게 헌신하고 있는가를 묻는 것입니다. 하나님께서는 많은 일들을 순차적으로 해치우는 능력보다 마음을 다하고 뜻을 다한 헌신을 원하십니다. 일의 결과물이 아니라 인격적인 만남이 목적이기 때문입니다. 태아에 대한 엄마의 헌신도 마찬가지입니다. 태교 시간표에 매어 의무감을 갖기보다 늘 평안한 마음을 갖는 것이 중요합니다. 태교는 아기를 존중하는 데서 출발한다는 것을 잊지 마십시오.

**기도** 하나님께서 저를 존중하시는 것처럼, 저도 아기를 존중하겠습니다.

**WED** 한나가 기도하여 이르되 내 마음이 여호와로 말미암아 즐거워하며 내 뿔이 여호와로 말미암아 높아졌으며…(삼상 2:1)

당신은 아기를 가졌다는 것을 알았을 때 한나만큼 기뻐하셨습니까? 자신의 임신은 한나나 엘리사벳만큼 감격할 일은 아니라고 생각할 수 있습니다. 그러나 생명을 잉태하고 출산하고 기르는 일은 원천적으로 경중을 비교할 수 있는 성질이 아닙니다. 모든 생명이 하나님의 섭리에 따라 하나님의 형상으로 지음받았기 때문입니다. 평범한 여성들이 낳은 아이들로 하나님 나라가 이어지고 있으며, 그 한 사람 한 사람이 곧 하나님 나라 백성이기 때문입니다. 당신은 하나님의 은혜 가운데 하나님 나라를 이루는 일에 동참하고 있는 것입니다. 아기의 성장과 함께 자신의 사명을 확장시키십시오.

**기도** 하나님, 제가 아기를 저의 기쁨으로만 생각하고, 저의 의지대로 기르려고 하는 좁은 틀에서 벗어나기를 원합니다.

**THU** …아브람아 두려워하지 말라 나는 네 방패요 너의 지극히 큰 상급이니라(창 15:1)

임신해서 출산 전까지 여러 가지 두려움이 생기게 됩니다. 아기가 건강하게 자라고 있을까로 시작해서, 낳는 과정에 문제가 생기지는 않을지 등, 단번에 정리되지 않는 불안과 두려움이 밀려들 때가 있을 것입니다. 예수님도 죽음의 고통에 두려움을 느끼셨습니다. 그럴 수 없다는 걸 알면서도 피할 수만 있다면 피해 가고 싶다고 기도하기도 하셨습니다. 그러나 예수님께서는 그 두려움을 깊은 기도를 통해 이기셨습니다. 두려움을 이기는 담대함을 얻으려면, 먼저 자기 자신이 두려움을 느끼는 약한 존재라는 것을 하나님 앞에 시인해야 합니다. 두려움을 감추지 마십시오. 중요한 것은 두려움을 갖지 않는 것이 아니라 이기는 것입니다.

**기도** 주님, 저는 시시때때로 두려움에 떠는 약한 존재입니다. 모든 것을 주님 앞에 내려놓사오니 두려움을 이기고 주님의 평안을 누리게 해 주십시오.

**FRI** 욥이 그들을 불러다가 성결하게 하되…내 아들들이 죄를 범하여 마음으로 하나님을 욕되게 하였을까 함이라(욥 1:5)

욥은 자신의 신앙만을 정결히 지키는 것으로 만족하는 사람이 아니었습니다. 자식들의 신앙을 정결히 하기 위해 그는 아버지로서 최선의 노력을 기울였습니다. 무엇보다 자식들이 성결케 되는 번제를 드린 '때'를 주목해 보면 욥이 가진 신앙의 진면목을 알 수 있습니다. 그때는 아들들과 딸들이 모여 생일 잔치를 베풀고 흥겹게 먹고 마시며 즐긴 다음 날이었습니다. 그는 고통과 시련의 때보다 오히려 편하고 즐거운 때에 마음으로 하나님께 범죄하기 쉽다는 걸 알고 있었던 것입니다. 어려움 가운데 있을 때만이 아니라 즐겁고 풍요로운 가운데서 더욱 하나님을 경외하는 법을 가르치는 사람, 그가 진정 하나님을 섬기고 자식을 사랑하는 사람일 것입니다.

**기도** 하나님, 아기로 인해 충만한 기쁨 가운데 있을 때에도 하나님을 기억하게 하시고, 기쁨 중에 더욱 큰 영광을 돌리게 해주십시오.

**SAT** 내가 네 사업과 사랑과 믿음과 섬김과 인내를 아노니 네 나중 행위가 처음 것보다 많도다(계 2:19)

결혼에 있어서 섬김이란 부부로서의 의무이자 권리입니다. 섬김은 상대방을 내 뜻대로 움직이게 하는 것이 아니라 그 사람을 있는 그대로 받아들이며 헌신하는 것입니다. 그러나 배우자를 섬기는 것이 궁극적으로는 그의 태도나 행동에 따라 좌우되는 게 아니라는 것을 인정하기는 매우 어렵습니다. 그래서 실제로 섬김을 행하는 데는 산을 옮길 만한 믿음이 필요하고, 배우자가 계속해서 자신을 실망시키는데도 섬김을 고수할 수 있으려면 더더욱 큰 사랑이 필요합니다. 시간이 흐를수록 배우자에 대한 사랑과 섬김과 믿음의 행위가 커지기를 구하십시오. 훈계가 아니라 사랑이 행동을 변화시킵니다.

**기도** 하나님, 지금 태중의 아기를 사랑하듯이 남편을 사랑하고 남편을 이해하고자 했던 첫사랑의 마음을 회복하게 해 주십시오.

## 22주

**MON** 그런즉 심는 이나 물 주는 이는 아무것도 아니로되 오직 자라게 하시는 이는 하나님뿐이니라(고전 3:7)

경제적인 어려움을 겪은 끝에 아이들을 보호소에 맡기거나 아이들을 반복적으로 학대하는 부모들의 이야기를 들을 때, 그들이 그런 행동을 하게 될 때까지 아무도 아이를 돕지 못했다는 것이 안타까움을 갖게 합니다. 그러나 의사결정권이 없다고 아이들의 신체나 생명을 부모의 마음에 따라 결정해 버리는 현실은 더욱 안타깝습니다. 자신들이 낳은 아이라고 해서 부모가 그 아이의 소유권을 가진 것은 아닙니다. 부모는 단지 하나님이 맡기신 아이를 대신 맡아 보살피는 청기기일 따름입니다. 아이는 그 자체로 존엄성을 존중받아야 합니다. 아이가 그리스도의 장성한 분량으로 자라 홀로 설 수 있을 때까지 청지기의 소임을 다하십시오.

**기도** 주님, 부모와 함께 살 수 없는 아이들을 보호하고 지켜주십시오. 저 또한 청지기의 소명을 사회로 넓혀가게 해주십시오.

**TUE** 그러나 하나님께서…약한 것들을 택하사 강한 것들을 부끄럽게 하려 하시며(고전 1:27)

우리는 스스로에게 예수님의 제자로 부적격자라는 판정을 내릴 때가 있습니다. 예수님의 제자라면 적어도 더 강하고 담대한 믿음과 의지를 가진 자이어야 한다고 여기고 있기 때문입니다. 그런 생각을 하는 사람들을 위해 외경에 기록된 한 이야기가 있습니다. 세상에서의 모든 사역을 마치고 하늘나라로 올라오시는 예수님을 천사들이 영접했습니다. 그런데 그중 한 천사가 근심에 싸인 얼굴로 물었습니다. “예수님, 주님의 나라를 위해 세상에 남겨두신 자 중에 특별한 사람들은 없습니까? 겁이 많아 주님을 세 번씩이나 부인한 베드로나 의심 많은 도마 같은 사람들 말고 말입니다.” 그러자 예수님께서 대답하셨습니다. “예, 그들 외에는 없습니다. 그들로 하나님 나라를 이룰 것입니다.”

**기도** 하나님, 제가 스스로 심판관의 자리에 서는 어리석음을 범하지 않게 해주십시오.

**WED** …보리떡 다섯 개와 물고기 두 마리를 가지고 있나이다 그러나 그것이 이 많은 사람에게 얼마나 되겠사옵나이까(요 6:9)

물고기 두 마리와 보리떡 다섯 개는 아이 혼자 조금씩 먹는다면 하루 종일 먹을 수 있는 분량이었을지도 모릅니다. 그런 음식을 구름 떼처럼 모였을 사람들을 위해 내놓았으니 그 마음이 기특하기도 하고, 순진하기도 합니다. 그 아이는 자기 음식을 내놓기 전에 머릿속에 ‘계산’하면서 망설이지 않았던 게 분명합니다. 예수님은 그것으로 기적을 일으키셨습니다. 참된 나눔은 계산하거나 망설이지 않는 마음에서 비롯됩니다. 혹시 마땅히 나누어 써야 할 것을 선심 쓰듯 준 일은 없었습니까? 귀찮은 것을 처분하면서 생색을 내지는 않았습니까? 그것은 진정한 나눔이 아닙니다. 나누고 싶다면 저울질하거나 계산하지 않아야 합니다.

**기도** 하나님, 아기에게는 무엇이든 가장 좋은 것을 주고 싶듯이 이웃과도 좋은 것을 기쁘게 나누겠습니다.

**THU** 두려워하지 말라 내가 너와 함께 함이라 놀라지 말라 나는 네 하나님이 됨이라 내가 너를 굳세게 하리라…(사 41:10)

출산이 가까워지면 통증과 안전에 대한 두려움이 생기고, 그 과정을 어느 누구하고도 함께할 수 없다는 것 때문에 더욱 공포를 느끼게 됩니다. 그러나 당신은 혼자가 아닙니다. 생명의 근원이신 하나님께서 당신과, 아기와 함께하시기 때문입니다. 당신에게 필요한 것은 주의 함께하심을 믿는 것입니다. 그래서 안전에 대한 두려움과 고통에 대한 공포가 당신과 아기를 지배하지 못하게 해야 합니다. 그러한 믿음은 단번에 생기는 것이 아닙니다. 오랜 기간 동안 훈련을 통해 단단하게 다져져야 합니다. 지금부터 그 훈련에 들어가십시오. 그러면 필요한 순간에 힘을 발할 것입니다.

**기도** 하나님, 출산을 대비하는 믿음의 훈련을 하게 하시니 감사합니다. 저를 따라 아기도 이 훈련에 동참하게 해 주십시오.

**FRI** 보라 인내하는 자를 우리가 복되다 하나니 너희가 욥의 인내를 들었고 주께서 주신 결말을 보았거니와…(약 5:11)

지금 어떤 것이 이루어지기를 인내하며 기다리는 중에 있습니까? 곧 이루어지리라는 믿음을 가지고 기다리는데, 생각보다 기다리는 시간이 길어 지쳐 있지는 않습니까? 그렇다면 하나님의 길이 참으심을 생각하십시오. 우리는 오랫동안 주의 자녀로 있으나 아직도 어린아이입니다. 하지만 그리스도께서는 오래 참고 기다리시며 절망하거나 지치지 않으십니다. 우리를 사랑하시고 그에 품에 안길 것이라는 확신이 있으시기 때문입니다. 당신도 그리스도의 믿음과 사랑을 가지고 기다리십시오. 반드시 주의 긍휼이 나타날 것입니다.

**기도** 하나님, 기쁨으로 아기를 기다리듯 저의 바라는 것에 대해서도 기쁨으로 인내하길 원합니다. 저의 인내에 주의 긍휼을 베풀어 주십시오.

**SAT** 내가 너희 가운데 거할 때에 약하고 두려워하고 심히 떨었노라…너희 믿음이 사람의 지혜에 있지 아니하고 다만 하나님의 능력에 있게 하려 하였노라(고전 2:3-5)

위험을 무릅쓰고 언제 어디서나 과감하게 복음을 전하는 바울은 늘 용기 있고 당당해 보입니다. 가문으로 보나 학식으로 보나 유대인 중의 유대인이고, 극적으로 예수님을 만나 사도가 된 바울이 평범한 신도들을 만나면서 '두려워하고 심히 떨었'으리라고는 생각하기 어렵습니다. 그러나 바울은 두려웠고 심히 떨었다고 고백합니다. 그 이유는 설득력 있는 자신의 말솜씨가 아니라 성령의 능력으로 말씀을 전하고자 했기 때문이었습니다. 바울은 사람들에게 자신의 능력을 자랑하려 하지 않고 오직 하나님의 능력이 드러나기를 바랐습니다. 지금 당신은 어떤 태도로 일하고 있습니까.

**기도** 하나님, 지금 제 모습을 돌아볼 수 있게 해주셔서 감사합니다.

**MON** 나의 형제들아 주 안에서 기뻐하라 너희에게 같은 말을 쓰는 것이 내게는 수고로움이 없고 너희에게는 안전하니라(빌 3:1)

그리스도가 함께한다 하더라도 기쁨이 없다면 행복한 삶이라고 할 수 없습니다. 큰 일을 이루고도 전혀 기쁨을 느끼지 못하는 사람들이 있는가 하면, 작은 일에도 매번 기쁨을 느끼는 사람들이 있습니다. 이들 중 누가 더 행복한 사람이겠습니까? 아무리 작은 것일지라도 기쁨으로 받아들이는 마음은 하나님의 은사인 동시에 훈련입니다. 전혀 기쁜 일이 없는 때는 물론이거니와, 더 나아가 시련 가운데 있으면서도 기쁨을 누리는 데까지 나아가야 합니다. 훈련이 지속되면 곧 성품이 됩니다. 기쁨이 성품이 되면 그때부터의 삶은 행복의 연속일 수밖에 없습니다. 누구도 그에게서 기쁨을 빼앗아갈 수 없기 때문입니다.

**기도** 주님, '항상 기뻐하라'는 말씀이 주님의 명령인 것을 알고 있습니다. 기쁨이 저와 아기의 성품이 되기까지 하나님께서 함께해 주십시오.

**TUE** 또한 너희 지체를 불의의 무기로 죄에게 내주지 말고 오직 너희 자신을 죽은 자 가운데서 다시 살아난 자 같이 하나님께 드리며 너희 지체를 의의 무기로 하나님께 드리라(롬 6:13)

성경에는 많은 부분이 전투 용어로 기록되어 있습니다. 21세기인 지금도 예수 그리스도를 믿는 것이 영적 전쟁인 것은 변함이 없습니다. '병기'라는 말을 영어 성경은 '인스트루먼트(instrument)'라고 번역해 놓았습니다. 이 말은 도구라는 뜻이기도 하지만 악기라는 뜻도 됩니다. 우리는 강한 병기가 되지 못했듯이 좋은 소리를 내는 악기가 아닐 수도 있습니다. 하지만 걱정할 것 없습니다. 우리를 조율하시는 이는 하나님이기 때문입니다. 우리를 잘 아시는 하나님은 우리를 조율하시고, 우리의 음색대로 쓰실 것입니다. 각각 다른 악기로 웅장한 교향악을 연주하는 지휘자처럼 말입니다.

**기도** 하나님, 저 자신을 하나님의 악기로 드립니다. 그리고 주님의 조율하시는 손길을 기다리겠습니다. 아름다운 화음과 조화를 이루게 해 주십시오.

**WED** 오라 하시니 베드로가 배에서 내려 물 위로 걸어서 예수께로 가되 바람을 보고 무서워 빠져 가는지라 소리 질러 이르되 주여 나를 구원하소서 하니(마 14:29-30)

복음은 쉽게 들을 수 있지만 그것을 들은 모든 마음에 믿음의 싹이 나는 것은 아닙니다. 또한 믿음의 싹이 나고 뿌리를 내렸다고 해서 끝이 아닙니다. 물 위를 걷던 베드로를 보십시오. 몇 발짝 걷던 그는 바람을 보고 두려운 생각이 들었고, 그러자 발이 점점 가라앉기 시작했습니다. 예수님의 능력을 의심했기 때문입니다. 그러나 중요한 것은 그다음입니다. 베드로는 "나를 구원하소서" 하고 예수님께 소리쳤고, 예수님께서는 '즉시' 손을 내미셨습니다. 믿음의 뿌리가 있는 자들에게 중요한 것은 한 번도 넘어지지 않는 것이 아니라, 넘어졌을지라도 다시 주님께 손을 내미는 것입니다.

**기도** 주님, 제가 주께 부르짖을 때도 즉시 손을 내밀어 붙잡아 주십시오. 특히 아기로 인해 주님을 부를 때, 저와 아기를 단단히 붙잡아 주십시오.

**THU** 너희 안에 이 마음을 품으라 곧 그리스도 예수의 마음이니(빌 2:5)

우리는 예수님께서 제자들의 발을 씻어 주신 일에 대해 알고 있습니다. 이 사건에서 중요한 것은 윗사람이 아랫사람의 발을 씻기는 외형적인 모습이 아니라, 발을 씻기는 마음입니다. 그때 이미 예수님께서는 유다의 배반을 알고 있었습니다. 하지만 유다의 발도 다른 제자들의 발과 똑같이 씻어 주셨고, 한자리에 앉아 밥을 먹었습니다. 우리도 예수님처럼 아랫사람의 발을 씻어줄 수는 있습니다. 하지만 마음속에 그로 인해 어떤 유익을 취하려는 목적이 있다면 마음으로는 전혀 믿지 않으면서 입으로만 '주여, 주여' 하는 자와 같은 것입니다. 형식을 모방하지 말고 마음을 닮으십시오.

**기도** 하나님, 주님 앞에서 어떤 것도 감출 수 없음을 압니다. 무슨 일을 하든 보여주기 위한 것이 아니라 진심을 다하도록 훈련하겠습니다.

**FRI** 또 너희 중에 누가 염려함으로 그 키를 한 자라도 더할 수 있느냐(눅 12:25)

가족이 한 사람 더 늘면 기쁨도 크지만 경제적인 부담도 만만치 않게 따릅니다. 지금 정신적으로나 물질적으로 안정된 상태가 아니라서 염려되십니까? 그렇다면 염려 대신 당신이 지금 가지고 있는 것들의 목록을 적어 보십시오. 모든 생명의 주인 되시는 예수님에 대한 믿음도 꼭 써넣으십시오. 그분이 나와 함께한다는 사실은 그 어떤 물질로 대치할 수 없는 자산이자 확실한 소망입니다. 문제는 물질적 부족이 아니라 미래에 대한 걱정 때문에 현재를 기쁨으로 살지 못하는 것입니다. 아기의 머리카락 한 치도 자라게 하지 못할 염려로부터 벗어나 주님의 인도하심을 바라는 기쁨의 날들을 누리십시오.

**기도** 하나님, 제가 처한 현실을 돌아볼 때 염려가 생깁니다. 이런 저의 염려를 감사로 바꿀 수 있는 믿음을 갖기 원합니다.

**SAT** 인내는 연단을, 연단은 소망을 이루는 줄 앎이로다(롬 5:4)

모든 생물은 생육하고 훈련하며 성장하는 시간이 필요합니다. 예수님도 예외가 아니었습니다. 예수님도 일정한 기간을 두고 훈련받으셨습니다. 예수님은 3년의 공생애를 위해 30년 동안을 준비하셨고 한 번에 한 계단씩 올라가셨습니다. 제자의 배반, 십자가에 달려 돌아가시는 고난 그리고 사흘 후에 일어날 부활에 대해 이미 잘 알고 계셨습니다. 하지만 그는 서두르지 않고 한 계단, 한 계단 천천히 밟아 올라가셨습니다. 하나님의 역사도 계획하고 훈련하는 시간이 필요했던 것입니다. 엄마 아빠도 성숙한 부모가 되기 위해 훈련할 시간이 필요합니다. 감정을 절제하는 훈련, 시간을 나누는 훈련 등은 단번에 터득할 수 없는 것들이기 때문입니다. 태중의 아기와 함께하는 열 달 동안을 부모됨을 훈련하는 시간으로 삼으십시오.

**기도** 하나님, 불편하고 조심스러운 6개월을 지내면서 힘들게 느꼈던 시간들을 부모로서 성숙하는 시간으로 기쁘게 받아들이는 마음을 주셔서 감사합니다.

7
MONTH

# 묵상

**MON** 밤중에 소리가 나되 보라 신랑이로다 맞으러 나오라 하매(마 25:6)

임신 중에도 마음과 몸을 편안하고 자유롭게 움직일 수 있다는 것은 축복이라 할 수 있습니다. 임신 7개월째 들어서면 일단 유산의 위험으로부터는 멀어집니다. 하지만 조산의 위험이 그 자리를 대신할 수 있습니다. 조산은 아이의 생존 문제와 연관되어 있으므로 특별히 신경을 써야 하는데, 평소에 주의한다면 문제없이 이 시기를 보낼 수 있습니다. 임신 후반기에 접어드는 이 시기에는 과로하지 않도록 조심하고, 하루 종일 서서 일하거나 늦도록 일하지 마십시오. 신랑을 맞기 위해 준비하며 기다리는 슬기로운 처녀처럼 몸과 마음을 다스려 준비된 때에 기쁨으로 아기를 맞으십시오.

**기도** 하나님, 아이의 생일은 주님 정하신 날입니다. 아기에 대한 모든 것을 주님께 맡깁니다. 출산하는 그 날까지 건강하게 해주세요.

**TUE** 네가 누울 때에 두려워하지 아니하겠고 네가 누운즉 네 잠이 달리로다(잠 3:24)

한껏 부른 배와 잦은 화장실 출입 등으로 편안히 잠들 수 없는 시간을 어떻게 보내십니까? 밤은 잠으로 고요해서 모든 것들을 드러나게 하는 힘이 있습니다. 편안한 잠을 누릴 수 없는 것이 고통스럽긴 하지만 의식이 깨어 있는 시간은 묵상을 하거나 아이를 위해 기도하거나 삶의 자리를 되돌아보는 시간으로 활용해 보십시오. 책을 읽거나 가벼운 일을 하는 것도 좋습니다. 임신부의 불면증은 정신적 요인보다는 아이가 커짐에 따른 신체적인 변화 때문이므로 크게 걱정하지 않아도 됩니다. 억지로 잠을 청하지 말고 편안한 시간을 보내다 자고 싶어지면 그때 잠자리에 들면 됩니다. 불면에 집중하면 오히려 잠들기 어렵습니다.

**기도** 하나님, 잠들지 못하는 밤에는 기도하고 책을 읽겠습니다. 그러나 불면증이 오래 지속되지 않게 지켜주세요.

**WED** 너희 중에 누가 염려함으로 그 키를 한 자라도 더할 수 있겠느냐(마 6:27)

임산부는 자기의 배가 다른 사람들보다 작다거나 또는 크다는 말을 자주 듣게 되면 걱정하게 됩니다. 가뜩이나 아이가 잘못되면 어쩌나 하는 두려움을 안고 사는 게 임산부들입니다. 거기에 누군가 염려스러운 말을 하면 공연히 신경이 쓰입니다. 공동번역에 보면 본문 말씀을 "너희 가운데 누가 걱정한다고 목숨을 한 시간인들 더 늘일 수 있겠느냐?"라고 되어 있습니다. 그렇습니다. 배의 크기 때문에 하는 고민은 쓸데없는 염려입니다. 염려로 모양이나 크기가 달라지지 않기 때문입니다. 배의 크기는 사람의 체격에 따라 다르기 때문에 의사로부터 이상이 없다는 판정을 받았다면 염려할 필요가 없습니다. 당신과 아기를 보호하시는 하나님을 믿고 안심하십시오.

**기도** 하나님이 주신 이 아이가 건강하게 잘 자라고 있으리라 믿습니다. 사람들의 무심한 말 때문에 신경 쓰거나 스트레스를 받지 않겠습니다.

**THU** 주께서 심지가 견고한 자를 평강하고 평강하도록 지키시리니 이는 그가 주를 신뢰함이니이다(사 26:3)

입덧과 여러 가지 신체적인 불편함으로 힘든 임신 기간을 보내는 임신부들도 있지만 비교적 순탄하게 생활하는 이도 있습니다. 남자들이나 임신하지 않은 사람들은 임신부의 심리 상태나 육체적 괴로움을 잘 모르기 때문에 어떤 때는 말을 섭섭하게 하거나 임신부를 배려하지 않을 때가 있습니다. 이러한 것들은 쉽게 상처로 다가옵니다. 그럴 때 주위의 반응으로 인해 괴로워할 것이 아니라 그 문제를 하나님께 아뢰십시오. 주님은 당신의 모든 상황들을 아시며, 위로와 치유의 은총을 베푸실 것입니다.

**기도** 하나님, 주변 사람의 말 한마디에 민감하게 반응하거나 우울해 하지 않고 기도하며 마음을 단련하겠습니다.

**FRI** 여호와여 내 입에 파수꾼을 세우시고 내 입술의 문을 지키소서(시 141:3)

어떤 장사꾼이 거리를 돌아다니며 외치고 있었습니다. "행복하게 사는 비결을 팝니다." 그러자 "내게 파시오, 값은 후하게 주겠소"하고 사람들이 몰려들었습니다. 그러자 장사꾼은 이렇게 말했습니다. "인생을 참되고 행복하게 사는 비결은 자기 혀를 조심해서 쓰는 것이오." 임신 7개월의 태아는 바깥의 소리를 구분하고 느낄 수 있습니다. 부부싸움하는 소리는 아기가 가장 싫어하는 소리일 것입니다. 엄마의 감정까지 그대로 전달되기 때문입니다. 자기 혀를 조심하면 싸울 일을 절반 이상 줄일 수 있습니다. 화가 날수록 말하기를 더디하고, 자기 입술에 파수꾼을 두어 단어를 선택하고 목소리의 톤을 조절하십시오.

**기도** 하나님, 어떤 상황에서든 말을 지혜롭게 하도록 도와주시고 서로 감정적인 말을 함부로 하지 않도록 지켜주세요.

**SAT** 하나님이 그들에게 복을 주시며 하나님이 그들에게 이르시되 생육하고 번성하여 땅에 충만하라, 땅을 정복하라…(창 1:28)

과학문명이 발달함에 따라 인간은 살기 편해졌지만 다른 생물이나 자연은 더욱 살기 어려워졌습니다. 환경 오염으로 기후 변화가 나타나고 있고, 폭염과 홍수 등 곳곳에서 이상 징후가 드러나고 있습니다. 생물계에도 먹이사슬이 파괴되어 가고 있습니다. 이렇게 지속되다가는 우리의 2세들은 숨쉬기조차 힘든 세상에서 살아야 할지도 모릅니다. 환경을 지키기 위해 우리는 어떤 일들을 할 수 있을까요? 에너지 사용과 일회용품 사용을 최대한 줄이고 생활 쓰레기를 줄이는 것에서부터 출발하십시오. 자연을 파괴하면서 생육하고 번성하는 것은 불가능합니다.

**기도** 하나님, 인간의 이기심으로 자연이 많이 훼손되었습니다. 환경 보호를 위해 일상에서 할 수 있는 작은 것부터 실천할 수 있도록 늘 일깨워 주세요.

# 25주

**MON** 내가 산을 향하여 눈을 들리라 나의 도움이 어디서 올까 나의 도움은 천지 지으신 여호와에게서로다(시편 121:1~2)

우리는 모든 도움이 여호와 하나님에게서 온다는 것을 잘 알고 있습니다. 그런데 막상 긴박한 상황이 생기면 사회적으로 힘을 가진 사람을 먼저 찾거나 능력 있는 사람에게 기대려 합니다. 그리고 그런 시도가 생각대로 되지 않으면 상대에게 실망하고 분개하기도 합니다. 그러나 누구를 통해서 어떻게 도울지는 결정하고 사람과 상황을 움직이는 분은 하나님이십니다. 때로는 전혀 생각지 못한 곳에서, 전혀 예상치 못한 사람에게서, 전혀 상상할 수 없었던 방법으로 적절한 도움과 새로운 기회가 찾아옵니다. 내 판단과 계산을 넘어선 곳을 움직이는 것, 그것이 하나님의 방법입니다.

**기도** 하나님, 어떤 일을 만나든 세상의 힘을 의지하지 않고 모든 것을 주님께 의탁할 수 있는 순전한 믿음을 주십시오.

**TUE** 네 짐을 여호와께 맡기라 그가 너를 붙드시고 의인의 요동함을 영원히 허락하지 아니하시리로다(시 55:22)

시중에 나와 있는 책들이나 임산부를 위한 프로그램에서는 두려움을 극복하는 방법의 하나로 명상을 권합니다. 사람들은 마음을 평화롭게 하기 위해, 자신감을 갖기 위해 명상을 합니다. 그리스도인은 평소에 훈련받은 대로 성경을 읽고 말씀을 묵상하는 것이 좋습니다. 묵상은 모든 짐을 하나님 앞에 내려놓고, 하나님께서 함께하심으로 문제를 극복할 수 있다는 사실을 인정하는 것입니다. 명상을 하며 자신을 믿는 것은 불완전하며 흔들리기 쉽지만, 하나님을 의지하는 것은 반석 위에 집을 세우는 것 같아서 결코 흔들림이 없습니다.

**기도** 하나님, 해산할 날이 다가올수록 출산에 대한 두려움이 커짐을 느낍니다. 주님 말씀을 묵상함으로써 저에 대한 주님의 사랑과 관심을 확인하게 하시고, 주님을 의지함으로써 두려움을 극복해나갈 수 있도록 도와주세요.

**WED** 또 아비들아 너희 자녀를 노엽게 하지 말고 오직 주의 교훈과 훈계로 양육하라(엡 6:4)

어린 시절 우리 부모님들은 거친 세상으로부터 우리를 보호하는 보호막이 되어 주셨습니다. 이제는 당신이 아이에게 그런 보호막이 되어 주어야 합니다. 태교를 하는 목적은 남보다 특출한 아이로 만들기 위해서가 아니라 몸과 마음이 건강한 아이를 낳기 위한 것입니다. 물질과 지식을 풍족하게 주는 부모가 좋은 부모가 아니라 사랑과 존중을 보여주는 부모가 좋은 부모입니다. 아이가 부모의 소유가 아닌 하나의 인격체라는 사실을 인정하고 존중하는 것은 정말 중요한 일입니다. 좋은 부모가 되기 위해 훈련하고 공부해야 합니다. 하나님의 지혜와 인도하심을 구하십시오.

**기도** 하나님, 아이를 양육하고 가르치면서 우리 아이에게 좋은 엄마, 좋은 아빠가 되기 위한 훈련을 함께 하겠습니다.

**THU** 그러나 이 모든 일에 우리를 사랑하시는 이로 말미암아 우리가 넉넉히 이기느니라(롬 8:37)

"오늘 아침 남편이 출근할 때 배웅을 나갔습니다. 요즘 회사 일이 어려워서 남편은 많은 스트레스를 받고 있습니다. 이제 식구도 느는데, 하면서 남편은 걱정을 했습니다. 그래서 오늘은 남편에게 연애편지를 쓰려 합니다. 뱃속 아기와 함께 손편지를 써서 남편의 회사로 부쳐야겠습니다. 사는 것이 그리 만만치 않다는 생각이 듭니다. 어떤 날은 화창하여 기분 좋은 날도 있고, 어떤 날은 폭풍우로 괴로운 날도 있습니다. 중요한 것은 어느 날이든 하나님은 우리와 함께하신다는 것이죠. 우리가 그 사실을 놓칠 때 사는 게 힘들고, 인생이 재미없게 느껴지는 것 같습니다. 오늘, 우리 가족이 하나님을 놓치지 않게 해달라고 기도해야겠습니다." - 어느 주부의 노트 -

**기도** 하나님, 우리를 회복시키시고, 우리 안에 주님의 평화가 가득해서 어떤 일도 너끈히 이길 수 있도록 도와주세요.

**FRI** …내게 기름을 부으시고 나를 보내사 포로 된 자에게 자유를, 눈 먼 자에게 다시 보게 함을 전파하며 눌린 자를 자유롭게 하고(눅 4:18)

아직도 이 세상에는 주님을 알지 못하는 사람들이 많습니다. 기독교를 인정하지 않아서, 복음의 소식이 전해지지 못해서, 기독교에 대한 오해로, 많은 사람들이 하나님을 제대로 알지 못하고 있습니다. 오늘은 세계 곳곳에서 묵묵히 그들에게 복음을 전하는 선교사님들을 위해 기도해 주십시오. 기도는 사탄의 진지를 무너뜨리고 그들을 무능력하게 만드는 강력한 힘입니다. "사람이 일하면 그뿐이지만 사람이 기도하면 하나님이 일하신다"는 말이 있습니다. 각자 기도 시간에 자신이 알고 있는 선교지를 위해 잠깐이라도 기도한다면 그 기도가 모아져 강한 능력을 나타낼 것입니다.

**기도** 하나님, 참으로 좋으신 하나님을 많은 사람들이 알기 원합니다. 이제 기도로 선교에 동참하겠습니다.

**SAT** 주라 그리하면 너희에게 줄 것이니 곧 후히 되어 누르고 흔들어서 넘치도록 하여 너희에게 안겨 주리라 너희가 헤아리는 그 헤아림으로 너희도 헤아림을 도로 받을 것이니라(눅 6:38)

우리는 이 말씀에서 주로 '후히 되어 누르고 흔들어서 넘치도록 안겨 주리라'는 말씀에 주목합니다. 그런데 오늘은 '주라'와 '너희가 헤아리는 그 헤아림으로 헤아림을 받을 것'이라는 말씀을 묵상해 봅시다. 무엇인가를 주거나 나눌 때에 좋은 것을, 기쁜 마음으로, 후히 덜어 주십니까. 혹시 그 이면에 어떤 헤아림이 있어 더하거나, 덜지는 않았습니까. 성경은 우리가 헤아리는 그만큼 우리도 헤아림을 받게 될 것이라고 말합니다. 기쁨으로 좋을 것을 나누십시오. 상대에게 돌려받기 위해서가 아닙니다. 우리 마음의 헤아림을 보시는 분도, 흔들어 넘치게 안겨 주시는 분도 하나님이심을 기억하십시오.

**기도** 하나님, 서로 협력하여 선을 이루어야 할 줄로 압니다. 우리 부부의 모난 성격이 깎이고 다듬어지기를 원합니다.

**MON** 높음이나 깊음이나 다른 어떤 피조물이라도 우리를 우리 주 그리스도 예수 안에 있는 하나님의 사랑에서 끊을 수 없으리라(롬 8:39)

인간은 어떤 일이 일어나는 데는 이유가 있고, 사랑받는 것 또한 그만한 가치가 있어야 한다고 생각합니다. 그래서 자신은 사랑받을 만한 가치가 없는 사람으로 여기고 우울해 하기도 합니다. 그러나 하나님의 사랑은 이유나 조건이 없습니다. 찬양 중에 "당신은 사랑 받기 위해 태어난 사람 지금도 그 사랑 받고 있지요~"라는 노래가 있습니다. 당신은 사랑받기 위해 태어난 사람입니다. 하나님은 자신의 아들을 버리면서까지 당신을 사랑하셨습니다. 피조물인 당신을 다른 무엇보다 더 사랑하신 것입니다. 그 어떤 것도 당신을 향한 하나님의 사랑을 막거나 끊을 수 없습니다. 그 사랑을 믿으십시오.

**기도** 주님, 내 상태가 어떠하더라도 변함없는 주님의 그 사랑을 잊지 않고 늘 가슴에 새기며 살도록 도와주세요.

**TUE** 이는 하나님이 우리를 위하여 더 좋은 것을 예비하셨은즉 우리가 아니면 그들로 온전함을 이루지 못하게 하려 하심이라(히 11:40)

오랜만에 친구들을 만나서 이야기를 하다 보면 꼭 나오는 말이 '그때가 좋았지'입니다. 그때는 이랬는데, 라면서 과거를 회상할 뿐 현재에 만족하지도, 미래를 바라보지도 못 할 때가 많습니다. 현재 자신의 모습이 마음에 들지 않는 사람은 더욱 그렇습니다. 출애굽을 한 이스라엘 백성들은 하나님의 인도하심을 믿음의 눈으로 보지 못하고 모세를 원망하고 과거를 그리워하다가 결국 가나안 땅에 들어가지 못했습니다. 하나님이 우리를 위하여 더 좋은 것을 예비하셨다는 사실을 믿으십니까? 과거를 인도하신 하나님이 당신의 현재와 미래도 인도하십니다. 하나님께서 당신을 위해 준비한 더 좋은 미래를 믿음의 눈으로 바라보십시오.

**기도** 하나님, 주께서 우리 가정의 나아갈 길을 인도하시고 예비하심을 믿고 기쁨으로 현재와 미래를 준비할 수 있도록 도와주세요.

**WED** 믿지 아니하는 남편이 아내로 말미암아 거룩하게 되고 믿지 아니하는 아내가 남편으로 말미암아 거룩하게 되나니…(고전 7:14)

믿지 않는 배우자와 결혼한 경우, 특히 믿는 쪽이 신실한 그리스도인일수록 많은 어려움을 겪는 것을 봅니다. 배우자를 인도하여 같이 신앙 생활하는 경우도 있지만, 대부분은 결혼하면 교회에 나가겠다던 결혼 전의 약속을 어깁니다. 혹시 신앙 때문에 갈등을 겪고 있지는 않으십니까? 기독교에 대한 오해와 편견 때문에, 기독교인들의 범죄와 일탈 때문에 주변의 손가락질을 받거나 신앙이 흔들릴 수도 있습니다. 이런 때에는 기억하십시오. 완벽하지 않은 인간은 연약한 존재이고 우리가 믿는 것은 그렇게 연약한 우리를 사랑하는 하나님입니다. 서두르지도 실망하지도 마십시오. 때가 되면 기도가 이루어질 것입니다.

**기도** 하나님, 신앙 생활이 흔들리고, 주님에 대한 제 마음이 요동침을 느낍니다. 주님을 의지하여 승리하게 하옵소서.

**THU** 그러므로 누구든지 나의 이 말을 듣고 행하는 자는 그 집을 반석 위에 지은 지혜로운 사람 같으리니(마 7:24)

반석 위에 세운 집은 어떤 충격이나 환란이 몰아쳐도 굳건하게 서 있습니다. 반면 모래 위에 세운 집은 환란이 찾아왔을 때 쉽게 무너집니다. 신앙 생활뿐만 아니라 가정 생활도 마찬가지입니다. 신뢰가 없는 관계는 모래 위에 지은 집 같아서 쉽게 넘어지고 쉽게 상처받습니다. 신뢰의 반석 위에 당신 가정을 세우십시오. 지금 모래 위에 집을 짓고 있다면 믿음의 기초를 다시 세우고 반석 위에 집을 지어야 합니다. 다소 더디더라도, 힘이 좀더 들더라도 그렇게 해야 아이와 함께 할 새로운 날들을 평화롭게 보낼 수 있습니다.

**기도** 하나님, 서로에게 신뢰가 없다면 모래 위에 지은 집 같아서 넘어질 수밖에 없는 것을 깨달았습니다. 우리 가정이 믿음의 반석 위에 굳게 서 있기를 원합니다.

**FRI** 우리가 환난 당하는 것도 너희가 위로와 구원을 받게 하려는 것이요…우리가 받는 것 같은 고난을 너희도 견디게 하느니라(고후 1:6)

남편이 회사나 교회에서의 어려움을 말할 때 당신은 어떻게 대화를 하십니까? 많은 사람들은 남편에게 즉시 충고하기를 주저하지 않습니다. 그러나 섣부른 충고는 오히려 대화의 벽을 만드는 경우가 많습니다. 부정적인 반응, 예상치 못한 답변으로 당황하게 되면 상대방은 그 상처로부터 도망하기 위해 대화하기를 꺼려 할지도 모릅니다. 부부가 평화로운 결혼 생활을 영위하는 첫번째 조건은 '경청'입니다. 서로가 '내 마음이 전해지고 있다'는 느낌을 받도록 대화하는 방법을 훈련하고 그것을 통해 서로 이해하며 좀더 가까운 관계를 만들어 가십시오.

**기도** 하나님, 남편이 어렵고 힘들 때 참된 위로와 격려를 할 수 있는 지혜를 주십시오. 그래서 고난의 때에 더욱 사랑과 믿음이 강해지기 원합니다.

**SAT** 피차 사랑의 빚 외에는 아무에게든지 아무 빚도 지지 말라 남을 사랑하는 자는 율법을 다 이루었느니라(롬 13:8)

하나님께서 각 사람의 필요에 따라 넉넉히 채워 주심을 믿고 계십니까? 하나님께서는 "너희가 피차 사랑의 빚 외에는 아무에게든지 아무런 빚도 지지 말라"고 하셨습니다. 돈 때문에 부모와의 의가 상하고 형제간에 원수가 되는 일들이 많이 있습니다. 하나님은 각 사람의 필요를 아십니다. 꾸어서 일을 크게 벌이기보다 현재 가지고 있는 것을 적절하게 사용하는 것이 현명합니다. 빚을 지는 것은 잠깐의 유익이 있지만 베풀며 사는 것은 하나님 나라까지 가는 유익이 있습니다. "할 수 있는 데까지 버시오. 가능한 데까지 저축하시오. 줄 수 있는 데까지 주시오"라고 말한 요한 웨슬리의 충고를 기억하십시오.

**기도** 하나님, 우리에게 일할 수 있는 건강과 물질을 모을 수 있는 지혜를 허락해 주십시오. 그리고 넉넉히 나눌 수 있는 믿음을 갖기 원합니다.

# 27주

**MON** 나의 사랑하는 자가 내게 말하여 이르기를 나의 사랑, 내 어여쁜 자야 일어나서 함께 가자(아 2:10)

사랑은 말하지 않아도 느낌으로 다가오는 감정입니다. 그러나 오랫동안 표현하지 않으면 무감각해지고 퇴색됩니다. 말이나 행동으로 드러내지 않아도 알고 있겠지 생각하고 표현하지 않으면 가족은 서로에게 메마른 관계가 됩니다. 남편에 대한, 자녀에 대한 사랑을 말로든, 행동으로든 표현해 보세요. 처음에는 어색하고 쑥스럽겠지만 어색한 그 모습 또한 사랑의 표현으로 받아들여질 것입니다. 작은 사랑의 표현 하나가 가족들을 굳건하게 묶어 주는 단단한 띠가 될 것입니다.

**기도** 하나님, 가족들에게 사랑을 표현하는 데 익숙하지 않습니다. 사랑을 표현해야 할 때 표현할 수 있는 용기를 주세요.

**TUE** 오직 여호와를 앙망하는 자는 새 힘을 얻으리니 독수리가 날개치며 올라감 같을 것이요…걸어가도 피곤하지 아니하리로다(사 40:31)

임신 7개월. 늘어나는 체중으로 인해 허리, 다리, 발목 등이 시큰거리고 아프기 쉽습니다. 피로도 쉽게 느낍니다. 하지만 아이를 잉태한 거룩한 시간을 몸의 불편함 때문에 괴롭게 생각하는 것이 아니라 지혜로운 생각과 대처로 잘 이겨낼 수 있기를 바랍니다. 몸이 힘들 때에는 몸을 푸는 가벼운 체조를 해보세요. 장시간 서 있거나 앉아 있는 것은 피하시고 안마를 한다든지 몸을 문질러 주고 두드려 주어 혈액 순환이 원활히 되도록 움직이세요. 이 책에 수록되어 있는 체조를 무리하지 말고 할 수 있는 만큼 따라해 보세요. 몸도 마음도 한결 좋아질 것입니다.

**기도** 하나님, 점점 몸이 무거워짐에 따라 움직이기가 힘듭니다. 하나님이 주시는 힘으로 감당할 수 있도록 도와주세요.

**WED** 이는 그 목수의 아들이 아니냐 그 어머니는 마리아, 그 형제들은 야고보, 요셉, 시몬, 유다라 하지 않느냐(마 13:55)

예수님의 지혜롭고 능력 있는 말씀을 들은 고향 사람들은 예수님께 집중하지 않고 그의 집안을 따집니다. 목수 아들, 그마저도 아버지를 일찍 여의고 홀어머니와 형제들이 있는 가난한 집안 출신인 예수님은 곧 평가절하당합니다. 그 결과 그들이 얻은 것은 예수님의 기적을 체험하지 못하게 된 것입니다. 믿지 않는 그들에게 예수님께서 더 이상 능력을 행하지 않으셨기 때문입니다. 이런 일은 다른 사람에 대한 판단뿐만 아니라 자기 자신에 대한 판단에서도 일어납니다. 자신의 배경에 대한 낮은 평가 때문에 예수님의 능력이 자신에게 일어나는 것을 막고 있지는 않습니까. 그들이 아니라 자신의 믿음을 점검해 보십시오.

**기도** 주님, 제가 예수님의 고향 동네 사람들처럼 나와 함께하시는 주님의 능력을 가볍게 여기지 않았는지 돌아봅니다. 이제 주의 능력이 나타나는 것을 막지 않는 자가 되겠습니다.

**THU** …너희를 친구라 하였노니 내가 내 아버지께 들은 것을 다 너희에게 알게 하였음이라(요 15:15)

친구란 무엇일까요? 마음을 솔직하게 털어놓을 수 있고, 외로울 땐 텔레파시가 통한 것처럼 안부를 물어오고, 기쁠 땐 함께 기뻐해 주고 슬플 땐 함께 슬퍼하면서도 위로해 주는 존재입니다. 예수님도 그런 친구입니다. 당신이 외로움의 자리에 놓여 있을 때 이 친구를 찾으십시오. 그는 언제나 변함없이 당신 옆에 있으며, 당신의 이야기에 귀를 기울이시고 당신 편이 되어 주십니다. 판단하고 충고하기보다는 함께 아파하고 위로하십니다. 주께 위로받으셨다면 이제 당신도 즐거움과 슬픔을 진정으로 나누는 친구가 되십시오.

**기도** 주님, 저의 친구가 되어 주셔서 감사합니다. 그리고 삶을 함께할 귀한 친구들을 주신 것을 감사드립니다. 이 친구들이 저에게 힘이 되었던 것처럼 저도 힘이 되길 원합니다.

**FRI** …회개하여 처음 행위를 가지라 만일 그리하지 아니하고 회개하지 아니하면 내가 네게 가서 네 촛대를 그 자리에서 옮기리라(계 2:5)

연애 기간에 따른 변화를 적어놓은 글이 있습니다. 다툴 때, 초기에는 하루에 전화를 열 번 안 걸었다고, 중기에는 저번에도 계산 안 했으면서 이번에도 계산 안 해서, 말기에는 귀찮게 자주 말 건다고 다툰다고 합니다. 처음 남편을 만났을 때를 생각해 봅시다. 설레는 마음에 잠 못 이룰 때도 있었고 매일 그를 생각했지만, 이젠 남편에 대한 사랑보다 아이에 대한 사랑이 더 크고, 시간이 지나면서 남편의 존재가 무덤덤해지지 않았나요. 하나님에 대한 사랑도 마찬가지입니다. 과연 하나님에 대한 사랑에 변화가 없는지요. 하나님은 우리에게 처음 사랑을 되찾으라고 말씀하십니다.

**기도** 하나님, 남편을 향한 사랑을 되살리길 원합니다. 그는 주께서 내게 허락하신 짝입니다.

**SAT** 여호와는 너를 지키시는 이시라 여호와께서 네 오른쪽에서 네 그늘이 되시나니 낮의 해가 너를 상하게 하지 아니하며…(시 121:5-6)

맞벌이하는 여성들은 슈퍼우먼의 전형이라고 할 수 있을 만큼 많은 일을 맡고 있습니다. 회사 일을 마치고 집에 오면 집안일까지 혼자 도맡아 하기 일쑤입니다. 아이를 가져 몸이 무거운 이때, 스트레스도 더 많이 받고 화가 날 때도 많습니다. 태교는커녕 일상 생활 하기도 어렵습니다. 이런 엄마들은 아이를 낳고 난 후에 태교를 제대로 하지 못한 것에 대해 죄책감을 가지는 경우가 많습니다. 태교가 중요하기는 하지만 제대로 하지 못했다고 아이의 심성에 문제가 생기거나 지능이 낮아지는 것은 아닙니다. 당신의 바쁜 일상 생활을 하나님도 아십니다. 그분께 아이를 맡기고 집안 일은 남편과 지혜롭게 나누어서 부담을 줄이십시오.

**기도** 하나님, 너무 바쁘고 피곤해 태교를 제대로 못합니다. 하나님께서 아이를 지켜 주십시오. 그리고 일을 간소화할 수 있는 지혜를 주십시오.

# 묵상

**MON** 내가 그 곁에 있어서 창조자가 되어 날마다 그의 기뻐하신 바가 되었으며 항상 그 앞에서 즐거워하였으며(잠 8:30)

무디 선생이 어느 날 집회를 마치고 나서 "오늘은 두 사람 반이 회개했습니다"라고 말했습니다. 옆에 있는 사람이 의아스러운 표정으로 물었습니다. "두 사람 반이 무엇입니까? 어른 두 사람에 어린이 한 사람이 회개했다는 말씀입니까?" 그러자 무디 선생이 대답했습니다. "아닙니다. 어린이 둘에 어른 한 사람이 회개했습니다." 어른은 이미 인생의 절반을 살았지만 어린이는 그 앞에 온 인생이 있다는 말입니다. 태어날 아기에게는 앞으로 펼쳐질 하나님의 역사가 가득 담겨 있습니다. 그래서 생명을 잉태하여 하나님의 창조 사역에 동참하는 것은 다른 어떤 일보다 귀한 것입니다. 얼마 동안의 불편함은 그 계획을 위해 치르는 대가입니다. 힘을 내십시오.

**기도** 하나님, 요즘 저는 걷기도 힘들고 앉아 있는 것도 불편합니다. 아기가 태어날 때까지 모든 해악으로부터 지켜 주십시오.

**TUE** 할 수 있거든 너희로서는 모든 사람과 더불어 화목하라(롬 12:18)

심리학자들은 신체 접촉이 아기의 정신적, 신체적 건강과 발육에 필수적이라는 사실을 오래전에 밝혀냈습니다. 아기에게 신체적 친밀감이 중요하듯이 성인들에게는 심리적인 친밀감이 중요합니다. 미국의 한 잡지사에서 이천 명의 여성들에게 "현재 당신에게 가장 중요한 것이 무엇입니까?"라고 질문했을 때, 61%가 "누군가와 가깝다는 느낌"이라고 대답했습니다. 통신 수단과 SNS가 발달한 요즈음 오히려 외로움과 소외감을 더 많이 느끼게 된다고 합니다. 친밀감은 세상을 따뜻하게 느끼게 하고 삶의 의욕이 솟게 합니다. 자신을 둘러싸고 있는 사람들에게도 친밀감을 보여주십시오. 그것이 설교나 훈계보다 훨씬 더 큰 힘을 발휘할 것입니다.

**기도** 하나님, 제가 손을 내밀었을 때 따뜻하게 제 손을 잡아주는 사람을 만날 수 있게 해 주십시오.

**WED** 생명의 말씀을 밝혀 나의 달음질이 헛되지 아니하고 수고도 헛되지 아니함으로 그리스도의 날에 내가 자랑할 것이 있게 하려 함이라(빌 2:16)

아기와 만날 날이 기다려지십니까. 아기와의 만남은 생각만으로도 기대감을 한껏 부풀게 할 것입니다. 그럼 예수님과의 만남은 어떻습니까. 그분과의 만남도 아기와의 만남처럼 사모하고 있습니까. 마틴 루터는 말했습니다. "내 달력에는 오직 이틀만이 있을 뿐이다. 오늘과 주님이 다시 오실 그날." 루터는 오늘을 예수님이 오시기 바로 전날처럼 살았습니다. 우리에게 허락된 시간은 늘 현재입니다. 오늘을 어떻게 사는가가 내일 내 모습을 결정합니다. 오늘 내가 아기를 위해 기도하고 행하는 것이 내일 아기의 모습으로 나타날 것입니다. 그리고 오늘 예수님을 위해서 행하는 것들로 예수님을 만날 때 당신의 모습이 결정될 것입니다.

**기도** 하나님, 하루하루를 신랑을 맞기 위해 늘 기름을 준비하는 지혜로운 신부로 살게 해 주십시오.

**THU** 네가 누울 때에 두려워하지 아니하겠고 네가 누운즉 네 잠이 달리로다(잠 3:24)

밤새 한 번도 깨지 않고 단잠을 이룰 수 있다는 것은 당연한 것처럼 보이지만, 실상은 하나님의 은혜이자 믿음의 표현이기도 합니다. 몸의 편안함은 물론이거니와 마음이 의심과 두려움에서 벗어난 상태에서만 달고 깊은 잠이 가능하기 때문입니다. 성경은 말합니다. "그러므로 여호와께서 그 사랑하시는 자에게는 잠을 주시는도다"(시 127:2). 우리는 잠으로 인생의 3분의 1 정도를 보냅니다. 아무것도 하지 않고 보내는 이 시간이 어떻게 보면 참 아깝게 생각될 수 있지만, 잠이 주는 휴식과 회복력은 다른 어떤 것으로도 대신할 수 없습니다. 자신을 돌보는 손길에 모든 것을 맡겼을 때만 단잠을 이룰 수 있습니다. 아기처럼 잠자는 법을 배우십시오. 그것은 모든 염려를 하나님께 맡길 때만 가능합니다.

**기도** 하나님, 어느 때든지 저의 믿음이 달고 깊은 잠을 보증할 수 있기를 원합니다.

**FRI** 그러므로 믿음은 들음에서 나며 들음은 그리스도의 말씀으로 말미암았느니라(롬 10:17)

8개월쯤 되면 태아는 바깥 세계에서 엄마 아빠가 주고 받는 말소리까지도 거의 들을 수 있다고 합니다. 이제부터는 말을 하는 데 더욱 조심해야겠지요. 아기는 밖에서 들려오는 소리에 귀를 기울이며 엄마 아빠의 목소리를 기억해 둘 것입니다. 아기를 처음 품에 안았을 때 "아가야 너를 사랑한다"라고 말해 주라고 권유하는 것은, 그때 아기가 엄마의 목소리를 기억해 낼뿐더러 그 말의 느낌이 무의식 깊숙이 각인되기 때문입니다. 사랑받고 있다는 느낌을 갖게 된 아기는 온유하고 따뜻한 심성을 가진 사람으로 자라게 될 것입니다.

**기도** 하나님, 무의식에 깊이 각인된 말이 의식을 지배한다는 것을 알고 있습니다. 아기에게 사랑의 말과 주님의 복음을 들려주겠습니다. 그 말을 하는 사람과 듣는 사람이 모두 복되게 해주십시오.

**SAT** 너희 보물 있는 곳에는 너희 마음도 있으리라(눅 12:34)

얼마나 사랑하는가, 얼마나 중요하게 여기는가, 얼마나 헌신하는가는, 그 마음이 얼마나 그 대상을 향해 있는가를 통해 알 수 있습니다. 성경은 말씀합니다. "너희 보물 있는 곳에는 너희 마음도 있으리라"(눅 12:34). 그런데 자신이 거듭난 그리스도인이라고 생각함에도 불구하고, 시간과 물질은 세상의 보물을 향해 있고 마음과 목소리만 하늘의 보물을 향해 있는 것을 발견할 때가 있지는 않습니까. 요한 웨슬리는 말했습니다. "여러분의 돈주머니가 회개하기 전에는 여러분의 회개는 가짜입니다." 웨슬리가 돈주머니를 강조한 것은 그것이 하나님의 자리를 넘볼 만큼 강력한 힘을 발휘하기 때문입니다. 물질을 추구하되 끌려다니지 말고 선하게 사용하는 법을 배우십시오.

**기도** 저에게 물질을 허락해 주신 주님, 제가 물질을 주신 하나님보다 물질 자체를 더 사랑하는 어리석은 자가 되지 않도록 늘 일깨워 주십시오.

**MON** 사람의 마음에는 많은 계획이 있어도 오직 여호와의 뜻만이 완전히 서리라(잠 19:21)

마음에 선한 계획을 세워두고 기도하는데도 응답이 더디거나 "노!"라고 말씀하실 때가 있습니다. 그런 때는 진정 나를 사랑하시는지 되묻고 싶은 마음이 들 수도 있습니다. 그러나 당신을 어려운 상황 가운데 혼자 내버려두시는 것 같은 순간에도 하나님은 분명 당신을 사랑하시고 인정하시며, 꿈을 가지고 계십니다. 다만 모든 것을 내가 계획한 대로, 내가 생각한 순간에 이루려 하기 때문에 홀로 버려진 것 같은 느낌에 빠지는 것입니다. 하나님의 계획은 인간의 계획과 다릅니다. 하나님은 한 사람을 통해 모든 것을 이루시는 분이 아니라, 모든 것이 합력하여 선을 이루게 하시는 분입니다. 하나님께 나를 따라오시라고 하지 말고 당신이 그분의 뜻을 좇으십시오.

기도 하나님, 주님을 제 뜻대로 움직이려 하는 교만한 마음을 버리고, 마음의 소원이 클수록 주님의 목소리를 청종하게 하시옵소서.

**TUE** 오직 성령이 너희에게 임하시면 너희가 권능을 받고 예루살렘과 온 유대와 사마리아와 땅 끝까지 이르러 내 증인이 되리라 하시니라(행 1:8)

선교사님들 중에 가장 오지로 들어간 분들은 성경 번역을 하는 선교사들입니다. 이분들은 문자가 없는 부족들을 찾아가 알파벳을 가르치기도 하고, 언어는 있으나 문자는 없는 부족들에서는 그 부족의 언어를 먼저 문자화시키는 작업을 합니다. 이런 과정을 거치자면 짧게는 15년에서 20년 세월을 그들과 함께 지내는 가운데 성경이 번역됩니다. 그래도 선교사들은 자신이 받은 복음 전파의 소명 때문에 기쁘게 그 일을 할 수 있습니다. 문제는 자녀들입니다. 선교사의 아이들은 원주민과 함께 자라므로 공부를 시키기가 어렵고, 교육 때문에 한국에 돌아올 경우 급격한 문화 충격을 받게 됩니다. 이들이 잘 자라게 하기 위해서는 끊임없는 우리들의 기도와 관심이 필요합니다.

기도 하나님, 낯선 나라, 어려운 환경에서 사역하는 선교사들과 아이들에게 어떤 환경에서도 잘 자랄 수 있는 강인함과 지혜를 허락해 주십시오.

**WED** 우리는 뒤로 물러가 멸망할 자가 아니요 오직 영혼을 구원함에 이르는 믿음을 가진 자니라 (히 10:39)

배가 많이 불러 몸이 무거워지고 내 몸을 내 마음대로 움직일 수 없는 상태가 되면 몸과 마음이 침체기에 빠질 수 있습니다. 만사가 귀찮아지는가 하면 아기를 위해서나 자신을 위해서 어떤 시도도 하지 않게 됩니다. 하지만 이 시간 동안에도 무럭무럭 자라고 있는 아기처럼 엄마도 자라야 합니다. 몸을 움직이기는 힘들지만 어느 때보다 말씀을 가까이 해서 하나님과 늘 동행하며, 깊은 묵상을 통해 믿음을 견고하게 하는 시기로 만들 수 있습니다. 어떤 외적 상황도 우리를 뒤로 물러나 주저앉게 할 수 없습니다.

기도 주님, 무거운 몸과 더불어 의욕까지 가라앉는 것 같습니다. 이런 때일수록 하나님과 아기와 나누는 교감과 교제가 더욱 깊어질 수 있도록 기운을 북돋워 주옵소서.

**THU** 그런즉 믿음, 소망, 사랑 이 세 가지는 항상 있을 것인데 그중의 제일은 사랑이라(고전 13:13)

너무나 잘 알려진 말씀을 다시 읽는 것은 감동을 반감시킵니다. 그러나 같은 말씀이라도 해석하는 사람에 따라, 처해 있는 환경에 따라 그 의미가 더욱 깊어지고, 더 넓게 확장될 수 있습니다. 평생 대학에서 성경을 가르친 한 신학자는 은퇴 후 이 구절을 이렇게 다시 이해하게 되었다고 말씀하십니다. "믿음, 소망, 사랑 중에 믿음은 이미 듣고 본 과거의 경험이 바탕이 되어 생긴 것입니다. 소망은 미래에 대해 갖는 꿈입니다. 사랑은 과거나 미래의 일이 아니라 현재 우리가 하고 있고, 해야 하는 것입니다. 우리는 과거나 미래가 아니라 현재를 가장 충실하게 살아야 합니다. 그래서 지금 사랑하는 것이 가장 중요한 것입니다."

**기도** 주님, 사랑이 앞으로 언젠가가 아니라 지금 해야 할 일임을 가르쳐 주셔서 감사합니다. 지금 사랑하며 살겠습니다.

**FRI** 네 손이 선을 베풀 힘이 있거든 마땅히 받을 자에게 베풀기를 아끼지 말며(잠 3:27)

임신 이후 이전에 하던 일들을 모두 다른 분들에게 넘기지는 않았나요. 시간과 마음을 조금만 나누면 자신이 충분히 할 수 있는 일에서까지 손을 떼지는 않았는지요. 그리스도인들은 언제라도 다른 사람들을 위한 수고에 기꺼이 동참하는 자세를 가져야 합니다. 어떤 상황에 처하든지 약한 이웃을 위해 할 수 있는 사랑의 수고들이 있기 때문입니다. 어려움에 처한 형제를 위해 기도하는 것, 아픈 형제를 방문하는 것, 내 손길을 필요로 하는 사람의 부름에 기꺼이 '좋아요'라고 말하는 것 등등, 임신중에도 나보다 약한 이들을 위해 할 수 있는 수고는 얼마든지 있습니다. 예수님께서는 '주는 것이 받는 것보다 복이 있다'고 하셨습니다. 무슨 수고든 할 수 있을 때 기꺼이 하십시오.

**기도** 하나님, 아기를 게으름의 핑계로 삼지 않고 오히려 섬김의 폭을 더욱 넓힐 수 있기를 기도합니다.

**SAT** 누구든지 자기 친족 특히 자기 가족을 돌보지 아니하면 믿음을 배반한 자요 불신자보다 더 악한 자니라(딤전 5:8)

가족은 내 삶을 이루고 있는 여러 가지 퍼즐 중에서 가장 큰 조각입니다. 그런데 우리는 입으로는 가족이 세상에서 가장 소중하다고 말하면서도 사랑을 느끼게 하고 공감을 나누기보다, 지적하고 훈계할 때가 더 많습니다. 그래서 가까이 있는 친족보다 멀리 있는 이웃을 사랑하는 것이 더 쉬울 수 있습니다. 가정은 하나님께서 친히 만드셨습니다(창 1:27-28). 하나님께서는 가족을 통하여 우리가 사랑하는 법을 배우고 사랑하며 살기를 원하셨습니다. 누군가를 행복하게 하고 싶다면 먼 이웃이 아니라 가장 가까운 사람들부터 행복하게 해 주십시오. 가장 가까운 사람은 가족과 부모 형제들입니다.

**기도** 화평케 하시는 하나님, 제가 가족들의 부족함까지도 사랑할 수 있는 넉넉한 마음을 갖도록 도와주십시오.

**MON** 내 마음을 주의 증거들에게 향하게 하시고 탐욕으로 향하지 말게 하소서(시 119:36)

어린아이의 가장 큰 특징은 '자기 중심으로 세계를 본다'는 것입니다. 그런데 어른들 가운데도 그런 사람들이 있습니다. 이런 사람은 몸은 다 성장하였지만 정신적으로는 아직 성장하지 못한 '어른애'라고 할 수 있습니다. 이기심의 다른 얼굴은 탐욕입니다. 다른 사람보다 자신이 더 많이 갖고 더 행복한 삶을 살아야 한다는 자기 중심적인 사고, 이것이 바로 탐욕인 것입니다. 오늘 성경 본문에서 시편 기자는 자기 마음이 이기심으로 향하지 않고 주의 증거로 향하게 해 달라고 간구하고 있습니다. 우리 삶이 주님에게 몰두해 있다면 우리의 마음속에 탐욕이 싹틀 수 없을 것입니다. 우리의 마음을 주님께 향하게 함으로써 영적인 어린아이를 벗어나십시오.

**기도** 하나님, 제 삶의 방향을 언제나 주님을 향한 방향으로 바로잡도록 도우소서.

**TUE** 누가 이 세상의 재물을 가지고 형제의 궁핍함을 보고도 도와줄 마음을 닫으면 하나님의 사랑이 어찌 그 속에 거하겠느냐(요일 3:17)

인류를 사랑하는 일보다 어려운 일이 가까이 있는 이들을 사랑하는 일입니다. 인류 전체를 사랑하는 일은 바로 내 옆의 사람을 사랑하는 일보다 감정적, 시간적인 부담이 덜합니다. 누군가를 사랑하기 위해서는 내가 가진 것을 구체적으로 나누어야 합니다. 가만히 앉아서 생각하는 것만으로는 아무것도 변화시킬 수 없습니다. 물질이든 시간이든 행동이든 실제로 나누는 것이 있어야 합니다. 주님의 계명 중 가장 큰 것이 사랑입니다. 가장 첫번째가 사랑이고, 마지막까지 남는 것도 사랑입니다. 우리가 주님께 받은 계명을 실천하기 전에는, 아직 주님의 제자가 되었다고 할 수 없습니다.

**기도** 주님, 마음으로만이 아니라 일어나서 손을 내밀어서 주님께서 나에게 주신 사랑을 나누게 하소서.

**WED** 내 아들 솔로몬아 너는 네 아버지의 하나님을 알고 온전한 마음과 기쁜 뜻으로 섬길지어다(대상 28:9)

본문은 다윗이 임종을 앞두고 나라를 솔로몬에게 물려주면서 한 유언의 일부입니다. 다윗은 자신이 가진 신앙의 유산이 솔로몬에게 전승되기를 바랐습니다. "네 아비의 하나님을 알고"라는 말에는 이런 다윗의 마음이 잘 나타나 있습니다. 다윗은 솔로몬이 형통한 삶을 살기 원했으며, 그러기 위해서는 하나님을 온전한 마음과 기쁜 뜻으로 섬겨야 한다는 사실을 누구보다도 잘 알고 있었습니다. 당신의 아이에게 무엇을 물려줄 것인지 생각해 보십시오. 당신이 신앙을 가지고 있다는 사실은 아이에게 주신 하나님의 복입니다. 이 신앙의 유산이 잘 이어질 수 있도록 신앙인으로서 본이 되는 삶을 사십시오.

**기도** 주님, 하나님을 아는 지식을 아이에게 유산으로 물려줄 수 있는 믿음의 사람으로 살겠습니다.

**THU** 나 된 것은 하나님의 은혜로 된 것이니(고전 15:10)

주님께서는 우리에게 "네 이웃을 네 몸과 같이 사랑하라"고 명하셨습니다. 이 말씀에는 우선 "나 자신을 사랑하라"는 내용이 전제되어 있습니다. 그러나 자신을 타인과 비교하고 상대화하면서 우리 자신을 사랑하는 일조차 힘겹게 되어 버렸습니다. 우리 자신을 사랑할 수 있는 방법은 무엇일까요? 생활 속에서 실천할 수 있는 가장 쉬운 방법은 자신에 대해 부정적인 표현을 쓰지 않는 것입니다. "나는 서툴러", "난 못하니까…" 등의 표현을 쓴다면 그 표현대로 되기 쉽습니다. 또 자신을 다른 사람과 비교하지 마십시오. 하나님은 당신 그대로를 기뻐하십니다. 자신을 사랑하는 사람만이 이웃도 사랑할 수 있습니다. 내가 하나님의 놀라운 피조물임을 깨닫고 기뻐하는 것이 먼저입니다.

**기도** 하나님, 저를 있는 그대로 받아들고 사랑하고 주께 감사하겠습니다.

**FRI** 우리가 먹을 것과 입을 것이 있은즉 족한 줄로 알 것이니라(딤전 6:8)

웬만한 아기용품은 같은 품목의 어른용품보다 비싼 경우가 많습니다. 아기에게 무해한 고급 재료를 사용했기 때문이기도 하지만 "내 아이에게는 최고의 것만 주고 싶다"는 엄마들의 심리를 이용한 상술 때문이기도 합니다. 가능하다면 아기를 위한 물건들을 마련할 때 합리적으로 소비하기를 권합니다. 아기용품은 안전하고 편안한 것이면 됩니다. 친구나 친척에게 아기용품을 물려받는 것도 좋은 일이지요. 그리고 아기가 성장하고 나면 또 다른 사람들과 아기의 용품들을 나누십시오. 다른 사람들과 사랑을 나누는 한 방법인 동시에 아기가 살아갈 이 세상을 공해와 오염으로부터 지키는 길이기도 합니다.

**기도** 우리에게 필요한 모든 것을 공급하시는 아버지 감사드립니다. 아기에게 필요한 것도 잘 준비되리라 믿습니다.

**SAT** 그러므로 모든 육체는 풀과 같고 그 모든 영광은 풀의 꽃과 같으니 풀은 마르고 꽃은 떨어지되(벧전 1:24)

조화가 생화보다 아름답지 않은 이유를 아십니까. 그것은 지지 않는 꽃이기 때문입니다. 생명이 없으면 지지도 않습니다. 사람들은 아름답게 피었다가 속절없이 지는 꽃을 보며 애석해하지만, 지지 않는 조화에는 곧 싫증을 내고 맙니다. 모든 생명 있는 것은 질 때가 있습니다. 생명 있음으로 기쁨도 슬픔도 있습니다. 그로 인해 생명이 더욱 귀하고 아름다운 것입니다. 우리는 이미 영원한 생명을 얻었지만, 이 땅에서의 삶 역시 하나님께서 주신 것입니다. 살아 있음을 곧 축복입니다. 그것이 풀의 꽃과 같이 지나갈지라도 하나님이 주신 삶이므로 더없이 아름답고 소중합니다.

**기도** 주님이 주신 이 귀한 삶에 감사하고 매 순간 최선을 다해 살 수 있기를 기도합니다.

**MON** 보라 자식들은 여호와의 기업이요 태의 열매는 그의 상급이로다(시 127:3)

아이를 낳으면 좋은 부모가 되어 주겠다는 다짐을 자주 하게 될 것입니다. 좋은 부모에 대해 생각할 때 무엇보다 염두에 두어야 할 것은 무의식적으로 자신이 자라온 대로 아이를 기를지도 모른다는 사실입니다. 자신의 어린 시절을 돌아보십시오. 좋은 기억이든 나쁜 기억이든 당신이 엄마로서 어떤 준비를 하고 어떻게 행동해야 할지 방향을 정하는 데 도움을 줄 것입니다. 부모가 된다는 것은 하나님이 주신 대단한 축복이자 하나님의 역사에 동역자로 동참하는 것입니다. 그런 기회가 주어진 것에 감사하고 좋은 부모가 되기 위한 마음의 준비를 하십시오.

**기도** 주님, 좋은 부모가 되고 싶습니다. 아이를 주 안에서 양육기를 원합니다. 주께서 함께해 주십시오.

**TUE** 서로 친절하게 하며 불쌍히 여기며 서로 용서하기를 하나님이 그리스도 안에서 너희를 용서하심 같이 하라(엡 4:32)

친절하게 대하고 불쌍히 여기는 것은 할 수 있지만, 용서는 쉽지 않습니다. 아직 마음에 감정이 남아 있는데, 내가 받은 상처와 손해는 너무 큰데, 잘못한 상대는 전혀 반성하지 않는데, 어떻게 용서를 말할 수 있겠습니까. 그러나 용서는 상대가 아니라 나 자신을 위해 하는 것입니다. 우선 그 사람이나 사건과 거리를 두고 바라볼 수 있는 마음의 힘을 기르십시오. 그리고 이미 지나간 일이 내 현재와 미래에 나쁜 영향을 미치게 하는 것이 얼마나 어리석은 일인지 묵상해 보십시오. 단번에 되지 않는다 하여도 용서하시는 하나님의 마음을 느끼게 되는 때가 올 것입니다.

**기도** 주님, 오늘부터 제가 용서를 위한 첫걸음을 내딛을 수 있게 해주세요.

**WED** 그런즉 너희 하나님 여호와께서 너희에게 명령하신 대로 너희는 삼가 행하여 좌로나 우로나 치우치지 말고(신 5:32)

길게 다듬은 나무 여러 쪽을 둥글게 붙여서 만든 물통을 TV나 책을 통해 보신 적이 있을 것입니다. 거기에 물을 담기 위해서는 각각의 나무쪽들 높이가 모두 일정해야 합니다. 모든 나무쪽이 1m 이더라도 한 나무쪽이 30cm이면 그 물통에는 30cm의 물밖에 담을 수 없습니다. 우리의 경건 생활도 이 물통과 흡사한 면이 있습니다. 그런데 우리는 쉽게 "나는 성경을 많이 읽었으니 기도 생활은 좀 소홀히 해도 될 거야"라거나 "나는 사회적으로 훌륭한 일을 많이 하느라고 성경 읽는 시간이 부족해"라고 생각해 버립니다. 그러나 우리의 경건 생활을 이루고 있는 많은 요소 중 어느 것 하나도 중요하지 않은 것은 없습니다. 내가 가진 짧은 나무쪽이 무엇일까 생각해 보십시오.

**기도** 주님, 제가 생활의 노예가 되는 것이 아니라 하나님께서 맡기신 시간을 슬기롭게 계획하고 이끌어나가는 선한 청지기가 되게 하옵소서.

**THU** 이와 같이 혀도 작은 지체로되 큰 것을 자랑하도다 보라 얼마나 작은 불이 얼마나 많은 나무를 태우는가(약 3:5)

말로 인한 실수는 누구나 겪습니다. 실수를 하고 나면 곧 후회하고 다시는 이런 실수를 반복하지 않으리라 다짐하지만, 생각할 겨를을 주지 않고 튀어나오는 혀의 속도를 제어하기란 여간 어려운 것이 아닙니다. 성경은 듣기는 속히 하고 말하기는 더디 하라(약 1:19)고 충고합니다. 말실수를 안 하려면 상대방을 자신의 감정에 따라 대하지 않는 것이 가장 중요합니다. 말로 상대를 제압하려 하거나 대화를 이기고 지는 승부 게임처럼 생각하고 있지는 않은지, 재미있고 재치 있는 말로 주목받고 싶은 욕구가 지나치게 강한 것은 아닌지도 돌아보십시오. 임신중에 하는 말은 아기가 가장 먼저 민감하게 느낀다는 것도 잊지 마십시오.

**기도** 하나님, 조급하고 화가 날수록 한 템포 쉬고 말할 수 있는 훈련을 하겠습니다. 함께해주십시오.

**FRI** 내 속사람으로는 하나님의 법을 즐거워하되…오호라 나는 곤고한 사람이로다 이 사망의 몸에서 누가 나를 건져내랴(롬 7:22-24)

어떤 일을 하는 것이 마땅하지만 하고 싶지 않을 때, 어떤 일을 해선 안 된다는 것을 알지만 하고 싶을 때, 그리고 결국 옳지 않은 쪽으로 뭔가를 저질러 버렸을 때, 우리는 스스로를 책망하고 괴로워합니다. 충분히 알면서도 실행을 하지 않거나 오히려 정반대의 행동을 하는 것은 사도 바울 역시 예외는 아니었던 듯합니다. 중요한 것은 후회와 책망으로 그치느냐 회개하느냐입니다. 회개는 뉘우치고 고치는 것입니다. 바울은 처음부터 죄 짓지 않은 사람이 아니라 철저하게 회개한 사람이었습니다. 후회는 자포자기로 빠질 수 있지만 회개는 성장으로 이어질 것입니다.

**기도** 하나님, 연약하여 실족하더라도 진심으로 회개하고 다시 앞으로 나아갈 수 있도록 도와주십시오.

**SAT** 하나님이 우리에게 주신 것은 두려워하는 마음이 아니요 오직 능력과 사랑과 절제하는 마음이니(딤후 1:7)

가끔은 내가 하고 있는 일이나 처한 위치가 큰 물통 속의 물 한 방울이나 거대한 숲 속의 풀 한 포기 정도로 하찮게 여겨질 때가 있습니다. 그러나 큰 물통을 채우고 있는 그 물도 한 방울씩의 물이 모여서 이루어진 것이고, 거대한 숲도 한 그루의 나무, 한 포기의 풀이 모여 이루어졌다는 사실을 기억하십시오. 다른 사람과 나를 비교하는 것은 성장을 위한 자극이 될 때도 있지만 대개의 경우 일그러진 거울로 얼굴을 비추어보는 것처럼 자아상을 왜곡시킵니다. 하나님이 우리를 보시는 그 눈으로 우리 자신의 일을 바라보십시오. 하나님은 우리를 창조하시고 기뻐하셨습니다.

**기도** 주님, 주께서 제게 맡기신 일을 사랑하게 하시고 최선을 다하게 하옵소서.

# 묵상

# 32주

**MON** 공중의 새를 보라 심지도 않고 거두지도 않고 창고에 모아들이지도 아니하되… 너희는 이것들보다 귀하지 아니하냐(마 6:26)

아주 작고 하찮은 미물이라도 모든 생물은 생명을 연장하기 위한 생존 본능을 갖습니다. 자기 둥지를 지을 줄 모르는 뻐꾸기는 남의 둥지에 알을 낳고, 알에서 깨어난 새끼 뻐꾸기는 눈도 뜨지 못한 상태에서 다른 알들을 등으로 밀어 둥지에서 떨어뜨립니다. 자기 생존의 공간을 마련하기 위해서입니다. 아주 끔찍한 일인 것 같지만 그것은 도덕적인 잣대와는 무관한 생존 본능입니다. 그 본능 뒤에는 생명을 창조하신 하나님이 계십니다. 아기에게 일어날 수 있는 여러 가지 나쁜 가능성 때문에 두려워하지 마십시오. 아기에게는 주께서 주신 생존 본능과 주님의 돌보심이 있습니다.

**기도** 주님, 이제 아기 얼굴을 볼 날이 얼마 남지 않았습니다. 출산을 온전히 하나님의 섭리 안에 맡깁니다. 우리를 지켜주십시오.

**TUE** …그때에는 얼굴과 얼굴을 대하여 볼 것이요 지금은 내가 부분적으로 아나 그때에는 주께서 나를 아신 것 같이…(고전 13:12)

9개월째는 임신기간 중 가장 힘든 시기입니다. 임신 막바지여서 숨이 차고 가슴이 뛰며 소화도 잘 되지 않습니다. 체중 때문에 움직임이 둔해져서 단순한 일상 생활도 힘들어집니다. 이런 때에 모태에서 잘 자라고 있는 아기의 모습을 상상해 보십시오. 그 아기를 보다 건강한 모습으로 만나려면 아기의 기관이 온전히 성장하는 기간이 좀더 필요합니다. 이제 아기를 만날 시간이 얼마 남지 않았습니다. 몸은 무겁지만 마음은 가볍게 갖고 조금만 더 인내하십시오. 주님께서 그 발걸음에 함께하실 것입니다.

**기도** 하나님, 지금 아기는 세상에 나와 기운차게 호흡을 할 준비를 하고 있겠지요. 제가 조금 힘들다 할지라도 인내하며 기쁨으로 기다릴 수 있기를 기도합니다.

**WED** 갓난 아기들 같이 순전하고 신령한 젖을 사모하라 이는 그로 말미암아 너희로 구원에 이르도록 자라게 하려 함이라(벧전 2:2)

사람의 모유에는 다른 동물에 비해 단백질이나 지방이 적습니다. 태어나자마자 걸을 수 있는 다른 동물과 달리, 출생 후 몇 년 간의 기간을 거치며 천천히 성장하는 인간에 맞게 만들어졌기 때문입니다. 그 대신 지혜가 가득 찬 큰 두뇌를 가진 아기에게 꼭 필요한 당분이 다른 동물들의 젖에 비해 많이 들어 있습니다. 그런데 모유를 먹이고 싶어도 나오지 않는 엄마들도 있습니다. 엄마의 식생활 습관이 그 원인이 될 수도 있습니다. 동물성 지방은 유관을 막는 원인을 제공하기도 합니다. 이제 아기에게 모유를 먹일 준비를 해야 하는 시기입니다. 유방을 청결히 하고 식생활에도 주의를 기울이십시오.

**기도** 주님, 저의 유선이 막히지 않도록 도와주세요. 저 또한 말씀의 양분을 지속적으로 받으며 건강한 그리스도인의 삶을 살겠습니다.

**THU** 그러므로 너희 죄를 서로 고백하며 병이 낫기를 위하여 서로 기도하라 의인의 간구는 역사하는 힘이 큼이니라(약 5:16)

예수님은 병자를 고치시고 난 후에 "죄 사함을 받았다"고 하시거나 "네 믿음이 너를 구원했다"고 말씀하셨습니다. 병은 죄의 결과이거나 믿음이 부족해서 생기는 것은 아닙니다. 그런데 죄를 고백하는 것이 치유에 중요한 이유가 있습니다. 충격을 받으면 혈압이 올라가고 마음에 걸리는 일이 있으면 체하는 것처럼, 몸과 마음은 연결되어 있습니다. 마음에 죄의식이 있으면 몸의 이상으로 나타날 수 있습니다. 어떤 경우는 의식으로는 느끼지 못하지만 무의식 깊은 곳에 가라앉아 있는 죄의식이나 불안, 미움이 병으로 나타나기도 합니다. 치유를 위해 기도할 때는 주님 앞에 내 마음 깊은 곳부터 드러내 보십시오.

**기도** 하나님, 병의 치유를 위해서 제 마음속을 들여다볼 수 있게 해주셔서 감사합니다.

**FRI** 아브라함은 시험을 받을 때에 믿음으로 이삭을 드렸으니 그는 약속들을 받은 자로되 그 외아들을 드렸느니라(히 11:17)

잉태 사실을 알았던 순간부터 '자신의 목숨보다 더 우선하여 애지중지하며 기른 자식을 제물로 바치다니!' 피상적으로만 생각했던 아브라함의 고뇌가 이제는 피부로 와 닿을 것입니다. 더구나 아브라함에게 이삭은 하나님의 언약을 성취해야 할 유일한 자식이었습니다. 진실한 믿음이 아니고는 모래알처럼 많은 자손을 주시겠다고 약속하신 그 하나님의 아들을 바치라는 그 명령을 순종할 수 없었을 것입니다. 만일 건강한 임신과 출산을 믿고 기도하는 중인데도 위험한 고비가 생긴다면 아브라함의 믿음을 떠올리십시오. 모든 일이 하나님 안에서 그분의 뜻대로 되리라고 믿었던 아브라함의 믿음을 간구하십시오. 주께서 해결하실 것입니다.

**기도** 오직 주의 사랑 안에서 아기가 태어나고 자라갈 것입니다. 주님의 강건한 팔로 그 생명을 붙들어 주십시오.

**SAT** 다윗에 대한 요나단의 사랑이 그를 다시 맹세하게 하였으니 이는 자기 생명을 사랑함 같이 그를 사랑함이었더라(삼상 20:17)

요나단은 다윗을 자기 생명을 사랑함같이 사랑했습니다. 친구의 우정도 이러할진대 하나님이 맺어주신 부부의 관계는 어떠해야 하겠습니까? '사랑은 짧은 기억을 가지고 있다'는 말이 있습니다. 사랑은 계속 확인시켜 주지 않거나 표현하지 않으면 시들어 간다는 뜻입니다. 그래서 사랑이 계속 탈 수 있도록 기름을 공급해야 하는 것입니다. 사람의 성격과 기질이 제각각 다르듯이, 부부가 사랑을 확인하고 깊어지게 하는 방법도 각기 다를 것입니다. 무엇이 부부 사이에 사랑의 불씨가 꺼지지 않도록 해주는 기름이 될 수 있는지 생각해 보십시오.

**기도** 하나님, 서로 의지하며 보듬어 주어야 할 가족인데 한결같은 맘으로 그렇게 하지 못했음을 고백합니다. 사랑의 불길이 꺼지지 않도록 늘 기름을 준비하게 해주십시오.

**MON** 사랑은 오래 참고 사랑은 온유하며 시기하지 아니하며 사랑은 자랑하지 아니하며…(고전 13:1-7)

서로 사랑하는 사람들의 눈은 마술에 걸려 있습니다. 그래서 그에게 주는 것이라면 그 무엇도 아깝지 않고, 어떤 일도 힘들지 않습니다. 그러나 사랑의 마술은 유효기간이 있습니다. 인간의 사랑은 자기애를 초월하기 어렵기 때문입니다. 부부의 사랑은 연인처럼 불꽃이 튀지는 않아도 은근하고 든든합니다. 부부는 함께 있으므로 위안이 되며 힘이 되는 사람입니다. 낭만성의 잣대로 상대방의 사랑을 측정하려 하지 말고 변함없는 마음을 추구하십시오. 하나님의 사랑은 세월에 의해 퇴색되지 않으며, 시련으로 인해 더욱 강해집니다.

**기도** 하나님, 우리 부부의 사랑의 고리를 세월이 지날수록 단단하게 가꾸어 가겠습니다.

**TUE** 사람이 자기 집을 다스릴 줄 알지 못하면 어찌 하나님의 교회를 돌보리요(딤전 3:5)

간혹 교회일은 중요하지만 가정은 믿음을 시험하는 걸림돌로 여기는 사람들이 있습니다. 하나님은 교회보다 가정을 먼저 창조하셨습니다. 아담과 하와를 지으시고 두 사람을 '가족'으로 있게 하셨습니다. 가정이 교회의 활동을 가로막는 핑계가 되어서도 안 되겠지만, 교회일을 내세워 가정을 소홀히 해서도 안 됩니다. 교회의 주인이 하나님이듯이 가정의 중심 역시 하나님이시기 때문입니다. 하나님나라는 가정에서부터 실현되어야 합니다. 교회에서 각 지체들이 일을 나누어 맡듯이 가정에서도 자신이 져야 할 짐을 상대방에게 떠넘기지 말고 지혜롭게 나누십시오. 그것이 함께 천국을 누리며 복음에 봉사하는 방법입니다.

**기도** 하나님, 저와 남편이 집안에서도, 교회의 지체로서도 함께 일할 수 있도록 도와주십시오.

**WED** 그리스도를 경외함으로 피차 복종하라(엡 5:21)

피차에 복종하는 것은 한 사람의 권위에 일방적으로 복종하는 것과 다릅니다. 부부는 서로 맞물려 돌아가야만 제 역할을 찾고 가치를 얻을 수 있는 두 개의 톱니바퀴와 같습니다. 두 개가 서로 맞물려 돌아가려면, 바퀴의 면은 적당한 요철을 만들어가며 부드럽게 깎여야 합니다. 그러기 위해서는 오래 참음과 피차에 복종함이 필요합니다. 그것만이 서로에게 상처를 내지 않고도 완강하게 닫힌 마음을 누그러뜨리며 부드러운 곡선을 만들기 때문입니다. 서로가 복종에 이르는 과정은 자신을 성숙하게 하고, 상대를 온전하게 만듭니다. 둘이 한 몸을 이루었으니 피차 복종함으로 그리스도 안에서의 조화를 이루십시오.

**기도** 하나님, 남편과 제가 피차에 복종하므로 온전함에 이를 수 있도록 도와주십시오. 남편도 같은 마음을 품어 함께 훈련할 수 있도록 인도해 주십시오.

**THU** …순종이 제사보다 낫고 듣는 것이 숫양의 기름보다 나으니(삼상 15:22)

하나님께서 우리에게 원하시고 명령하시는 것이 우리의 생각과 잘 맞지 않을 때가 있습니다. 노아와 마리아가 그 대표적인 예입니다. 노아는 미치광이 건축자로, 마리아는 정결치 못한 여인으로 손가락질을 받아야 했지만 이들 뒤에는 하나님의 원대한 계획이 실려 있었습니다. 그 결과 노아는 새로운 역사를 시작하는 사람이 되었으며 마리아는 예수님의 어머니가 되었습니다. 자신이 원하지 않은 상황, 어쨌든 피하고만 싶은 결과에 순종해야 할 때는 두렵고 괴롭습니다. 그 일에 순종하는 대신 다른 어떤 것으로 대치하고 싶은 마음이 간절할 것입니다. 그러나 하나님께서는 어떤 향기로운 제사보다 하나님의 말씀에 묵묵히 순종하는 것을 귀하게 여기십니다. 바로 그 순종이 하나님의 계획과 역사를 실현시키는 주춧돌이 될지도 모릅니다.

**기도** 하나님, 힘들어도 중심을 잃지 않고 담대하게 순종하는 삶을 살기 원합니다.

**FRI** 이러므로 그들의 열매로 그들을 알리라(마 7:20)

방 안에 냄새 나는 쓰레기가 있다고 상상해 보십시오. 아마 처음에는 인상을 찌푸리며 코를 쥘 것입니다. 그러나 그 곁에서 한참을 있다 보면 그 냄새에 익숙해져서 아무것도 느낄 수 없게 되어 버립니다. 그렇지만 갑자기 문을 열고 어떤 사람이 방으로 들어왔다면 그 사람은 냄새에 아주 민감한 반응을 보일 것입니다. 우리 삶도 이와 마찬가지입니다. 자신의 삶이 어떤 모습인지 스스로 알아채기가 힘듭니다. 그것에 너무 익숙해져 있기 때문이지요. 그러나 우리를 바라보는 주변 사람들은 우리의 삶을 보고 교회와 하나님을 평가할 것입니다. 당신은 그리스도의 향기 나는 삶을 살고 계십니까?

**기도** 하나님, 우선순위를 하나님께 두고 하나님께 영광 돌리는 삶이기를 원합니다. 나를 통해 그리스도의 향기가 퍼져 나갈 수 있기를 기도합니다.

**SAT** 우리가 먹을 것과 입을 것이 있은즉 족한 줄로 알 것이라(딤전 6:8)

족한 줄 아는 것은 지금 주어진 것에 충분히 감사하게 여기며 만족하는 것입니다. 감사하며 만족하는 사람은 미혹을 받아 믿음에서 떠나 많은 근심으로써 자기를 찌르는(딤전 6:10) 어리석은 길에 들어서지 않습니다. 주변 사람과 자신을 비교하며 열등감이나 박탈감에 시달리지 않습니다. 또한 감사하며 만족하는 것은 마냥 게으르거나, 지금보다 더 나은 생활을 꿈꾸지 않는 것은 아닙니다. 현재에 만족할 수 있는 사람은 즐겁게 다음 단계로 나아갈 수 있고, 어떤 상황에서든 만족의 기쁨을 찾아낼 수 있습니다. 미래에 대한 염려와 걱정으로 헛된 물질의 유혹에 미혹되지 말고 지금 가진 것을 최대한 기쁘게 누리십시오.

**기도** 하나님, 지금 제가 가진 것에 감사합니다. 이 모든 것들을 충분히 누리겠습니다.

**MON** …너희 원수를 사랑하며 너희를 미워하는 자를 선대하며(눅 6:27)

마땅히 사랑해야 할 사람을 사랑하는 것도 힘이 드는데, 나를 해하고 괴롭히며 미워하는 사람을 선하게 대하고 사랑하라는 것은 거의 실행 불가능한 명령처럼 들립니다. 그래서 많은 그리스도인들은 이 말씀을 눈길 한 번 가지 않는 오래된 표어처럼 대합니다. 새로운 피조물로 거듭나는 데는 하나님의 은혜가 필요하지만, 적극적인 사랑을 실천하기 위해서는 자기 정화의 과정이 필요합니다. 하나님의 은혜로 말미암아 원수를 진심으로 사랑할 수 있을 때까지 자신을 정화해 나가야 합니다. 그 후에 비로소 아름다운 일이 벌어지기 시작합니다. 원수를 사랑함으로 진정으로 거듭나는 사람이 되며, 그 사랑이 찬란한 빛을 발해 다른 사람들을 거듭나게 할 수 있기 때문입니다.

**기도** 주님, 저의 거듭남이 구체적인 상황들에서 확인될 수 있도록 도와주십시오.

**TUE** 내가 예수 그리스도의 심장으로 너희 무리를 얼마나 사모하는지…(빌 1:8)

하나님께서는 단 한 순간도 그의 자녀에게로 향한 눈을 떼지 않고 계십니다. 기쁨에 싸여 웃을 때에는 흐뭇한 미소를 띤 얼굴로, 괴로움 가운데 있을 때에는 함께 고통스러워하시며, 하나님께서는 지금 당신이 아기에게 품은 그 사모의 마음으로 사랑하고 계십니다. 그렇다면 당신이 하나님을 사모함은 어떻습니까. 가족이 아닌 다른 사람의 영혼을 예수 그리스도의 심장으로 사모하며, 그들을 위하여 기도한 적이 있습니까. 자식을 향한 내리사랑은 누구나 할 수 있는 사랑입니다. 그러나 우리 믿는 자들의 사랑은 십자가의 빛처럼 위로는 하나님을 향해 흐르고 옆으로는 이웃에게 넓혀져야 합니다. 하나님께서 그 사랑의 증인이 되시며, 바로 그 가운데 하나님의 나라가 임할 것입니다.

**기도** 하나님, 아기를 통해 하나님께 더욱 가까이 가게 하시고 하나님의 마음을 닮게 하십시오.

**WED** 내가 궁핍하므로 말하는 것이 아니니라 어떠한 형편에든지 나는 자족하기를 배웠노니(빌 4:11)

어떠한 형편에서든지 자족하기를 배웠다는 말은 환경이 자신을 지배하도록 놓아둔다는 말이 아니라 외적인 형편이 자신을 지배하지 못한다는 것을 뜻합니다. 마음에 소망을 품고 나아가되 그 과정에 자족하며 감사하는 태도를 말하는 것입니다. 따라서 만일 지금 태아와 자신에게 좋지 않은 상황이고, 그 상태를 빨리 벗어날 수 없는 형편일지라도 낙심하지 마십시오. 엄마의 낙심보다 아기를 더 우울하게 하는 일은 없습니다. 자신이 바라는 아름다운 환경을 마음속에 그리고, 뱃속의 아기와 희망찬 미래에 대한 이야기를 나누십시오. 그 소망이 아기를 밝게 키울 것입니다. 어려움 가운데서도 자족함을 배운 바울은 말합니다. "내게 능력 주시는 자 안에서 내가 모든 것을 할 수 있느니라."

**기도** 하나님, 어려움 중에 처한 저(그)에게 힘을 주십시오. 자족함과 감사와 소망으로 부족함과 불안을 능히 이기게 해 주십시오.

**THU** 주 안에서 항상 기뻐하라 내가 다시 말하노니 기뻐하라(빌 4:4)

성경은 강한 어조의 '명령'형으로 '기뻐하라'고 합니다. 무슨 특별한 사건이 생겼거나 기뻐할 만한 이유가 있어서 기뻐하라는 것이 아닙니다. 하나님이 함께하시는 것 자체가 기쁨인 것입니다. 바울이 이 글을 썼을 때는 기쁨과는 거리가 먼 상황에 처해 있었습니다. 사형되기 직전 감옥에서 쓴 편지였기 때문입니다. 그럼에도 불구하고 바울이 기뻐하라고 말할 수 있었던 것은 그가 영적 전쟁에서 승리를 확신했기 때문이었습니다. 그의 육신은 갇혀 있었지만 그의 믿음과 소망과 기쁨까지 결박할 수는 없었습니다. 세상이 주는 기쁨은 물질이나 상황의 변화나 감정의 동요에 의한 것이지만, 하나님이 주시는 기쁨은 영적 기쁨입니다. 이 기쁨은 사라지지 않는 기쁨이며, 그 누구도 빼앗아갈 수 없습니다.

**기도** 오늘도 평범한 일상에서 주님과 그리고 아기와 함께하는 순간순간의 기쁨을 충분히 누리겠습니다.

**FRI** 그들은 사람의 영광을 하나님의 영광보다 더 사랑하였더라(요 12:43)

우리는 믿음의 연한은 깊어지는데도 불구하고 사람보다 하나님을 더 사랑하는 것이 얼마나 어려운지를 절실히 깨닫곤 합니다. 예수님은 사람의 영광보다 하나님의 영광을 더 사랑하셨습니다. 『최고경영자 예수』를 쓴 존스는 그 이유를 '내면의 닻' 때문이라고 말합니다. 예수님의 내면의 닻은 오직 하나님의 영광에 내려져 있었습니다. 그로 인하여 다른 사람들의 시선을 개의치 않았으며, 오로지 진리의 길을 걸을 수 있었습니다. 다른 사람들이 쉽고 편안하고 화려한 길로 달려갈 때도, 하나님의 영광을 위해 걷는 좁은 길에서 흔들리지 않게 해 주는 것이 바로 내면의 닻입니다. 그것은 사람들이 원하는 곳이 아니라 하나님께서 지시한 곳에 내리는 닻입니다. 예수님의 닻은 언제나 그곳에 내려져 있었습니다. 지금 당신의 내면의 닻은 어디에 내려져 있습니까.

**기도** 하나님, 제 내면의 닻이 하나님을 향해 중심을 지킬 수 있도록 붙들어 주십시오.

**SAT** 비판하지 말라 그리하면 너희가 비판을 받지 않을 것이요…(눅 6:37)

함께 사는 가족은 물론이고 형제인 교우들과 이웃들을 바라보노라면 칭찬할 일보다 비판하고 정죄할 일들이 눈에 들어옵니다. 어떤 때는 그 사람이 처한 상황은 전혀 염두에 두지 않고 단지 내 기준에 맞지 않는 언행을 한 것이 비난의 이유가 되기도 합니다. 우리 주변에 있는 대부분의 사람들은 나 자신과 비슷한 약점을 가진, 그래서 서로 긍휼히 여기고 도와주어야 할 형제들입니다. 더구나 임신부가 남을 비판하거나 정죄할 때, 아기 역시 엄마의 말 한 마디 한 마디에 민감하게 반응할 것입니다. 당신의 에너지를 형제를 포용하고 그와 더불어 창조적인 사역을 도모하는 일에 쓰십시오. 아기도 긍휼히 여기는 마음과 창조력을 갖게 될 것입니다.

**기도** 하나님, 제가 형제들을 비판하고 정죄하기를 멈추고 아기와 함께 하나님의 창조 사역에 동참할 수 있도록 도와주십시오.

# 35주

**MON** …요한의 제자는 자주 금식하며 기도하고 바리새인의 제자들도 또한 그리하되 당신의 제자들은 먹고 마시나이다(눅 5:33)

예수님은 자신의 식욕을 감추거나 제자들에게 금식을 강요하지 않았습니다. 오히려 그분은 탐식가였으며 포도주를 즐기는 사람이었습니다(마 11:19). 예수님께서는 금욕함으로 천국에 이르거나 금식으로 선을 이룬다고 말씀하시지 않았습니다. 그 대신 가난한 자들, 핍박받는 자들과 어울려 즐거움을 나누셨습니다. 함께 먹고 마시면서 즐거움을 누리는 것은 사람 사이의 벽을 허물고 강한 형제애를 갖게 해 줍니다. 다만 욕망은 한계가 없고 극한으로 치닫기 쉬우므로 절제라는 제동 장치가 필요한 것입니다. 주님께서는 우리에게 주어진 시간들을 즐겁게 살기를, 그 즐거움을 이웃들과 함께 나누기를 원하십니다.

**기도** 하나님, 우리집 식탁을 나눔의 자리로 마련할 수 있는 넉넉한 마음을 허락해 주십시오.

**TUE** 또 천국은 마치 좋은 진주를 구하는 장사와 같으니…자기의 소유를 다 팔아 그 진주를 사느니라(마 13:45-46)

진주 하나를 사기 위해 자신이 가진 소유를 다 팔아야 하다니, 천국을 소유하기 위해서는 너무 많은 대가를 지불해야 하는 것 같습니다. 그런데 주의해서 보면, 진주를 구했던 사람은 그냥 평범한 사람이 아니라 보석의 가치를 잘 아는 보석 장사였습니다. 그래서 진주 하나와 모든 소유를 기꺼이 바꿀 수 있었던 것입니다. 진정으로 천국을 소유하기 위해서는, 세상의 다른 야망을 기꺼이 포기할 수 있어야 합니다. 여기에는 망설임과 갈등이 없을 수 없습니다. 그러나 천국을 위해 이 세상의 보화를 포기하는 것은 결코 모든 것을 잃는 것이 아닙니다. 이것들은 모두 예수 그리스도께 속해 있기 때문입니다.

**기도** 하나님, 제가 천국보다 세상을 더 사랑하지 않도록 붙들어 주십시오.

**WED** 경우에 합당한 말은 아로새긴 은 쟁반에 금 사과니라(잠 25:11)

말의 위력은 아무리 강조해도 지나치지 않습니다. 같은 말이라도 어떤 때에 쓰이느냐에 따라 사람을 살리기도 하고 죽이기도 합니다. 상대에 대한 배려 없이 무심결에 혹은 분노에 차서 나오는 말은 다른 사람의 마음에 상처를 주기 쉽습니다. 반대로 어려움에 빠진 사람에게 주는 위로와 격려가 발휘하는 힘은, 평생 잊지 못할 감동으로 새겨지고, 차디찬 마음의 응어리를 녹여 줍니다. 다윗은 말의 위력을 잘 아는 사람이었습니다. 그래서 자기 입술에 파수꾼을 세워 달라고 기도했습니다(시 141:3). 이제 엄마가 되는 당신의 입술에 파수꾼을 세우십시오. 태내에서부터 좋은 말, 긍정적인 말, 아름다운 말을 듣고 자란 아이는 태어나서도 자기가 들은 그대로 말할 것입니다.

**기도** 하나님, 말을 선하고 지혜로운 도구로 사용할 수 있도록 제 입술을 지켜 주십시오.

**THU** 예수께서 이르시되 하나님의 나라가 무엇과 같을까 내가 무엇으로 비교할까…겨자씨 한 알 같으니 자라 나무가 되어 공중의 새들이 그 가지에 깃들였느니라(눅 13:18-19)

경쟁은 선하게 사용되면 성장의 밑거름이 되지만 많은 경우에는 자신의 내면을 멍들게 합니다. 우리는 아직 새들이 깃들 만한 아름드리 나무가 아니라 주님 안에 뿌리를 내린 작은 씨앗입니다. 사람은 그 삶이 온전히 완성되기 전까지는 진정한 자신이라고 할 수 없습니다. 이 완성은 겨자씨처럼 작은 우리 자신이 예수 그리스도 안에서 그의 장성한 분량까지 커나가는 것입니다. 마치 작은 세포로 시작된 아기가 온전하게 자라 성인으로 성장하는 것처럼 말입니다. 자신의 성장이 함께 뿌려진 다른 씨앗들에 비해 늦는 것처럼 보인다 할지라도, 아직 완성되지 않은 존재로서의 여유를 가지십시오.

**기도** 하나님, 천천히 자라더라도 그 과정마다 기쁨을 누릴 수 있게 해주십시오.

**FRI** …너희가 나 있을 때뿐 아니라 더욱 지금 나 없을 때에도 항상 복종하여 두렵고 떨림으로 너희 구원을 이루라(빌 2:12)

천국에 이르는 길은 한 번도 고친 적이 없는 길입니다. 그 길은 자기를 쳐서 복종하기를 요구합니다. 이는 욕망의 노예가 되어 어리석은 일에 휘둘리지 않도록 하라는 말입니다. 오직 자기 믿음으로만 천국의 문을 열 수 있습니다. 천국은 집단이 아니라 개별적으로 들어가는 곳이기 때문입니다. 예수님은 말씀하셨습니다. "네 믿음이 너를 구원하였다"(마 9:22). 여기에는 예외가 있을 수 없습니다. 부부도, 부모도, 다른 혈육들도 믿음을 대신해 줄 수는 없는 것입니다. 믿는 회중 가운데 있다는 것으로 안심하지 마십시오. 항상 주께 복종하며 두렵고 떨림으로 자기 구원을 이루십시오.

**기도** 하나님, 제가 주 안에서 복종함으로 매일 새로워지게 하옵소서.

**SAT** …주여 주여 우리가 죽겠나이다 한대 예수께서 잠을 깨사 바람과 물결을 꾸짖으시니 이에 그쳐 잔잔하여지더라(눅 8:24)

살다 보면 하나님이 아무런 힘도 발휘하지 못하는 것 같다고 느껴지는 순간이 있습니다. 그러나 바로 이런 폭풍우의 시기야말로 믿음이 필요합니다. 믿음만이 두려움과 시련을 대적할 수 있는 병기이기 때문입니다. 이 믿음은 교리에 동의하는 지적인 믿음이 아닙니다. 그것은 엄청난 공포와 갈등의 한복판에서 예수님께 모든 것을 맡기는 결단입니다. 예수님이 나에게 등을 돌리고 태평스럽게 주무시고 있는 것처럼 보이는 그 순간에, 주께서 그 위험과 고난 가운데 나와 함께 계심을 믿는 것, 그리고 그분께 모든 것을 의탁하는 것이 믿음입니다.

**기도** 하나님, 저의 믿음이 잠깐의 고난과 두려움으로 인해 흔들리지 않도록 붙들어 주십시오.

# 묵상

**MON** 서로 친절하게 하며 불쌍히 여기며 서로 용서하기를 하나님이 그리스도 안에서 너희를 용서하심과 같이 하라(엡 4:32)

우리는 이렇게 생각하곤 합니다. '네가 잘못을 알고 용서를 빌기만 하면 다 용서하지.' 그러나 이런 마음은 용서를 상호 교환하는 것으로 만듭니다. 상대방이 어떤 형식으로든 미안함을 표시해야만 용서할 수 있다고 말하는 것입니다. 그러면서도 속으로는 이렇게 생각합니다. '마음 넓은 나는 언제나 용서할 준비가 되어 있다.' 그러나 이렇게 생각하는 사람은 정작 용서할 줄 모르는 사람입니다. 용서란 "사랑할 줄 모르는 사람에게 베푸는 사랑"이라는 것을 깊이 생각해 보십시오. 아버지가 탕자를 끌어안은 것처럼 말입니다.

**기도** 자기 잘못을 깨닫지 못하는 사람을 용서하려면 주님의 사랑이 필요합니다. 저를 도와주세요.

**TUE** 내가 거기 있지 아니한 것을 너희를 위하여 기뻐하노니…(요 11:15)

예수님은 마리아의 오빠인 나사로가 죽을지도 모른다는 절대 절명의 전갈을 받고도 이틀이나 더 계시던 자리에 머무셨습니다. 누구도 그런 예수님을 이해할 수 없었습니다. 그러나 사흘이나 지난 그때가 바로 하나님의 때였습니다. 하나님의 때는 인간의 때와 다릅니다. 하나님의 시간은 인간이 계획한 시간에 따라 움직이지 않습니다. 하나님의 계획과 인간의 계획이 다르기 때문입니다. 하나님께서 중요하게 생각하셨던 것은 병든 나사로를 치료하는 것이 아니라 죽은 나사로를 살리는 것이었습니다. 어려운 일일수록 조급해 하지 말고 하나님의 시간에 자신의 시간을 맞추십시오. 하나님이 정한 시간에 주시는 축복이 더 큽니다.

**기도** 무엇이든 제가 정한 때에 이루려는 조급함을 내려놓습니다. 주님의 뜻을 이루십시오.

**WED** 네가 보거니와 믿음이 그의 행함과 함께 일하고 행함으로 믿음이 온전하게 되었느니라(약 2:22)

우리는 '믿음을 갖는다'라고 말하지만, 사실 크리스천에게 있어서 믿음은 갖는 것이 아니라 삶으로 사는 것입니다. 정말 믿음이 있는 사람이라면 믿음대로 살아야 합니다. 믿음은 단지 '믿는다'는 막연한 의식이 아니라 행동으로 드러나고 실현되는 것이기 때문입니다. 상반되는 두 갈래 길 중 하나를 선택해야 할 때, 그 선택의 기준이 되는 것이 믿음입니다. 더 힘들고 거친 길을 걸어야 하는 줄 알면서도, 그 길을 선택하게 하는 것이 바로 믿음입니다. 믿음을 내 삶에 아무런 영향력도 미치지 못하고, 입술로 고백하는 미사여구로 만들지 마십시오. 행함이 없는 믿음은 죽은 것입니다.

**기도** 하나님, 잘못된 길로 이끄는 유혹이 강할수록 담대하게 옳은 길을 선택할 수 있는 믿음을 주십시오.

**THU** 볼지어다 내가 문 밖에 서서 두드리노니 누구든지 내 음성을 듣고 문을 열면 내가 그에게로 들어가 그와 더불어 먹고 그는 나와 더불어 먹으리라(계 3:20)

어느 사업가는 은행을 "맑은 날에는 우산을 권하고 흐린 날에는 우산을 빼앗는 곳"이라고 표현했습니다. 사업이 잘 될 때는 좋은 조건으로 대출을 해가라고 권하고, 막상 회사가 어려울 때는 대출해 주었던 돈마저 갚으라고 다그치기 때문입니다. 그런데 당신은 혹시 예수님의 이름을 우산처럼 사용하고 있지는 않습니까. 맑은 날은 현관 한 구석에 세워두고 눈길 한 번 주지 않다가 비가 올 때 얼른 꺼내 쓰는 우산처럼 말입니다. 그러나 예수님은 은행도 우산도 아닙니다. 맑은 날도 흐린 날도 우리를 향한 그분의 사랑은 변함없으십니다. 임산부가 늘 아기와 함께이듯 말입니다.

**기도** 주님, 제가 늘 아기와 동행하듯 주님과 동행하기 원합니다.

**FRI** 보라 형제가 연합하여 동거함이 어찌 그리 선하고 아름다운고(시 133:1)

기독교 윤리학 교수인 찰스 셀 박사는, 결혼은 두 마리의 고슴도치가 추운 밤에 함께 몸을 맞대고 있는 것과 같다고 말합니다. 서로 닿는 부분이 넓을수록 따뜻하지만, 날카로운 가시 때문에 가까이 가면 갈수록 서로를 찌르게 됩니다. 따라서 충돌을 피할 수 없습니다. 이 문제를 해결하려면 서로에 대한 이해가 필요합니다. 그는 이상한 사람이 아니라 나와 다른 사람일 뿐이며, 그 때문에 하나님께서 나에게 인도하신 것일 수도 있습니다. 이렇게 서로 다른 점을 차이로 받아들이는 법을 훈련하는 것은 중요합니다. 이러한 문제 해결 방법은 남편뿐 아니라 주변 사람들과 태어날 아기에게도 적용해야 하기 때문입니다.

**기도** 저희 두 사람을 부부로 만나게 하신 주님, 저희를 통해 이루시려는 뜻을 이루시옵소서.

**SAT** 예수께서 대답하여 이르시되 진실로 진실로 네게 이르노니 사람이 거듭나지 아니하면 하나님의 나라를 볼 수 없느니라(요 3:3)

진정 거듭난 사람이라면 "…처럼 보인다"와 "…이다"의 차이를 알아야 합니다. 그것은 마치 임신한 것과 임신한 것처럼 보이는 것의 차이처럼 극명한 것입니다. 바리새인들은 일반인들이 볼 때 지극히 성결한 사람들이었습니다. 그러나 예수님께서 보시기에 그들은 '…처럼 보인다'에 속한 사람들의 전형이었습니다. 주일마다 교회에 나가 예배 드리고, 헌금하고, 기도한다 할지라도, 예수 그리스도를 자기 삶의 주인으로 섬기지 않으면 외식하는 자에 불과합니다. 자신의 영혼을 사랑한다면 하나님 앞에서 진정 거듭난 자로 살아야 합니다.

**기도** 하나님, 아기와 함께 거듭나는 동안 바리새인들을 통해 주시는 경고를 잊지 않게 해 주세요.

# 37주

**MON** 너는 마음을 다하고 뜻을 다하고 힘을 다하여 네 하나님 여호와를 사랑하라(신 6:5)

사람들은 눈에 보이는 결과를 중시합니다. 그 일을 위해 어떤 과정을 겪어야 했는지, 그것을 이루느라 어느 정도의 노력을 기울였는지는 별로 상관하지 않습니다. 그저 무엇을 얼마나 이루었는가가 중요할 뿐입니다. 하나님은 그렇지 않습니다. 사람마다 다른 능력과 기질을 주신 그분은 결과가 아니라 그 사람의 중심을 보시기 때문입니다. 우리가 달려갈 길을 다 경주한 후에 하나님께서는 이렇게 물으실 것입니다. "그때 네가 최선을 다했느냐?" 하나님께서는 누구에게나 최선을 다할 힘을 주셨습니다. 최선을 다하는 데에는 변명이나 원망이 필요치 않습니다. 마음을 다하고 성품을 다하고 힘을 다하십시오. 그다음은 주께서 맡아 주실 것입니다.

**기도** 하나님, 무슨 일에든 보이는 결과에 집착하지 않고 최선을 다할 수 있도록 인도해 주십시오.

**TUE** 오직 우리 주 곧 구주 예수 그리스도의 은혜와 그를 아는 지식에서 자라 가라 영광이 이제와 영원한 날까지 그에게 있을지어다(벧후 3:18)

현대인들의 배움에는 끝이 없습니다. 하룻밤 사이에 새로운 지식들이 쏟아져 나오고 각종 매체들을 통해 배포되고 있습니다. 현대는 가히 속도전의 시대입니다. 그러나 이 속도를 따라잡으려 정신없이 뛰는 것은 정확히 갈 바를 알지 못하고 무조건 뛰는 것과 같습니다. 이 거대한 속도에 휘말리지 않으려면 중심이 필요합니다. 지식을 얻는 목적과 목표를 분명히 하십시오. 세상 지식은 우리 삶의 도구로 존재하는 것일 뿐, 정말 중요한 것은 그리스도의 은혜를 아는 지식에서 자라가는 것입니다. 그리스도인의 삶을 중심에 두고 능히 알아야 할 것과 그렇지 않은 것들을 분별하십시오. 그것이 지식을 얻는 출발이 되어야 합니다.

**기도** 주님, 제가 세상의 지식들을 습득하듯 하나님을 아는 일에도 게으르지 않겠습니다.

**WED** 주라 그리하면 너희에게 줄 것이니 곧 후히 되어 누르고 흔들어 넘치도록 하여 너희에게 안겨 주리라 너희가 헤아리는 그 헤아림으로 너희도 헤아림을 도로 받을 것이니라(눅 6:38)

누군가에게 뭔가를 주는 일은 가진 자, 부자만이 할 수 있는 일이라고 생각하기 쉽습니다. 그러나 예수님께서는 우리에게 '있으므로 주라'고 말씀하지 않으십니다. 그저 '주라'고 하십니다. 그러면 흔들어서 넘칠 정도가 되어 되돌아올 것이라고 하십니다. 주는 것은 꼭 물질적인 것만을 가리키지 않습니다. 이해와 사랑도 주어야 할 것들입니다. 나중에, 내가 풍요롭고 평안할 때 주겠다고 생각하지 마십시오. 가끔 삶이 힘겹고 메마르다고 생각될 때 다른 사람에게 따뜻함과 위로를 베푸십시오. 당신이 베푸는 사랑과 위로가 곧 후히 되어 누르고 흔들어 넘치도록 되어 돌아올 것입니다.

**기도** 지금 저의 위로와 이해가 필요한 사람이 누군지 알게 해 주십시오. 그를 돕겠습니다.

**THU** 그리스도 예수 안에 있는 속량으로 말미암아 하나님의 은혜로 값 없이 의롭다 하심을 얻은 자 되었느니라(롬 3:24)

목사이자 유명한 저술가인 고든 맥도날드는 말합니다. "웬만한 일에는 세상도 교회 못지않거나 교회보다 낫다. 집을 지어 주고 가난한 자를 먹여 주고 아픈 사람을 고쳐 주는 일은 굳이 교인이 아니어도 할 수 있다. 그러나 세상이 못하는 일이 하나 있다. 세상은 은혜를 베풀 수 없다." 은혜를 베푼다는 것은 값없이, 원인과 결과를 초월하여 무조건 베푸는 것을 의미합니다. 은혜는 논리적으로 설명되는 것이 아니라 그저 전달되는 것입니다. 누군가에게 이유를 따지지 말고, 옳고 그름의 논리를 떠나서, 자신을 드러내지 말고 진정한 은혜를 베푸십시오. 그 일은 하나님의 은혜로 값없이 의롭다 함을 얻은 당신만이 할 수 있는 일입니다.

**기도** 주님, 값없이 받은 하나님의 은혜를 저도 값없이 베풀 수 있는 믿음과 사랑을 주십시오.

**FRI** 아무에게도 악을 악으로 갚지 말고 모든 사람 앞에서 선한 일을 도모하라(롬 12:17)

크리스천으로서 선한 삶을 사는 것은 '벌을 받지 않거나 실속을 챙기기 위한 것'이 아닙니다. 만일 선한 삶을 지향하는 마음 어딘가에 그런 생각이 숨어 있다면, 그것은 우리를 향하신 하나님의 마음을 모른다는 증거입니다. 그런 마음은 하나님과 우리를 무자비한 주인과 비굴한 노예 관계로 만들어 버리기 때문입니다. 하나님께서 원하시는 것은 진실하고 친밀한 관계입니다. 사랑하는 사람에게 뭔가 해주는 것이 점수를 따기 위해서가 아니라 사랑을 표현하기 위해서이듯, 선한 삶을 사는 가장 큰 이유는 우리 자신이 선한 삶을 원하기 때문이어야 합니다. 크리스천이라면 그것이 사랑하는 분을 기쁘게 하는 일인 줄 알기 때문입니다.

**기도** 이제부터 어떤 일을 행하든 주인의 눈치를 보는 노예의 마음으로 하지 않기 원합니다.

**SAT** 우리가 무엇이든지 구하는 바를 들으시는 줄을 안즉 우리가 그에게 구한 그것을 얻은 줄을 또한 아느니라(요한1 5:15)

아침에 비가 오기를 기도했다면 그날 집에서 나갈 때 우산을 들고 나가야 한다는 말이 있습니다. 어떤 것을 구할 때는 받았다는 믿음을 가져야 한다는 말입니다. 기도는 하지만 이루어지기 어렵다고 생각하고 있다면 내 머리로 계산하고 있는 것입니다. 믿음은 계산을 뛰어넘어야 합니다. 내 욕심에 이끌려 헛된 것을 구하거나 잘못된 것을 바라면서 이루어질 것을 믿는다면, 그것은 믿음이 아니라 집착일 것입니다. 집착은 잠시는 얻은 것처럼 보일 수도 있지만 시간이 지나면서 그 결과가 좋을 수는 없습니다. 기도로 구하기 전에 먼저 구하는 마음을 점검해 보십시오. 그리고 나서 구했다면 이미 받은 것처럼 여기십시오. 그때부터 변화가 시작될 것입니다.

**기도** 주님, 구한 것은 이미 받은 것처럼 느끼고 하루하루를 감사하고 기쁘게 살겠습니다.

**MON** 너희 중에 누구든지 으뜸이 되고자 하는 자는 너희의 종이 되어야 하리라(마 20:27)

자식이 권위 있고 인정받는 사람이 되기 원하는 것은 나무랄 수 없는 부모 마음입니다. 그러나 하나님을 섬기는 어머니의 소원은 달라야 합니다. 섬김을 받는 자리보다 섬기는 자리가 더 귀한 것을 알기 때문입니다. 하나님의 사랑하기보다 하나님이 되는 것이 더 쉽고, 형제를 사랑하는 것보다 형제를 조종하는 것이 더 쉽습니다. 힘이 있는 자의 자리에 앉기보다 섬기는 자의 자리에 서기가 더 어렵기 때문입니다. 예수님께서는 '으뜸이 되고자 하면 오히려 종이 되라'고 말씀하십니다. 진정한 승자의 자리가 어디인지 잘 알고 계시기 때문입니다. 아이에게 주님의 축복을 가르치십시오. 그 축복은 세속적인 성공에 있지 않습니다.

**기도** 하나님, 제가 이기적인 엄마가 되지 않도록 늘 말씀으로 깨우쳐 주세요.

**TUE** 이 날은 여호와께서 정하신 것이라 이 날에 우리가 즐거워하고 기뻐하리로다(시 118:24)

사람의 취향에 따라 좋아하는 날씨가 있습니다. 어떤 사람은 비 내리는 날을 싫어하지만 어떤 사람은 빗소리와 촉촉한 분위기를 좋아하기도 합니다. 우리 인생은 늘 햇빛이 쨍쨍한 맑은 날만 계속될 수도, 하염없이 비 내리는 날만 이어지지도 않습니다. 날씨는 계절을 따라 변화하고 하나님은 우리 몸과 마음을 날씨의 변화에 적응하고 단련되게 지으셨습니다. 흐린 날은 흐린 대로, 맑은 날은 맑은 대로, 비가 오면 비가 오는 대로 그 날들은 우리에게 필요한 날입니다. 때를 따라 쨍쨍한 햇살과 비가 필요한 들녘의 생물들처럼 우리도 변화의 날들이 필요합니다. 하나님께서 주신 모든 날들을 즐기십시오. 그것이 행복한 삶을 사는 방법입니다.

**기도** 하나님, 제 삶이 햇빛과 비와 바람을 이겨내고 단단하고 아름답게 빚어지기 원합니다.

**WED** 우리 가운데서 역사하시는 능력대로 우리가 구하거나 생각하는 모든 것에 더 넘치도록 능히 하실 이에게(엡 3:20)

점점 몸이 무거워져 움직이기가 힘들어지면 이제까지 해 오던 일들도 온전하게 감당하기 어렵습니다. 출산 후에도 한동안은 아기 돌보기에 매달리느라 행동 반경도 좁아지고 만나는 사람들도 제한됩니다. 그런 시간이 길어지면 자신의 세계가 한없이 좁고 초라하게 느껴지고 매사에 자신감을 잃기 쉽습니다. 그런 때일수록 자신의 겉모습만 바라보지 말고 내 안의 하나님과 내 앞에 펼쳐진 세상을 바라보십시오. '우리의 온갖 구하는 것이나 생각하는 것에 더 넘치도록 능히 하실 이'가 당신과 함께 있습니다. 아기는 점점 자라고, 임신과 양육을 통해 당신이 얻은 소중한 경험과 인내심은 새로운 세계를 열어갈 밑걸음이 될 것입니다.

**기도** 주께서 주신 능력을 스스로 제한하고 낮추는 잘못을 저지르지 않도록 일깨워 주세요.

**THU** 육신의 생각은 하나님과 원수가 되나니 이는 하나님의 법에 굴복하지 아니할 뿐 아니라 할 수도 없음이라(롬 8:7)

출산일이 하루하루 다가오고 있습니다. 몸에 작은 변화가 감지될 때마다 깜짝깜짝 놀라기도 할 것입니다. 불행한 출산의 예들이 문득문득 떠오를 수도 있습니다. 그러나 담대하십시오. 무책임한 운명론, 비관주의, 통계 등등에 동요되지 마십시오. 대부분의 아이들은 순조롭게 태어나고, 약간의 문제가 생기더라도 충분히 해결할 수 있을 만큼 의술은 발달해 있습니다. 걱정과 불안이 해결할 수 있는 일은 아무것도 없습니다. 생명은 하나님께 있으며 그분이 당신을 인도하실 것입니다. 아기가 세상에 나오려고 엄마 몸을 두드릴 때 기쁨으로 맞으십시오.

**기도** 우리를 지켜주신 하나님, 침착하게 아기와의 만남을 준비할 수 있도록 함께해 주십시오.

**FRI** 여호와는 너를 지키시는 이시라 여호와께서 네 오른쪽에서 네 그늘이 되시나니(시 121:5)

어떤 중요한 일을 결정할 때에 연륜이 있는 분에게 조언을 구하고 상의하는 것은 좋은 일입니다. 그러나 자신의 판단은 전혀 없이 오직 다른 사람들이 판단해 주는 대로 움직이지는 마십시오. 언제나 최종 결정은 스스로 내리고 스스로 책임져야 합니다. 무언가를 결정하고 그에 대해 책임을 지는 일은 두렵습니다. 그러나 그렇다고 자신이 한 일에 대한 책임을 다른 누군가에게 떠넘겨서는 안 됩니다. 책임을 피한다고 해서 결과가 달라지지 않습니다. 책임 회피는 그다음 일을 결정할 때 피해의식을 가중시키고, 성숙한 인격체로 성장하는 것을 방해합니다. 결정할 때 신중하십시오. 그리고 그 결과에 대해 책임지는 훈련을 하십시오. 하나님께서 당신 우편에서 지키실 것입니다.

**기도** 하나님, 제가 어떤 일을 결정할 때 지혜와 그 결과를 책임질 수 있는 용기를 주십시오.

**SAT** 너희 안에서 행하시는 이는 하나님이시니 자기의 기쁘신 뜻을 위하여 너희에게 소원을 두고 행하게 하시나니(빌 2:13)

우리가 소원을 두고 행하는 일이 모두 그대로 이루어진다고 말할 수는 없습니다. 하지만 마음에 소원을 두고 기도하는 것은 중요합니다. 마음에 소원을 둔다는 것은 그저 마음속에 담아 두고만 있다는 뜻이 아닙니다. 진정 이루어야 할 소원이 있는 사람은 그것을 실현하기 위해 자신의 삶을 맞추어 나아갑니다. 그래서 소원을 따라 행하는 동안 기쁨으로 살 수 있습니다. 설령 그것이 온전히 이루어지지는 않았다 할지라도 후회하지 않습니다. 그 시간들 동안 행한 것들이 결코 헛되이 버려질 것이 아니기 때문입니다. 그것은 또 다른 소망의 바탕이 될 것이며 훗날 그것으로 인해 더욱 큰 것을 얻게 될지도 모릅니다.

**기도** 하나님, 제 마음 가운데 주님의 기쁘신 뜻을 위하여 주신 소망을 갖게 해 주십시오.

## 39주

**MON** …거룩하신 이이신 여호와께서 이르시되 나는 네게 유익하도록 가르치고 너를 마땅히 행할 길로 인도하는 네 하나님 여호와라(사 48:17)

과학은 눈부시게 발전하고 있지만 여전히 불완전합니다. 과학을 발전시키고 선하게 사용하는 사람의 능력은 놀라울 정도지만, 우리가 이미 알고 있는 것처럼 완벽하지는 않습니다. 그러나 우리에겐 흠 없고 완전하신 하나님의 임재하심이 있습니다. 그 사실 하나로 해산 준비는 충분합니다. 어떠한 상황이든 대처할 수 있는 첨단 의료 기기들이 있음을 감사하게 여기고, 담당 의사를 충분히 신뢰하십시오. 하나님의 계획이 그들을 통해 시행될 것입니다. 하나님께서는 각 사람에게 맞는 방법으로 출산의 과정을 은혜롭게 인도하실 것입니다.

**기도** 하나님, 건강한 아기를 품에 안는 그 순간까지 담대하도록 저에게 힘을 주십시오.

**TUE** 이르시되 어떤 사람이 큰 잔치를 베풀고 많은 사람을 청하였더니(눅 14:16)

하나님께서 베푸신 자리에 언제나 기쁨으로 참여하는 사람은 복된 사람입니다. 그런 사람은 아무리 작은 것이라도 행복의 느낌이 찾아오면 곧바로 깃들 자리를 마련해 줍니다. 행복은 그러쥐고 아끼는 것이 아니라 삶의 순간순간 풍성하게 느끼는 것입니다. 생명을 잉태한 지금 이 순간의 행복을 두 팔로 껴안고 충분히 만끽하도록 하십시오. 이 시간은 하나님께서 아주 신비하고 특별한 만남의 잔치 자리로 준비하신 것입니다. 잉태의 기쁨과 은총을 온몸으로 체험할 수 있는 귀한 시간들을 헛되이 흘려 보내지 마십시오. 천국이 초청에 응한 사람에게만 열리듯 행복은 느끼는 사람에게만 머뭅니다.

**기도** 하나님, 아기로 인하여 은혜와 행복을 느끼게 해 주셔서 감사합니다.

**WED** 나에게 이르시기를 내 은혜가 네게 족하도다 이는 내 능력이 약한 데서 온전하여짐이라 하신지라 그러므로 도리어 크게 기뻐함으로 나의 여러 약한 것들에 대하여 자랑하리니 이는 그리스도의 능력이 내게 머물게 하려 함이라(고후 12:9)

자신이 너무도 무기력하게 느껴져서 아무 쓸모없는 무용한 사람처럼 생각될 때가 있습니다. 바로 이런 때에 하라고 하나님께서 주신 일이 있습니다. 바로 기도입니다. 기도는 무력한 자들을 위한 것입니다. 무력함은 장애물이 아니라 자극제입니다. 무력함이야말로 예수님께서 나의 마음문을 두드리시는 것이며, 나의 고통을 제거하기를 바라신다는 작은 신호입니다. 또한 그것은 내 안에 있는 들뜬 생각과 흐트러진 마음을 가라앉히고 자신을 되돌아보게 하는 목소리입니다. 자신이 무기력하게 느껴질 때 가장 겸손한 자세로 기도하십시오. 자신의 약함을 인정한 그 순간에 강한 주님의 능력이 당신을 온전하게 할 것입니다.

**기도** 주님, 나약한 저를 긍휼히 여기시고 주의 능력으로 온전케 하여 주십시오.

**THU** 내가 모태에서부터 주를 의지하였으며 나의 어머니의 배에서부터 주께서 나를 택하셨사오니 나는 항상 주를 찬송하리이다(시편 71:6)

아기는 지금 세상에 나올 준비를 하고 있습니다. 엄마의 좁은 산도를 홀로 온몸을 부딪히며 통과하는 것은 아기가 겪는 최초의 여행이 될 것입니다. 하지만 걱정하지 마십시오. 스스로의 힘과 엄마 몸의 운동력과 그 모든 것을 지배하시는 하나님의 손길에 의해 아기는 기쁘게 세상을 보게 될 것입니다. 아기에게 말해 주십시오. 태반을 빠져나와 엄마 가슴에 안기기까지의 모든 과정들에 하나님께서 함께하실 것이라고 말입니다. "내가 모태에서부터 주를 의지하였으며 내 어머니의 배에서부터 주께서 나를 택하셨사오니"(시 71:6) 시편의 이 노래는 곧 태어날 아기의 고백이 될 것입니다.

**기도** 아기가 태어나는 그 감격의 순간을 남편과 함께 누릴 수 있도록 저와 아기, 그리고 남편의 시간을 지켜 주세요.

**FRI** 여자가 해산하게 되면 그 때가 이르렀으므로 근심하나 아기를 낳으면 세상에 사람 난 기쁨으로 말미암아 그 고통을 다시 기억하지 아니하느니라(요 16:21)

믿음이 있는 사람들의 삶은 그렇지 못한 사람들의 삶과 달라야 합니다. 늘 소망 가운데 거하며, 무슨 일을 만나도 담대하게 나아가야 합니다. 하지만 믿음이 있다고 평안이 순식간에 이루어지지는 않습니다. 거칠고 경사진 길을 만나면 자연히 부정적인 감정들이 솟고 소망을 잊기 쉽습니다. 바로 이런 때, 앞에 놓여진 길과 그로 인해 일어나는 감정을 해산의 고통으로 여기십시오. 분명하게 일어날 일을 애써 무시한다고 해서 그 일이 중단되지는 않습니다. 오히려 생명을 얻기 위해 당연히 치러야 할 과정으로 받아들인다면 담대하게 부정적인 감정들을 극복할 수 있습니다.

**기도** 주님, 해산을 위해 겪어야 할 일들을 담대하게 받아들일 수 있도록 함께해 주세요.

**SAT** 내가 여호와의 명령을 전하노라 여호와께서 내게 이르시되 너는 내 아들이라 오늘 내가 너를 낳았도다(시 2:7)

우리는 예수님의 이름으로 거듭난 사람들입니다. 그것은 하나님께서 우리를 단번에 죄로부터 구원하셨다는 것입니다. 우리는 우리 속사람까지도 완전히 변화되어 새 삶을 살기 원하지만 그것이 단번에 이루어지지는 않습니다. 그래서 아직 과거에 머물러 있는 사람들에게 바울은 "누구든지 그리스도 안에 있으면 새로운 피조물이라 이전 것은 지나갔으니 보라 새 것이 되었도다"라고 말하며, 우리가 새로운 사람으로 거듭났음을 상기시킵니다. 그런데 오늘 말씀은 아예 하나님께서 "오늘 내가 너를 낳았다"고 선언하십니다. 이전의 나는 이미 존재하지 않습니다. 과거에 매달리지 마십시오. 오늘 당신은 새로 태어났습니다.

**기도** 하나님, 저를 아기와 함께 새로 태어나게 해 주셔서 감사합니다. 이제 뒤에 것을 돌아보지 않고 주님과 함께 앞으로 나아가겠습니다.

태교, 주님과 함께하는 280일

# 크리스천을 위한 임신 태교


초판 발행 2000년 9월 27일
개정 5판 1쇄 발행 2021년 10월 15일

**펴낸이** 박종태
**엮은이** 출판기획집단 물맷돌
**마케팅** 강한덕, 박상진, 박다혜
**관리** 정문구, 정광석, 김경진, 박현석, 김신근, 강지선
**경영지원** 이나리, 김태영
**인쇄 및 제본** 예림인쇄, 예림바인딩

**출판기획집단 물맷돌**
**기획** 임형욱 | **편집** 김경실, 김지연, 정민숙 | **디자인** 조현자, 서경화 | **일러스트** 신은정 | **표지 디자인** 조현자
**제작 협찬·사진** 황문성 | **요리** 신미숙 | **소품** 홍선미 | **사진 제공** 차병원, 은혜산부인과, 정경숙산부인과, 베이비세일
**감수** 문영기 박사(차병원 명예원장), 고경심 박사(단국대병원 산부인과), 박미현 박사(식품영양학 박사), 오은정 원장(오은정한의원)

**펴낸곳** 몽당연필
**등록** 2004년 4월 29일 제2004-42호
**주소** 경기도 고양시 일산서구 송산로 499-10(덕이동)
**전화** 031-907-0696 **팩스** 031-905-3927

**공급처** (주)비전북 전화 • 031-907-3927 팩스 • 031-905-3927

ISBN 979-11-91710-02-1 13590

·몽당연필은 비전북, 바이블하우스, 비전C&F 출판사와 함께 합니다.
·잘못된 책은 바꾸어 드립니다.